SCOPOS

19

Springer
Berlin
Heidelberg
New York
Hong Kong
Londres
Milan
Paris
Tokyo

L. Decreusefond   A. Maruani

Mathématiques
Informatique
Physique
Au fil des TIPE

Springer

Laurent Decreusefond
École Nationale Supérieure des Télécommunications
46, rue Barrault
75634 Paris Cedex 13

Alain Maruani
École Nationale Supérieure des Télécommunications
46, rue Barrault
75634 Paris Cedex 13

Volume réalisé sous la direction de Nicolas Puech

ISBN-10 : 2-287-22305-3 Springer Paris Berlin Heidelberg New York
ISBN-13 : 978-287-22305-1 Springer Paris Berlin Heidelberg New York

Springer-Verlag France
est membre du groupe Springer Science + Business Media
springeronline.com

Imprimé en France

Maquette de couverture : *Jean-François Montmarché*
SPIN: 11753667

Préface

En 1996 apparaît dans l'arrêté de publication des programmes des Classes Préparatoires aux Grandes Écoles scientifiques (CPGE) un nouvel acronyme « TIPE » signifiant Travaux d'Initiative Personnelle Encadrés. Nouvelle pour les élèves, mais aussi nouvelle pour les enseignants, cette activité d'un caractère pédagogique original a été imaginée par ses créateurs pour répondre aux nombreuses critiques faites à la formation des « Taupins » jugée trop théorique et ne favorisant pas la créativité des futurs cadres de l'industrie française voire internationale. La plupart des directeurs des grandes écoles d'ingénieurs ont immédiatement approuvé l'idée de ce nouveau type de formation, et en concertation avec les organisations de concours, décidé de l'évaluer au moyen d'une épreuve de conception différente des interrogations écrites ou orales traditionnelles proposées par dans les différents concours d'entrée.

À nouvelle épreuve, nouvelle organisation ? Dans un souci d'économie, mais encore plus de rationalisation et d'efficacité, les responsables de quatre grands concours (Mines - Ponts, Centrale - Supélec, Concours Communs Polytechniques et Banque PT) décidèrent pour la première fois d'unir leurs forces pour organiser une épreuve commune avec pour souci principal de tester la capacité d'analyse, de synthèse, mais aussi de curiosité, de créativité et d'esprit critique des candidats. L'épreuve commune de TIPE était née.

Ayant fait partie du groupe des concepteurs, j'ai eu l'honneur d'en être le premier président avec le concours et la complicité de deux vice-présidents, de quatre responsables pédagogiques et d'une secrétaire. Cette petite équipe, compétente, enthousiaste, efficace mais également très sympathique, à laquelle ont participé les auteurs de cet ouvrage, a mis en place tout le dispositif qui a permis d'accueillir, durant quatre semaines en juin et juillet 1997, douze mille candidats, deux cent cinquante interrogateurs et une cinquantaine de collaborateurs chargés de l'organisation matérielle. Nous avons été beaucoup critiqués, mais nous avons aussi été beaucoup soutenus et encouragés.

L'épreuve existe, elle a fait ses preuves, l'activité qui lui correspond en classes préparatoires a changé, je l'espère, les relations enseignants - élèves et peut-être modifié les méthodes de travail de chacun. Si ce n'était pas le cas la formation en Écoles d'Ingénieurs et le travail professionnel dans l'industrie se chargeraient rapidement de rappeler à l'ordre les récalcitrants. Depuis, les TPE sont nés dans le secondaire ; sont-ils les enfants naturels des TIPE ?

Je partage pleinement l'initiative des auteurs de cet ouvrage qui n'ont pas voulu faire un livre de recettes pour bien réussir son épreuve, mais plutôt un ouvrage de réflexion sur la manière d'aborder puis de traiter un thème scientifique dont on ne possède pas obligatoirement tous les éléments, mais dont on dispose des outils pour l'analyser, le comprendre et ensuite le présenter et le défendre devant un jury compétent mais pas forcément spécialiste. Je me suis passionné pour cette expérience, Laurent DECREUSEFOND, Alain MARUANI et bien d'autres aussi, et je souhaite bonne chance à tous les futurs candidats qui la tenteront.

Professeur Bernard HEULIN
Ancien Président de l'Épreuve commune de TIPE
Ancien Directeur de l'École Européenne de Chimie, Polymères et Matériaux de Strasbourg
Conseiller pour la Science et la Technologie, Ambassade de France en Espagne

Avant-propos

Née en 1997 après une longue gestation, l'épreuve de Travaux d'Initiative Personnelle Encadrés est une épreuve scientifique ambitieuse et novatrice, qui concerne chaque année quinze mille candidats postulant à une centaine d'écoles d'ingénieurs. Elle complète l'évaluation fournie par les épreuves écrites et orales en valorisant l'aptitude à la communication et au dialogue, l'esprit d'initiative et l'esprit critique. La phase D de l'épreuve nécessite chaque année la constitution d'environ cent soixante dossiers scientifiques nouveaux en informatique, mathématiques, physique, chimie et sciences industrielles. Ces dossiers sont étudiés, présentés au jury et enfin discutés avec lui. Disparates dans leurs contenus, leurs niveaux, leurs longueurs et leurs objectifs, ces textes sollicitent les connaissances et la sagacité des candidats (et aussi celles des examinateurs !). La difficulté principale de l'épreuve D réside dans la tension entre la prise de recul par rapport au texte, pour affirmer son autonomie, et l'adhérence au texte, pour exprimer sa compréhension.

Cet ouvrage présente neuf dossiers de mathématique, d'informatique et de physique, tels qu'ils ont été proposés ces dernières années aux candidats de l'épreuve de TIPE. Le dossier intitulé « Équation de la chaleur » avait été proposé sous l'étiquette « Mathématiques », mais nous avons eu le souci de l'enrichir de plusieurs considérations d'ordre physique.

Un point commun à tous ces textes est le caractère exigeant de leurs contenus respectifs. Est-ce à dire, pour autant que ces dossiers ont donné lieu à une épreuve difficile et, pour tout dire, à des résultats plutôt faibles ? Pas du tout. Chaque candidat aura travaillé à son propre niveau. Le niveau de connaissance requis est général, c'est celui que l'on peut attendre avec les connaissances des programmes ; les niveaux de compréhension, de traitement et d'initiative sont individualisés. Les textes ardus se prêtent donc mieux à la détection des qualités recherchées.

Chaque texte est suivi successivement de :

- remarques générales, présentant le dossier et son contexte ;
- pistes de questions, telles qu'un jury pourrait en poser (en réalité, le jury s'adapte aux propos du candidat) ;
- réponses possibles aux questions mentionnées. Ici, on cherche moins à interroger qu'à discuter d'un sujet scientifique, rendu abordable pour les candidats ;
- suggestion de plan, visant à montrer qu'il n'y a pas une seule manière de penser le texte, ni manière unique de le reconstruire, (la reconstruction n'est pas une obligation) ;
- commentaires, reprenant des points forts du texte ;
- développements au-delà du texte, qui, sans toujours prolonger ce dernier, explorent quelques voies latérales.

Que les candidats, et leurs mentors, ne s'inquiètent pas du nombre plutôt élevé, de questions accompagnant chaque dossier : aucun candidat ne saurait être exposé à ce questionnement dans son entier. Nous souhaitons montrer que la nature des questions est diversifiée et qu'elle va de la compréhension à l'extrapolation.

Ce livre est le fruit de collaborations qui ont toutes contribué aux qualités qu'on voudra bien lui trouver ; les auteurs revendiquant les imprécisions, erreurs ou défauts qui auraient échappé à la sagacité de tous ces contributeurs. Historiquement, les premiers remerciements vont à tous les membres du jury, concepteurs de dossiers exigeants et voués, par l'épreuve, à un éphémère ingrat. Les neuf dossiers résultant du choix, terriblement arbitraire, des auteurs rendent mal compte de l'abondance du millier de dossiers produits à ce jour. Le comité de pilotage de l'épreuve, sous les amicales et bienveillantes houlettes de son président Michel BARIBAUD et de son vice-président Jean-Pierre LOWYS a donné aux auteurs l'autorisation de se mettre en chantier. Qu'il en soit remercié. Les Éditions Springer, en particulier Catriona BYRNE, Jean-Michel GHIDAGLIA et Nicolas PUECH nous ont accordé leur confiance en nous proposant de publier notre manuscrit ; nous les en remercions. Nous souhaitons aussi rendre hommage à Nathalie HUILLERET, du bureau parisien de Springer, qui a suivi les étapes essentielles de la fabrication de cet ouvrage. Les professeurs Christine LEYGNAC et Bruno PETAZZONI, ainsi que Nicolas DAILLY, se sont chargés du travail ingrat de relectures. Le docteur Thierry LEHNER a relu et amendé l'intégralité des textes. Nous leur devons la disparition de plus d'un point imprécis et la présence de plus d'un point éclairant. Enfin, et ce n'est pas le moindre de nos remerciements, nous sommes honorés de la bienveillante préface du Pr. Bernard HEULIN, président « historique » de l'épreuve et sous la direction duquel les auteurs ont eu le plaisir de travailler.

L. DECREUSEFOND, A. MARUANI
Paris, juin 2004.

Table des matières

Sujet I Réseaux de Pétri

Sujet II Les coulisses d'Internet

Sujet III Pseudo-inverse

Sujet IV Étude de l'équation de la chaleur

Sujet V Tomographie vectorielle

Sujet VI Résonance magnétique nucléaire

Sujet VII Effets collectifs dans les milieux granulaires

Sujet VIII Spectroscopie Mössbauer

Sujet I

Réseaux de Pétri

Texte

Filière : MP option Informatique

Travail suggéré : *le candidat pourra faire une synthèse du texte en expliquant comment sont utilisés les principes mathématiques pour obtenir des diagnostics. Le candidat pourra dégager les résultats principaux et indiquer leur signification intuitive.*

§1. Motivations

Les engins spatiaux comportent plusieurs ordinateurs spécialisés qui doivent coopérer entre eux. De plus, dans chacun de ces ordinateurs plusieurs programmes sont effectués et doivent s'échanger des données. Le bon déroulement de la mission d'un engin spatial dépend donc (entre autres) de la coopération harmonieuse entre ces programmes et ces ordinateurs. Plusieurs cas ont démontré cela de manière spectaculaire :

- l'arrêt d'une mission de la navette spatiale quelques minutes avant son décollage, car les ordinateurs au sol ne pouvaient pas se mettre d'‘accord sur l'instant exact de la mise à feu ;
- une panne (réparée à distance) du robot PATHFINDER due a un inter-blocage entre un programme météorologique et un programme de contrôle du système.

§2. Notations et définitions de base

Définition I.1. *Soit m un entier, on considère les vecteurs sur $\mathbb{Z}^m$. On notera $V_1 \leq V_2$ quand pour tout i, $1 \leq i \leq m$, $V_1(i) \leq V_2(i)$. On notera 0^m le vecteur de dimension m dont toutes les composantes sont nulles. On appellera (pour des raisons expliquées par la suite)* marquage *M, un élément de $\mathbb{N}^m$,* transition *un élément de $\mathbb{Z}^m$ et* place *une coordonnée $i, 1 \leq i \leq m$. Un* Système d'Addition de Vecteurs de dimension m *(SAV), $\mathcal{S}$ est un doublet $\mathcal{S} = \langle M_0, \mathcal{T} = \{t_1, \cdots t_n\}\rangle$ où*

- M_0 est un marquage à m coordonnées, appelé marquage initial *;*

- pour tout j, $1 \leq j \leq n$, t_j est une transition à m coordonnées.

La matrice C de dimension $m \times n$, est définie par $C_{i,j} = t_j(i)$. La colonne j de C est donc le vecteur t_j.

Intuitivement, une place (c'est-à-dire une coordonnée) d'un marquage représente un type de ressource, la valeur de cette coordonnée le nombre de ressources disponibles de ce type.

Un vecteur (une transition) t_j de $\mathcal{T}$ représente une action qui consomme ou produit des ressources :

- t_j consomme k ressources de type i quand $t_j(i) = -k$,
- t_j produit k ressources quand $t_j(i) = k$.

Une action fait transiter d'un état du système à un autre d'où le nom de transition. Cette dernière notion est formalisée par les définitions qui suivent :

Définition I.2. *Une transition t est* franchissable *pour un marquage M quand $M + t \geq 0^m$. Ceci est noté $M(t >$. Le franchissement de t fait passer de M à M', quand $M(t >$, et $M' = M + t$. Ceci est noté $M(t > M'$. On étend ces relations aux suites de transitions. Pour une suite de transitions $\sigma = t_1 t_2 \cdots t_l$; σ est franchissable pour M (ce qui sera noté $(M(\sigma >)$, et σ fait passer de M a M',ce qui sera noté $(M(\sigma > M'$, s'il existe une suite de marquages $M_1 M_2 \cdots M_l$ telle que $M' = M_l$ et*

$$M(t_1 > M_1(t_2 > M_2 \cdots M_{l-1}(t_l > M_l > .$$

Si σ est la suite vide, pour tout marquage M, $M(\sigma >$ et $M(\sigma > M$.

Un marquage M est accessible *à partir d'un marquage M' quand il existe une suite de transitions σ telle que $M'(\sigma > M$. Un marquage est accessible quand il est accessible à partir du marquage initial. Pour un système $\mathcal{S}$, on note $EA(\mathcal{S})$ l'ensemble des marquages accessibles.*

Exemple 1. $\mathcal{S}_1 = \langle M_0 = (0), \mathcal{T} = \{t_1 = (1),\ t_2 = (-1)\}\rangle$ Ce SAV extrêmement simple représente un système où un producteur effectue l'action t_1 et un consommateur effectue l'action t_2. Pour qu'une suite d'actions puisse être effectuée, il faut qu'il y ait eu plus de production que de consommation. Par exemple,

$$(0)\,(t_1 t_2 t_1 t_1 > (2)\,.$$

Pour ce SAV, $EA(\mathcal{S}) = \mathbb{N}$.

Représentation graphique Un SAV peut être représenté de la manière suivante :

- chaque place (coordonnée) est représentée par un cercle,
- une transition est représentée par un rectangle.
- si $t_j(i) = k > 0$, il existe un arc valué par k du cercle i vers j. Si $k = 1$, on omet cette valuation.
- si $t_j(i) = -k < 0$, il existe un arc valué par k de j vers i. Si $k = 1$, on omet cette valuation.

Pour un marquage donné, si $M(i) = k$, avec $k = 1, 2$ ou 3 on mettra k points dans le cercle correspondant à i, si k est plus grand on inscrit k dans le cercle. On étiquettera les places et les transitions par des noms indiquant

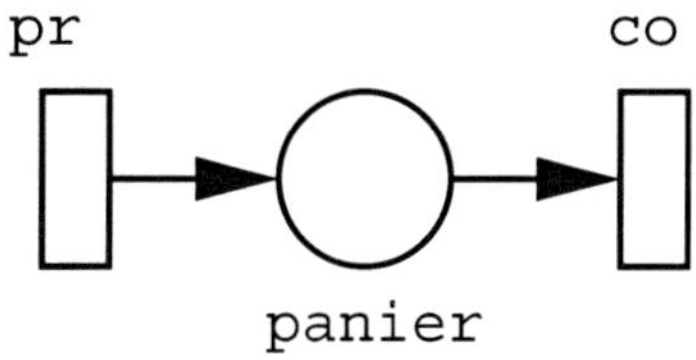

Fig. I.1. Représentation graphique de l'exemple 1.

leur interprétation dans le SAV. Par exemple pour le SAV $\mathcal{S}_1$, t_1 sera étiqueté par « pr », t_2 par « co » et la place par « panier ».

La suite de transitions $t_1t_1t_2t_1$ fait passer de la figure I.2-gauche à la figure I.2-droite.

Fig. I.2. À gauche, marquage (0). À droite, marquage (2).

Exemple 2.

$$\mathcal{S}_2 = \langle M_0 = (1,0,1,0,1)^t,$$
$$\mathcal{T} = \{t_1 = (-1,1,0,0,1)^t,\ t_2 = (0,0,-1,1,-1)^t,$$
$$t_3 = (1,-1,0,0,1)^t,\ t_4 = (0,0,1,-1,1)^t\}\rangle\,.$$

En donnant aux places les noms suivants `DA` (moteur droit arrêté), `DM` (moteur droit en marche), `GA` (moteur gauche arrêté), `GM` (moteur gauche en marche), `R` (restriction), et aux transitions les noms `mg` (mise en marche du moteur gauche), `ag` (arrêt du moteur gauche), `md` (mise en marche du moteur droit), `ad` (arrêt du moteur droit), on obtient la représentation graphique de la figure I.3.

L'ensemble des marquages accessibles est :

$$EAC(\mathcal{S}_2) = \{(1,0,1,0,1)^t,\ (0,1,1,0,0)^t,\ (1,0,0,1,0)^t\}\,.$$

Ce SAV représente les activations de deux moteurs, avec la contrainte que les deux moteurs ne peuvent marcher en même temps (ce qui serait représenté par le fait que pour un marquage accessible les places `DM` et `GM` contiennent toute les deux une marque). Cette contrainte est imposée grâce à la place `R`. On voit sur cet exemple qu'un SAV permet d'exprimer des contraintes temporelles entre actions : la mise en marche du moteur gauche ne peut pas être effectuée juste après celle du moteur droit.

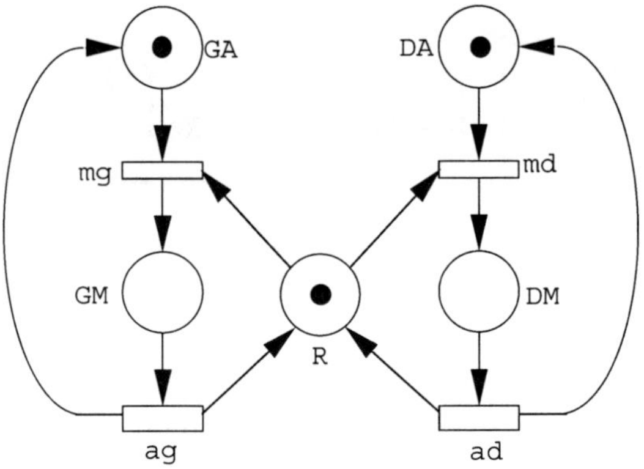

Fig. I.3. Représentation graphique de l'exemple 2.

La richesse de la structure mathématique de l'ensemble des vecteurs sur $\mathbb{N}$ permet d'obtenir de nombreux résultats.

§3. Propriétés des SAV

Propriété 1 (Monotonie). *Soit t une transition et M un marquage. Si $M(t>$ et $M' \geq M$ alors $M'(t>$. Plus généralement, soit M un marquage, σ une suite de transitions, si $M(\sigma>$ et $M' \geq M$, alors $M'(\sigma>$.*

La preuve est immédiate. Cette propriété est la formalisation de l'idée intuitive suivante : si on augmente la quantité des ressources dans les différents sites, une action qui était faisable reste faisable. Les définitions suivantes formalisent des propriétés des systèmes d'ordinateurs qui coopèrent.

Définition I.3. *Un marquage M est un* blocage *quand aucune transition n'est franchissable pour M.*

Définition I.4. *Une transition t est* vivante *pour un marquage M, quand pour tout M' accessible à partir de M, il existe M'' accessible à partir de M' tel que $M'(t> M''$.*

Définition I.5. *Une suite infinie de transitions $x = t_1 t_2 \cdots t_i \cdots$ est* admissible *pour M quand pour tout k, $M(t_1 t_2 \cdots t_k >$.*

Définition I.6. *Une suite infinie de transitions $x = t_1 t_2 \cdots t_i \cdots$ est* admissible *pour M quand pour tout k, $M(t_1 t_2 \cdots t_k >$.*

Définition I.7. *Un blocage est un état où aucune évolution n'est possible.*

Définition I.8. *Une transition t est* vivante *pour M_0, quand on ne peut arriver à un marquage M', à partir duquel t ne soit plus jamais franchissable. Par exemple la réinitialisation d'un système doit être une action correspondant à une transition vivante.*

Proposition I.1. *Une suite infinie admissible représente un comportement potentiellement infini d'un système. S'il n'existe pas de suite infinie admissible, cela veut dire que le système aboutit toujours à un blocage.*

S'il existe une transition vivante alors il existe une suite infinie admissible.

Il n'existe pas de blocage dès qu'une transition est vivante. La réciproque est fausse, comme le montre l'exemple suivant de SAV sans blocage mais sans transition vivante.

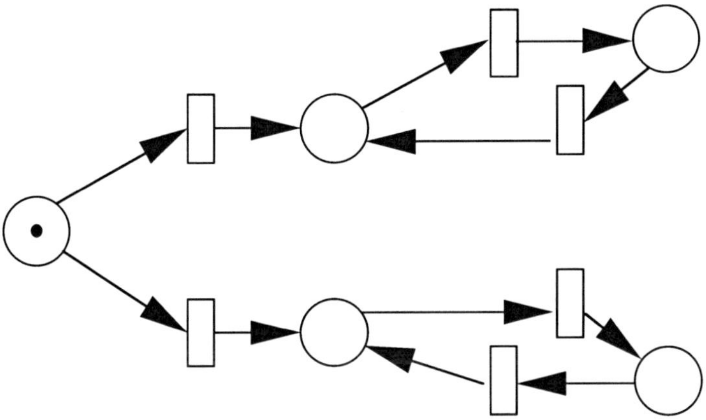

Fig. I.4. Contre-exemple.

Une méthode pour analyser un SAV $\mathcal{S}$ est de considérer l'ensemble des marquages accessibles. Pour obtenir cet ensemble quand il est fini, on peut construire le graphe des marquages accessibles $GA(\mathcal{S})$.

Définition I.9. *Soit $\mathcal{S}$ un SAV. Le graphe des marquages accessibles de $\mathcal{S}$ est un graphe, noté $GA(\mathcal{S})$, dont l'ensemble des sommets est $EA(\mathcal{S})$. Il existe un arc étiqueté par t de M à M' si et seulement si $M(t > M'$.*

Quand $EA(\mathcal{S})$ est fini, ce graphe peut être construit. Quand ce n'est pas le cas, on construit un autre graphe qui est fini, mais qui fournit quand même des renseignements importants sur le comportement du réseau. Un problème important auquel les concepteurs de systèmes d'ordinateurs sont confrontés est de savoir si les contraintes d'échanges de ressources entre les composants de leurs systèmes sont telles que le nombre de ces ressources est borné. Plus précisément, on a la définition suivante :

Définition I.10. *Soit un SAV $\mathcal{S}$. Une place p est bornée quand il existe K tel que pour tout marquage accessible M, $M(p) \leq K$. Un SAV est borné quand toutes ses places sont bornées.*

On cherche donc à déterminer si un SAV est borné. Pour formaliser cette notion on introduit les définitions et propriétés suivantes.

Définition I.11. *Soit $\omega \notin \mathbb{N}$ et $\mathbb{N}_\omega$ l'ensemble $\mathbb{N} \cup \{\omega\}$; Les opérations $+, -$ et la relation $<$ sont étendues a $\mathbb{N}_\omega$ par :*
- *pour tout $n \in \mathbb{N}$, $n < \omega$,*
- *$n + \omega = \omega + \omega = \omega + n = \omega$,*
- *$\omega - n = \omega$,*
- *$n - \omega$ n'est pas défini.*

Intuitivement, ω est un élément plus grand que tout entier. On étend $+$, $-$ et $\leq$ aux vecteurs de $\mathbb{N}_\omega^m$ de manière analogue à celle utilisée pour étendre $+$, $-$ et $<$ aux vecteurs de $\mathbb{N}^m$.

Définition I.12. *Soit $\mathcal{S} = \langle M_0, \mathcal{T} \rangle$ un SAV, de dimension m. On rappelle qu'une arborescence est donnée par un ensemble S de sommets, avec un sommet distingué la* racine, *et une relation binaire sur S, notée suc, possédant les propriétés suivantes :*
- *suc(s, s') et suc(s'', s') entraîne $s = s''$,*
- *si suc(s, s'), s est le* prédécesseur *de s', s', est le* successeur *de s, la racine est le seul sommet sans prédécesseur,*
- *une* branche *est une suite finie ou infinie de sommets $s_1, s_2, \cdots$ telle que s_1 est la racine et suc(s_i, s_{i+1}),*
- *Pour tout sommet s il existe une branche commençant à la racine, se terminant à s.*

Un ancêtre *d'un sommet s est un sommet situé avant s dans la branche allant de la racine à s. Le* degré *d'un sommet est le nombre de successeurs de ce sommet. Un* arc *est un couple de sommets (s, s') tels que suc(s, s'). La relation binaire suc est définie complètement par l'ensemble X des arcs.*

Pour un SAV, l'arborescence de couverture $AC(\mathcal{S})$ est une arborescence où l'ensemble des sommets S est étiqueté par $\mathbb{N}_\omega^m$ et où l'ensemble des arcs X est étiqueté par $\mathcal{T}$.

1) La racine r est étiquetée par M_0.
2) Un sommet s étiqueté par $Q \in \mathbb{N}_\omega^m$ n'a pas de successeur si et seulement si il existe un ancêtre de s (c'est-à-dire un sommet de la branche de r à s) étiqueté également par Q ou bien il n'existe pas de transition t telle que $Q + t \geq 0^m$.
3) Si on n'est pas dans un des cas précédents, considérons un sommet s étiqueté par Q. Pour toute transition t telle que $Q + t \geq 0^m$, il existe un arc étiqueté par t. Appelons s' le successeur de s pour l'arc étiqueté par t. On pose $Q_1 = Q + t$. Q' qui étiquette s' est défini comme suit :

- s'il existe un prédécesseur de s étiqueté par Q'' avec $Q'' \leq Q_1$ et $Q''(i) < Q_1(i)$ alors $Q'(i) = \omega$
- $Q'(i) = Q_1(i)$ dans le cas contraire.

Le graphe de couverture est obtenu à partir de l'arborescence de couverture en identifiant tous les sommets étiquetés de manière identique. Si $\mathcal{S}$ est un réseau marqué, on note $AC(\mathcal{S})$ et $GC(\mathcal{S})$ l'arborescence et le graphe de couverture de $\mathcal{S}$.

Exemple 3. Pour le SAV de la figure I.5, on obtient l'arborescence et le graphe de couverture représentés respectivement dans les figures I.6 et I.7.

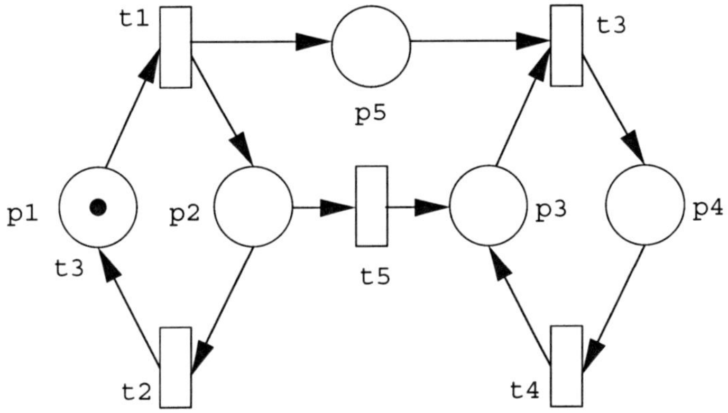

Fig. I.5. Un SAV à 5 places.

L'interprétation de ce SAV est la suivante : dans un premier temps, on produit une ressource mise dans la place p_5 un nombre arbitrairement grand de fois, puis on interdit la production et on autorise la consommation en franchissant la transition t_5 ; enfin on consomme les ressources de p_5. On peut démontrer le théorème suivant.

Théorème I.1.

1) L'arborescence de couverture est finie.

2) Si M est accessible, alors il existe un sommet de $GC(\mathcal{S})$ étiqueté par Q tel que pour tout p, $Q(p) = M(p)$ ou $Q(p) = \omega$ (cette dernière propriété explique le terme graphe de couverture).

3) Une place p est non bornée si et seulement si il existe un sommet de $GC(\mathcal{S})$ étiqueté par Q tel que $Q(p) = \omega$.

4) Il existe une suite infinie admissible si et seulement si il existe un cycle dans le graphe de couverture.

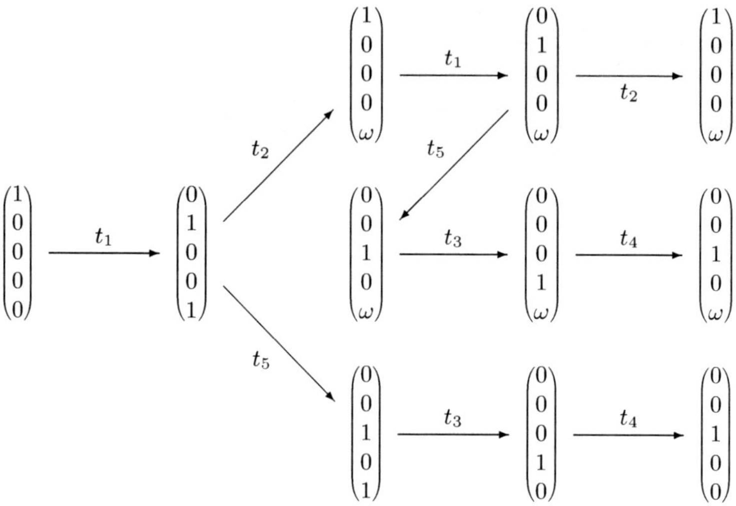

Fig. I.6. Arborescence de couverture du SAV de la figure I.5.

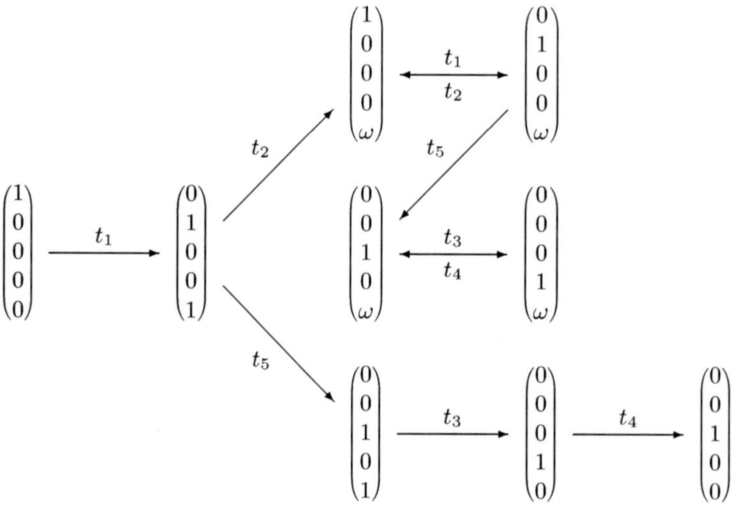

Fig. I.7. Graphe de couverture du SAV de la figure I.5.

Nous présentons la démonstration du premier point pour illustrer le fait que des propriétés mathématiques fondamentales permettent d'obtenir des diagnostics. Pour cela nous rappelons deux résultats classiques :

Lemme I.1 (Karp-Miller). *De toute suite infinie de vecteurs de $\mathbb{N}_\omega^m$ on peut extraire une sous-suite croissante.*

Lemme I.2 (König). *Toute arborescence infinie où chaque sommet est de degré fini possède une branche infinie.*

Preuve (point 1 du théorème I.1). Intuitivement, la preuve consiste à vérifier que par une suite de transitions, σ, on peut augmenter le nombre de marques dans une place, sans diminuer le nombre des marques dans les autres places. En répétant σ autant de fois qu'on veut, on peut obtenir un marquage aussi grand qu'on veut dans la place. Plus formellement, on a le raisonnement suivant.

Si $AC(\mathcal{S})$ n'est pas finie, comme c'est une arborescence de degré n, où n est le nombre de transitions de $\mathcal{S}$, il existerait d'après le lemme de König une branche infinie. Considérons la suite des étiquettes $V_0 = Q_0, Q_1, \cdots Q_i, \cdots$ des sommets successifs de cette branche. Par définition des opérations $+$ et $-$ sur $\mathbb{N}_\omega$, si $Q_i(p) = \omega$, alors $Q_j(p) = \omega$ pour tout $j \geq \omega$. Comme le nombre de coordonnées est fini, il existe donc un entier K tel que pour tout p et tout $k \geq K$, $Q_k(p) = \omega$ ssi $Q_K(p) = \omega$. Comme il existe une sous-suite infinie croissante, il existe donc deux indices i et j tels que $K \leq i \leq j$, et $Q_i \leq Q_j$. Puisque Q_j a un successeur, on ne peut pas avoir $Q_i = Q_j$, il existe donc p telle que $Q_i(p) < Q_j(p)$. D'après la définition de l'arborescence, on aura donc $Q_j(p) = \omega$, d'après la définition de $K, Q_i(p) = \omega$, ce qui est en contradiction avec le fait que $Q_i(p) < Q_j(p)$.

Ce théorème permet de vérifier si les contraintes imposées par l'utilisation et la production de résultats entre les différents composants d'un système sont telles que les ressources produites sont en nombre fini ou non. Cela a évidemment des répercussions importantes au niveau de la réalisation effective du système.

§4. Utilisation de l'algèbre linéaire

Une autre méthode d'analyse provient de l'algèbre linéaire. Pour toute suite de transitions $\sigma = t_{i_1} t_{i_2} \cdots t_{i_l}$, on considère le vecteur $\widetilde{\sigma}$ de dimension n (le nombre de transitions du SAV), où la coordonnée k est le nombre de fois où apparaît la transition t_k. Par exemple, dans un SAV avec 5 transitions, si

$$\sigma = t_2 t_2 t_3 t_2 t_3 t_1 t_4 t_2 t_1 t_1, \quad \widetilde{\sigma} = \left(3, 4, 2, 1, 0\right)^t.$$

Il est facile de démontrer le résultat suivant :

Théorème I.2. *Si $M(\sigma > M'$ alors $M' = M + C\widetilde{\sigma}$.*

Si f est un vecteur et f^t son transposé, on obtient :

$$f^t M' = f^t M' + f^t C\widetilde{\sigma}. \qquad \text{(I.1)}$$

Définition I.13. *Un semi-flot f est une solution, non nulle, à coefficients entiers de l'équation $f^t C = 0$.*

Le terme flot provient du fait suivant, analogue aux lois de Kirchoff :

Proposition I.2. *f est un semi-flot si et seulement si pour toute transition t_j,*

$$\sum_{1 \leq i \leq m} f(i)C(i,j) = 0^m.$$

En d'autres termes, la somme pondérée par les coefficients de f des ressources créées et des ressources utilisées pour chaque transition doit être nulle. Un semi-flot donne des relations sur les marquages accessibles :

Lemme I.3. *Si f est un semi-flot, alors on a pour tout $M \in A(N)$,*

$$f^t M_0 = f^t M'.$$

Pour tout marquage accessible M la quantité $f^t M$ est donc invariante. La détermination d'un semi-flot permet d'obtenir des renseignements sur un SAV. Par exemple, si f est un semi-flot à coefficients positifs, toutes les places correspondant à un coefficient strictement positif du semi-flot sont bornées. En effet, pour tout marquage accessible

$$\sum_{i:\, f(i)>0} M(p_i)f(i) = \sum_{i:\, f(i)>0} M_0(p_i)f(i) = \text{constante}.$$

Par exemple un semi-flot f, pour le SAV modélisant la mise en marche des moteurs est le vecteur $f(AG) = f(AD) = 0, f(GM) = f(DM) = f(R) = 1$.

Présentation et questions

§1. Remarques générales

Réseaux de Pétri, automates, λ-calcul sont les quelques thèmes d'informatique fondamentale qui ont été abordés, à raison d'un texte par session. Ces sujets sont réservés aux élèves ayant suivi l'option informatique.

La difficulté de ce texte vient essentiellement du nombre important de définitions. Dans ce genre de situation, il est impératif d'éviter l'exposé « catalogue ». Le candidat se contentera d'introduire les notions les plus pertinentes en présentant les exemples. Le jury appréciera toute modification pertinente des exemples du texte.

§2. Pistes de questions

1) Faire le graphe de couverture du SAV producteur-consommateur (exemple 1, page 4) pour le marquage initial (0).
2) Existe-il un semi-flot pour le SAV producteur-consommateur ?
3) Peut-on retrouver tous les marquages accessibles dans le SAV « moteurs », depuis le marquage M_0 de l'énoncé, en utilisant le semi-flot ?
4) Construire un autre semi-flot pour le SAV « moteurs ».
5) Si l'on considère le graphe de couverture du SAV « moteurs », quels diagnostics peut-on faire en général à partir du graphe de couverture sur les blocages et quels sont ceux que l'on ne peut pas faire ?
6) Montrer que l'arborescence de couverture dépend du marquage initial.
7) Démontrer le lemme I.3.
8) Les résultats fournis par l'algèbre linéaire dépendent-ils du marquage initial ?
9) Pourquoi tous les éléments du noyau de C^t ne sont-ils pas des semi-flots ?
10) Expliquer en détail l'analogie entre les lois de Kirchhoff et la proposition I.2.

Commentaires

§1. Réponses aux questions

1) *Faire le graphe de couverture du SAV producteur-consommateur (exemple 1, page 4) pour le marquage initial* (0).
Le graphe de marquage (infini) est donné par :

$$(0) \underset{t_2}{\overset{t_1}{\longleftrightarrow}} (1) \underset{t_2}{\overset{t_1}{\longleftrightarrow}} (2) \underset{t_2}{\overset{t_1}{\longleftrightarrow}} \cdots$$

En vertu de la règle 3 de construction des arborescences de couverture, celle-ci est donnée par :

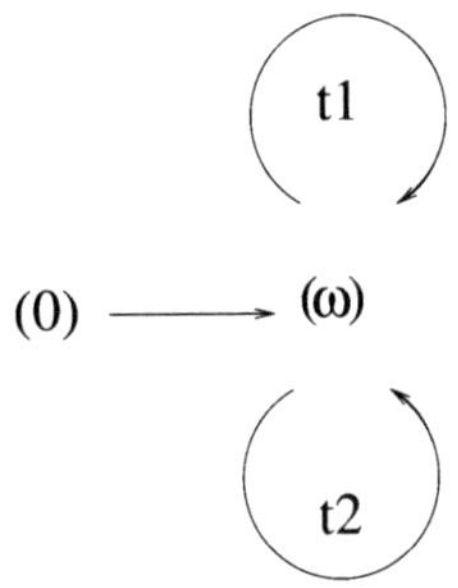

Fig. I.8. Arborescence (et graphe) de couverture du SAV producteur-consommateur.

On remarquera au passage que cette arborescence est bien finie, ainsi que l'assure le théorème I.1. Comme il n'y a pas dans l'arborescence de sommets étiquetés de façon similaire, le graphe et l'arborescence de couverture coïncident.

2) *Existe-il un semi-flot pour le SAV producteur-consommateur ?*
Dans ce cas, la matrice C est de dimension 2×1 et vaut $C = (1 \ \ -1)$. Un semi-flot f est un vecteur de dimension 1 (!) donc un scalaire qui doit satisfaire $f.1 = 0$ et $f.(-1) = 0$ d'où nécessairement $f = 0$. Or la définition exige qu'un semi-flot ne soit pas nul.

3) *Peut-on retrouver tous les marquages accessibles dans le SAV « moteurs », depuis le marquage M_0 de l'énoncé, en utilisant le semi-flot ?*
En vertu du lemme I.3, les seuls marquages accessibles sont des 5-uples $a = (a_1, \ldots, a - 5)$ composés de 0 et de 1 tels que $a_2 + a_4 + a_5 = 1$. Cela impose qu'au plus une de ces composantes soit égale à 1 donc qu'au plus un seul des moteurs marche. C'est bien le but d'un tel système, s'assurer que l'on ne peut avoir qu'un seul moteur qui marche à la fois.
En revanche, cela ne dit rien des marquages des autres places, a_1 et a_3.

4) *Construire un autre semi-flot pour le SAV « moteurs ».*

   Mettre en marche un moteur consomme deux ressources, l'arrêter en créé deux. Cela peut aider à voir que $f = (1,2,1,2,1)^t$ est un autre semi-flot. Toujours pour le marquage initial de l'énoncé, le lemme I.3 implique que :

$$a_1 + a_3 + a_5 + 2(a_2 + a_4) = 3.$$

   Or on a établi que $a_2 + a_4 + a_5 = 1$, il vient donc :

$$a_1 + a_3 = 1 + a_5.$$

   Ceci prouve que si la restriction est active, les deux moteurs doivent être à l'arrêt ; sinon, il y en a au plus un qui marche. La restriction est donc ce qui assure la bon fonctionnement du système. Elle n'est pas inutile.

   À partir des contraintes établies dans ces deux questions, on voit que les seuls marquages accessibles sont bien ceux mentionnés dans le texte.

5) *Si l'on considère le graphe de couverture du SAV « moteurs », quels diagnostics peut-on faire en général à partir du graphe de couverture sur les blocages et quels sont ceux que l'on ne peut pas faire ?*

   Voir commentaire.

6) *Montrer que l'arborescence de couverture dépend du marquage initial.*

   Considérer le SAV « moteurs » avec comme marquages initiaux $(1,0,0,0,0)^t$ puis $(0,0,1,0,0)^t$.

7) *Quel est l'avantage de la méthode ayant recours à l'arborescence de couverture pour déterminer si une place est bornée par rapport à la méthode issue de l'algèbre linéaire ?*

   Voir commentaire.

8) *Démontrer le lemme I.3.*

   Immédiat d'après la définition d'un semi-flot et l'équation (I.1).

9) *Les résultats fournis par l'algèbre linéaire dépendent-ils du marquage initial ?*

   Non. Voir texte.

10) *Pourquoi tous les éléments du noyau de C^t ne sont-ils pas des semi-flots ?*

   Parce que l'on exige que les semi-flots soient des solutions à coordonnées entières de l'équation $C^t f = 0$. Si les composantes d'une telle solution f_0 sont toutes à coordonnées rationnelles on peut trouver une solution à coordonnées entières en multipliant f_0 par le plus petit commun multiple des dénominateurs des composantes de f_0. Mais si deux au moins des composantes de f_0 sont incommensurables (c'est-à-dire que leur rapport n'est pas un rationnel), on ne peut pas se ramener à une solution entière.

11) *Expliquer en détail l'analogie entre les lois de Kirchhoff et la proposition I.2.*

   L'égalité $\sum f(i)C(i,j) = 0$ peut s'écrire

$$\sum_{i,C(i,j)>0} f(i)C(i,j) = \sum_{i,C(i,j)<0} f(i)|C(i,j)|.$$

Si l'on interprète $\sum_{i,C(i,j)>0} f(i)C(i,j)$ comme un courant (on parle plus généralement de flux) entrant dans le nœud j et $\sum_{i,C(i,j)<0} f(i)|C(i,j)|$ le courant sortant, on voit que l'on a l'analogue de la loi des nœuds de Kirchoff.

§2. Suggestion de plan

I – Exemple introductif : les deux moteurs.

Montrer le cheminement depuis le problème réel, la formalisation sous forme de S.A.V., l'arborescence et le graphe de couverture. Expliquer les définitions au fur et à mesure que les notions sont introduites.

II – Exemple de la figure I.5.

Cet exemple permet d'illustrer la règle de marquage numéro 3 de l'arborescence de couverture. Montrer au passage que l'arborescence de couverture dépend étroitement du marquage initial. Illustrer les différents points du théorème I.1 sur cet exemple.

III – Algèbre linéaire.

Introduire les notions de semi-flot en vérifiant que le semi-flot suggéré dans l'énoncé pour le SAV des moteurs en est effectivement un. Énumérer les avantages et inconvénients respectifs des méthodes par graphe et par flot :

- *par graphes. Avantage : constructif et automatisable. Inconvénient : dépendant du marquage initial.*
- *par l'algèbre. Avantage : indépendant du marquage initial. Inconvénient : résolution d'un système d'équations dans* $\mathbb{N}$.

IV – Démonstration de lemme de König.

Seulement si le reste du texte est maîtrisé. Compte-tenu du temps imparti, on ne pourra en donner que les grandes lignes.

§3. À propos du texte

La première difficulté du texte apparaît lors de l'introduction de l'arborescence de couverture. On comprend mieux le sens des règles en se penchant sur l'arborescence donnée en exemple.

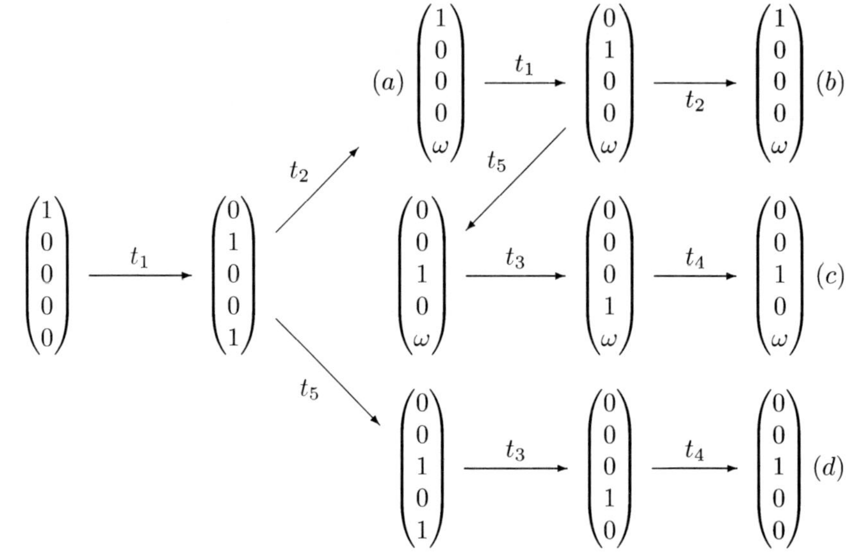

Les étiquettes qui posent éventuellement problème sont celles référencées (a), (b), (c) et (d).

(a) En partant de l'état $(0,1,0,0,1)^t$ et en effectuant la transition t_2, on se retrouve *a priori* dans l'état $(1,0,0,0,1)^t$. Compte tenu de l'ordre partiel de la définition I.1, $(1,0,0,0,1)^t \geq (1,0,0,0,0)^t$. Comme la cinquième composante de $(1,0,0,0,1)^t$ est strictement supérieure à la cinquième de $(1,0,0,0,0)^t$ et comme l'état $(1,0,0,0,0)^t$ existe déjà dans le chemin de la racine à $(0,1,0,0,1)^t$, on est, en vertu de la règle 3, contraint d'allouer ω à la cinquième composante de $(1,0,0,0,1)^t$. En conséquence, l'étiquette du successeur de $(0,1,0,0,1)^t$ par la transition t_2 devient $(1,0,0,0,\omega)^t$.

Cette règle, obscure mais essentielle, permet de représenter, de façon concise, la possibilité d'un cycle infini $t_1 t_2 t_2 t_1 \dots$ qui a pour effet d'augmenter indéfiniment le nombre de ressources dans $p5$.

(b) Ce sommet n'a pas de successeur car il a un ancêtre étiqueté de manière identique.

(c) Même cause, même effet pour ce sommet.

(d) Il n'y a pas ici de transition vivante faute de ressources en $p5$. On remarque d'ailleurs que l'on ne peut pas déterminer la cause du blocage à la seule lecture de l'arborescence de couverture : ce sommet n'a pas de successeur parce qu'aucune transition (à partir de lui) n'est possible étant donné que l'étiquette $(0,0,1,0,0)^t$ n'apparaît pas dans les ancêtres de ce sommet. En revanche, on ne sait pas que c'est le manque de ressources précisément en $p5$ qui en est la cause. En d'autres termes, l'arborescence de couverture ne contient pas toutes les informations présentes dans la représentation initiale.

Il importe ici de remarquer que l'arborescence de couverture dépend étroitement du marquage initial, ce qui justifie que dans la définition d'un SAV, on ait inclu non seulement les transitions mais aussi le marquage initial. En effet, pour le même système mais avec $(0,0,1,0,0)^t$ pour marquage initial, l'arborescence et le graphe de couverture sont réduits à ce seul sommet, sans transition possible.

Le cas du SAV de l'exemple 2 est plus simple. En remarquant que les places correspondent respectivement à (GA, GM, DA, DM, R), l'application des règles donne l'arborescence suivante :

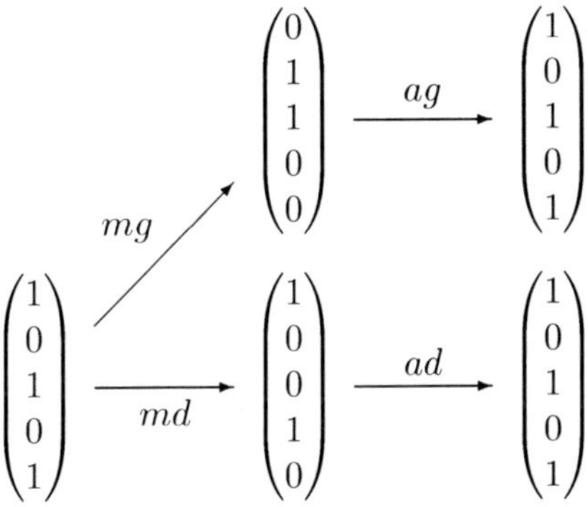

Les deux branches se terminent lorsque l'on retrouve un état qui a déjà été visité. Quant au graphe de couverture, on obtient pour lui :

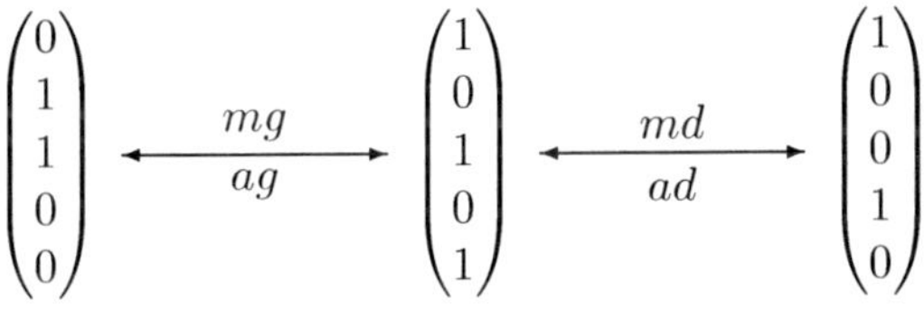

Il est, en fait, remarquable que dans tous les cas l'arborescence et le graphe de couverture soient finis. Cela fournit un algorithme permettant de tester si un réseau est borné.

L'intervention de l'algèbre linéaire repose sur l'élégante relation donnée par le théorème I.2. Dès lors, on a envie d'utiliser tous les résultats d'algèbre linéaire connus sur une telle équation : trouver les semi-flots revient apparemment à déterminer le noyau de la matrice C^t. Malheureusement, le fait que l'on travaille sur les entiers positifs interdit toute référence aux théorèmes généraux pour déterminer l'existence et éventuellement le nombre de solutions de l'équation $f^tC = 0$. Lorsque l'on cherche à savoir si une place est bornée, l'algèbre linéaire ne donne que des conditions suffisantes, qui plus est nécessitant la détermination d'un semi-flot, tandis que la méthode « graphique » fournit une condition nécessaire et suffisante. En revanche, la méthode du semi-flot, si elle aboutit, est valable quel que soit le marquage initial alors qu'il faut reconstruire le graphe de couverture pour chaque marquage initial intéressant.

§4. Au-delà du texte

Donnons maintenant les démonstrations manquantes du texte (il est évidemment hors de question d'exiger cela lors de l'épreuve). Le premier résultat du lemme I.1 est le lemme de Karp et Miller.

Preuve du lemme I.1. Si $m = 1$, il suffit de prendre pour $v_{n_{k+1}}$ le minimum des éléments de rang supérieur à n_k. Si $m \neq 1$, on extrait une suite croissante en la première composante par le procédé précédent, puis on itère ce procédé sur chacune des composantes. □

Preuve du lemme de König. Si toutes les branches sont de longueur finie, il y a, le degré de chaque sommet étant fini, un nombre fini de sommets, ce qui est contraire à l'hypothèse. □

Le point 2 du théorème I.1 est plus subtil qu'il n'y paraît : il existe une différence entre les marquages et les étiquettes due à la présence de composantes à ω. Par les règles de l'arithmétique dans $\mathbb{N}_\omega$, lors du parcours d'une branche de l'arborescence de couverture, dès qu'une composante devient « infinie » (égale à ω), elle le reste sur toute la suite de cette branche.

Preuve du point 3 du théorème I.1. Le résultat est évident pour $M = M_0$. Soit n le nombre minimal de transitions qu'il faut pour passer du marquage M_0 au marquage M.

Supposons que le résultat soit vrai pour tout marquage accessible en n transitions au plus. Soit M un marquage accessible en $n+1$ transitions, c'est-à-dire $M_0(t_1 \ldots t_{n+1} > M$. Notons M' le marquage obtenu après les n premières transitions : $M_0(t_1 \ldots t_n > M'$. On a $M'(t_{n+1} > M$.

En vertu de l'hypothèse de récurrence, il existe un sommet de $\mathrm{GC}(\mathcal{S})$, étiqueté par Q', tel que pour tout p, $Q'(p) = M'(p)$ ou ω. D'après les règles de l'addition de $\mathbb{N}_\omega$,

$$(Q' + t_{n+1})(p) = \begin{cases} \omega & \text{si } Q'(p) = \omega \\ M(p) & \text{sinon.} \end{cases} \tag{I.2}$$

Comme l'on a pris soin de choisir une suite de transitions de longueur minimale, il est impossible que Q' soit sur le chemin de M_0 à Q' dans l'arborescence de couverture. Par ailleurs, $M'(t_{n+1} >$, il existe donc un arc de l'arborescence de couverture étiqueté par t_{n+1} issu de Q'. On est donc dans l'application de la règle 3, ce qui signifie qu'il existe Q tel que, pour tout p,

$$Q(p) = (Q' + t_{n+1})(p) \text{ ou } \omega.$$

En vertu de l'équation (I.2), cela signifie que Q « couvre » M :

$$Q(p) = M(p) \text{ ou } \omega.$$

Lors du passage au graphe de couverture, on n'élimine pas de sommet, on a donc démontré ce que l'on voulait. □

En revanche, la réciproque de ce résultat est fausse : considérons le graphe de couverture du SAV producteur-consommateur, voir figure I.8.
Le mot $t_1t_2t_2$ étiquette un chemin partant de M_0 mais on n'a pas $M_0(t_1t_2t_2 >$.

Preuve du point 3 du théorème I.1. Une place p est non bornée ssi il existe une suite de marquages accessibles M_n telle que pour tout k, $M_n(p) \geq k$. Comme le graphe de couverture est fini, il existe forcément un sommet Q tel que $Q(p) \geq k$ pour tout $k \in \mathbb{N}$, donc tel que $Q(p) = \omega$.

Réciproquement, on va montrer que pour tout sommet s de AC($\mathcal{S}$), étiqueté par Q et pour tout k, il existe un marquage accessible M tel que

$$\begin{cases} Q(p) = M(p) & \text{pour } p \text{ tel que } Q(p) < \omega \\ M(p) \geq k & \text{pour } p \text{ tel que } Q(p) = \omega. \end{cases}$$

C'est immédiat pour la racine de l'arbre. Supposons que ce soit vrai pour un sommet s_1 étiqueté par Q_1 et pour tous les sommets compris entre la racine et s_1. Soit s_2, d'étiquette Q_2, un successeur de s_1 et t la transition entre les deux. Décomposons les composantes de Q_2 en trois sous-ensembles :
- Γ_0 les composantes finies dans Q_1 et Q_2,
- Γ_1 les composantes infinies dans Q_1 et donc infinies dans Q_2,
- Γ_3 les composantes finies dans Q_1 et infinies dans Q_2.

Par hypothèse de récurrence, il existe M_1 tel que

$$\begin{cases} Q_1(p) = M_1(p) & \text{pour } p \text{ tel que } Q_1(p) < \omega \\ M_2(p) \geq k & \text{pour } p \text{ tel que } Q_1(p) = \omega. \end{cases}$$

Soit M' tel que $M_1(t > M'$. Les composantes de M' d'indice dans Γ_0 satisfont bien $M'(p) = Q_2(p)$. De même, pour les composantes qui sont dans Γ_1, quitte à modifier M_1 sur ces composantes (ce qui est toujours possible), on peut avoir $M'(p) = M_1(p) + C(p,t)$ aussi grand qu'on le souhaite.

Pour $p \in \Gamma_3$, par construction, il existe s_p dans AC($\mathcal{S}$), d'étiquette Q_p telle que

$$Q_p(p) < M_1(p) + C(p,t)$$
$$Q_p(j) = M_1(j) + C(j,t),\ j \neq p.$$

Notons que $Q_p(j)$ ne peut être infinie puisque, par définition de Γ_3, $Q_1(p)$ ne l'est pas. Soit w_p l'étiquette du chemin de s_p à s_1, c'est-à-dire la suite de transitions qui permet de passer de s_p à s_1. On voit donc que si l'on effectue les transitions w_p puis t, la p-ième composante du marquage ne peut qu'augmenter et les autres revenir à leur valeur d'origine. Si on effectue k fois les transitions $w_p t$ alors la p-ième place aura augmenté au moins de k. Dans ces conditions, en notant $p_1, \ldots, p_l$ les éléments de Γ_3, soit M_2 tel que

$$M' \left((w_{p_1} t)^k \ldots (w_{p_l} t)^k \right\rangle M_2$$

satisfait aux conditions voulues. Il reste à s'assurer que cette suite de transitions est franchissable. Pour cela, on doit juste s'assurer que les ressources dans les places d'indice dans $\Gamma_2 \cup \Gamma_3$ ne viendront pas à manquer. Comme il y a un nombre fini de transitions et un nombre fini de telles places, il existe une borne supérieure K au nombre de ressources consommées lors de la suite de transitions $(w_{p_1} t)^k \ldots (w_{p_l} t)^k$; en choisissant M_1 tel que $M_1(p) > K$ pour $p \in \Gamma_2 \cup \Gamma_3$ on est sûr d'avoir un marquage permettant cette suite de transitions. □

Le réseau le plus simple qui illustre cette démonstration est donné figure I.9.

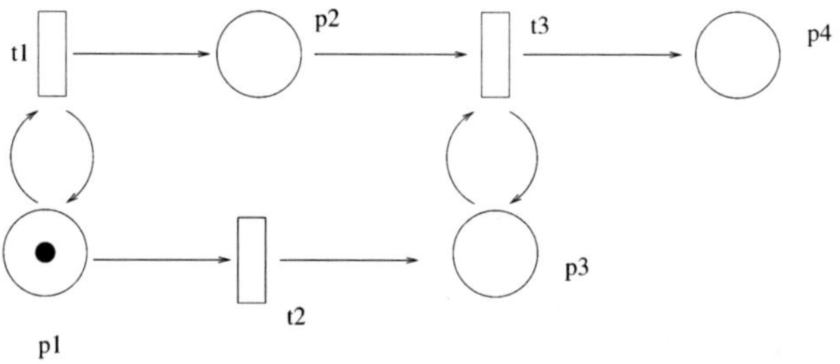

Fig. I.9. Illustration de la démonstration du point 3 du théorème I.1.

Son arborescence de couverture est la suivante :

$$\begin{pmatrix}1\\0\\0\\0\end{pmatrix} \xrightarrow{t_1} \begin{pmatrix}1\\\omega\\0\\0\end{pmatrix} \xrightarrow{t_2} \begin{pmatrix}0\\\omega\\1\\0\end{pmatrix} \xrightarrow{t_3} \begin{pmatrix}0\\\omega\\1\\\omega\end{pmatrix}$$

$$\begin{pmatrix}1\\0\\0\\0\end{pmatrix} \xrightarrow{t_2} \begin{pmatrix}0\\0\\1\\0\end{pmatrix}$$

t_3 décrémente le nombre de marques dans p_2 et incrémente le nombre de marques dans p_4 mais puisque p_2 peut recevoir un nombre arbitraire de marques, il en est de même pour p_4.

Son graphe de couverture est le suivant :

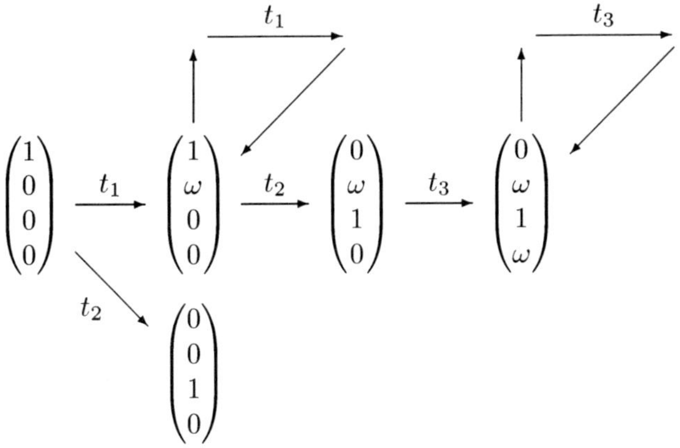

Preuve du point 4 du théorème I.1. Toute suite admissible de marquages se projette en une marche de la même longueur, sur le graphe de couverture. Dans ces conditions, une suite infinie admissible se projette en une marche de longueur infinie dans l'arborescence de couverture. D'après le point 1), GC($\mathcal{S}$) est fini ; donc au moins un sommet est visité une infinité de fois donc deux fois au moins, ce qui signifie très exactement qu'il y a un cycle dans le graphe de couverture.

Réciproquement, soit un cycle $s_0, \cdots, s_n = s_0$ (s_0 n'est pas nécessairement la racine de GC), d'étiquettes $Q_0, \cdots, Q_n = Q_0$, telles que t_k étiquette l'arc orienté de s_{k-1} à s_k, $k \in \{0, \cdots, n\}$ dans le graphe de couverture. On déduit de la démonstration du point 3 que l'on peut construire une suite de marquages accessibles $(M_0, M_1, \ldots, M_n = M_0)$ avec $M_i(p) = Q_i(p)$ si $Q_i(p)$ est fini et $M_i(p)$ aussi grand que l'on veut si $Q_i(p) = \omega$. Comme il y a un nombre fini de transitions dans le cycle et un nombre fini de places, on peut définir pour chaque place le nombre maximal de ressources consommées pendant le cycle :

$$K(p) = \max_{j,l} C(p, t_j, t_{j+1}, \cdots, t_{j+l}),$$

où $j < l$ varient dans $\{0, \ldots, n\}$. En choisissant M_0 tel que $M_0(p) = Q_0(p)$ pour p tel que $Q_i(p) < \omega$ pour tout $i \in \{0, \ldots, n\}$ et $M_0(p) > K(p)$ pour toutes les autres places alors $M_0(t_1 \ldots t_n > M_0$. □

On s'est intéressé dans ce texte à différentes méthodes permettant de vérifier qu'un réseau de Pétri est borné mais ce formalisme sert aussi pour montrer l'indécidabilité de certaines affirmations. Pour aller plus loin dans cet esprit, on pourra consulter [2, 3]. Les réseaux de Pétri amènent aussi naturellement à des calculs dans les algèbres (max, +), qui fournissent d'intéressantes extensions de l'algèbre usuelle. On pourra à ce propos consulter [1].

Bibliographie

1. F. Baccelli, G. Cohen, G. J. Olsder and J. P. Quadrat. *Synchronization and linearity*, Wiley Series in Probability and Mathematical Statistics : Probability and Mathematical Statistics, John Wiley and Sons Ltd., 1992, An algebra for discrete event systems.
2. G.W. Brams, *Réseaux de Pétri : théorie et pratique. Tome 1*, Masson, 1983, Théorie et analyse.
3. G.W. Brams, *Réseaux de Pétri : théorie et pratique. Tome 2*, Masson, 1983, Modélisation et applications.

Sujet II

Les coulisses d'Internet

Texte

Filière : MP

Travail suggéré : *faire une synthèse du texte. On mettra en évidence et l'on commentera les résultats importants. En particulier, on pourra montrer en quoi certains de ces résultats sont surprenants. On réfléchira à d'autres situations de la vie courante que l'on peut représenter de manière similaire.*

§1. Introduction

Quiconque a utilisé Internet s'est rendu compte du pire défaut de ce réseau : sa lenteur. Comment se fait-il que le débit instantané puisse décroître jusqu'à 8 *bits*[1] par seconde alors que le moindre modem peut écouler 14,4 *kbits* par seconde ? Décrivons rapidement comment fonctionne Internet. Dire qu'un ordinateur est connecté à Internet signifie qu'il est relié à ce qu'on appelle un serveur d'accès (qui est un autre ordinateur). Quand l'ordinateur A veut communiquer avec l'ordinateur B, les bits issus de A sont transférés au serveur auquel il est relié, celui-ci les transmet à un autre serveur, qui les transmet à son tour à un autre et ainsi de suite jusqu'à arriver au serveur auquel est relié B (voir figure II.1). C'est le réseau d'interconnexion entre ces différents serveurs qui constitue ce qu'on appelle le Web.

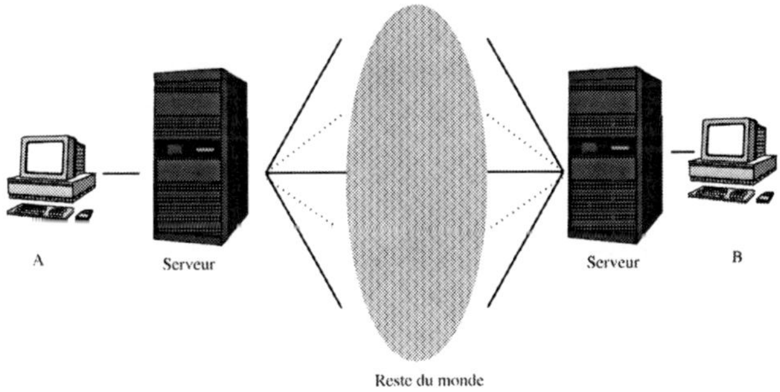

Fig. II.1. Architecture globale du Web.

[1] Les mots en italique sont définis dans l'annexe.

Généralement, il faut compter sur une dizaine de serveurs (ou nœuds) intermédiaires pour aller de A à B. Le problème du choix de ces nœuds est parfois délicat mais ce n'est pas le problème auquel nous nous intéresserons. Nous allons plutôt analyser ce qui se passe à l'intérieur de chacun des nœuds.

§2. Analyse mathématique

Considérons que les requêtes sont des transferts de fichiers de A vers B. Dans chaque nœud, les fichiers sont stockés dans un *buffer* puis traités par l'unité centrale du nœud avant d'être envoyés sur la ligne de transmission qui joint le serveur actuel au suivant. Le traitement consiste, entre autres opérations, à déterminer le prochain serveur. On peut considérer que le temps de traitement est proportionnel à la longueur du fichier. La mémoire dans laquelle sont stockés les bits est de taille limitée mais considérons dans un premier temps qu'elle est virtuellement de taille infinie et donc qu'aucun bit n'est perdu. Appelons A_t le nombre de bits arrivés entre les instants 0 et t, S_t le nombre de bits sortis du buffer durant cette même période et W_t le nombre[2] de bits restants dans le buffer à l'instant t. Comme il n'y a pas de perte :

$$W_t = S_t - A_t.$$

Comme le serveur travaille à vitesse constante (la vitesse d'horloge du processeur est constante, 133 MHz par exemple), le nombre de bits sortis est le produit du nombre de bits traités par unité de temps par le temps pendant lequel la mémoire n'est pas vide. Si on appelle L_t le temps pendant lequel la file a été vide entre 0 et t, on obtient

$$W_t = A_t - c(t - L_t), \tag{II.1}$$

où c est le nombre de bits traités par unité de temps. On choisira dorénavant l'unité de temps de telle sorte que $c = 1$. Cette relation est appelée **équation de stockage**. Résoudre cette équation n'est pas aisé car L dépend implicitement de W. En revanche, on voit d'après sa définition que L satisfait aux propriétés suivantes : $L_0 = 0$, L est croissante et ne croît qu'aux instants où W s'annule.

Définition II.1 (Problème de réflexion). *Soit $(X_t)_{t\geq 0}$ une fonction continue à gauche dont les sauts sont positifs, le couple (W, L) résout l'équation de réflexion associé à X lorsque les trois conditions suivantes sont satisfaites :*

1. $W_t = X_t + L_t$, *pour tout* $t \geq 0$.
2. $W_t \geq 0$, *pour tout* $t \geq 0$.

[2] On accepte que ce nombre de bits soit non entier : si on transmet 2 bits par seconde, pour un nombre de bit initial de 10, on considère qu'après 1,6 s, il en reste $10 - 2 \times 1{,}6 = 6{,}8$ à transmettre.

3. L est un processus croissant, continu à gauche, nul en zéro et L ne croît qu'aux instants où W s'annule.

Théorème II.1. *Le problème de réflexion associé à X possède une solution unique donnée par*

$$L_t = \sup_{s \leq t} X_s^-, \quad W_t = X_t + \sup_{s \leq t} X_s^-$$

où $X_s^- = \sup(-X_s, 0)$, $X_s^+ = \sup(X_s, 0)$.

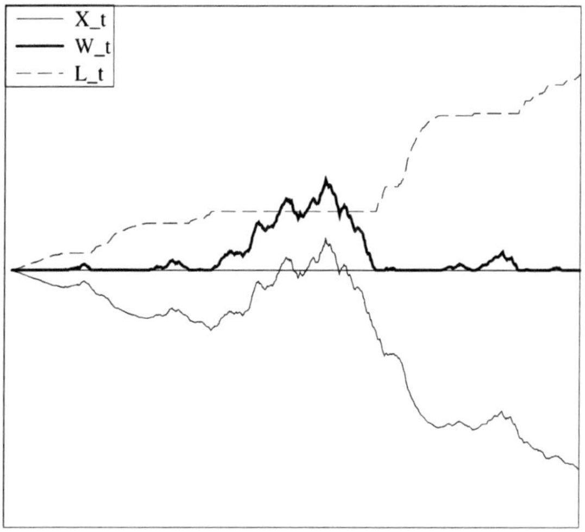

Fig. II.2. Un exemple de processus réfléchi.

L'équation de stockage est donc résolue en posant $X_t = A_t - t$. Reste maintenant la détermination de la fonction d'entrée A ou de manière équivalente, la détermination de X. Il est bien évidemment impossible de prévoir non seulement les instants d'arrivée mais aussi la taille des fichiers. On adopte donc une description statistique, permettant de définir les fréquences avec lesquelles la taille d'un fichier sera égale à telle quantité ou la fréquence des fois où le temps écoulé entre les arrivée de deux fichiers consécutifs sera égal à telle autre quantité. Il faut donc maintenant faire des hypothèses sur la nature du trafic, c'est-à-dire définir Prob(long. fichier $= n$ octets) ainsi que Prob(temps entre deux fichiers $\leq x$ secondes) pour tout n entier et tout x réel positif. Ces hypothèses de nature probabiliste sont trop compliquées pour être exposées ici, disons simplement que celles utilisées dans la suite, sont des hypothèses communément admises, qui permettent de mener à bien tous les calculs.

Notons ρ le nombre moyen de bits qui arrivent par unité de temps à un serveur quelconque :

$$\rho = \lim_{t \to \infty} \frac{A_t}{t}.$$

Théorème II.2. *Si $\rho > 1$ alors W_t tend vers $+\infty$ quand t vers $+\infty$.*

Preuve. Nous ne donnerons la preuve que dans le cas où les temps entre les arrivées et la longueur des fichier sont déterministes. On peut cependant remarquer que ce résultat est assez intuitif : s'il arrive en moyenne plus de travail que ce qu'on peut effectuer dans le même temps il est normal que la quantité de travail en souffrance augmente indéfiniment.

Dans le cas d'arrivées et de temps de traitement déterministes, c'est-à-dire à intervalles de temps fixe, dire qu'il arrive ρ bits par unité de temps équivaut à dire que ces arrivées se font toutes les $1/\rho$ unité de temps (u.t. en abrégé). W_t est donc une fonction en escalier qui augmente d'une unité toutes les $1/\rho$ u.t. et diminue de 1 toutes les u.t. :

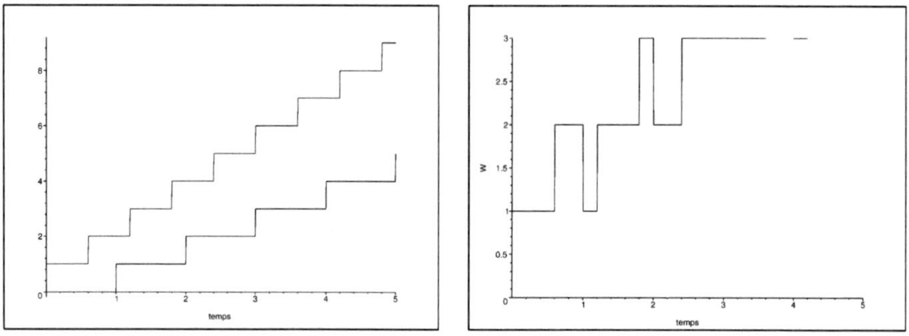

Fig. II.3. À gauche. Instants d'entrée (en gris) et de sorties (en noir). À droite. Évolution de W_t pour $\rho = 5/3$.

En conclusion, si l'on convient que le premier client rentre dans le système à l'instant 0, on a

$$W_t = \lfloor \rho t + 1 \rfloor - \lfloor t \rfloor,$$

où $\lfloor x \rfloor$ représente la partie entière de x. Asymptotiquement, W_t est équivalent à $(\rho - 1)t$ et tend donc bien vers l'infini quand t tend vers l'infini.

Si $\rho < 1$, on peut montrer que la file se vide une infinité de fois et que le système admet un régime stationnaire : après une période transitoire, l'état de la file tend vers un état d'équilibre statistique. Cela signifie que la probabilité que le nombre de bits dans la file soit égal à un nombre donné est invariante dans le temps, même si le nombre de bits lui-même varie au cours du temps. On note Q et W les variables aléatoires qui représentent respectivement le nombre de fichiers dans le buffer (hors celui en service) et le temps d'attente à l'état stationnaire. On obtient :

$$\text{Prob}(W > x) \overset{x\to\infty}{\sim} \rho \exp((\rho - 1)x) \tag{II.2}$$

$$\text{Prob}(W = 0) = 1 - \rho. \tag{II.3}$$

On montre aussi que :

$$\overline{W} = \frac{\rho}{1-\rho}, \tag{II.4}$$

$$\overline{Q} = \frac{\rho^2}{1-\rho}, \tag{II.5}$$

où les quantités surlignées représentent les valeurs moyennes de ces quantités. Ces moyennes sont calculées sur un grand nombre de serveurs analogues soumis aux mêmes conditions de trafic. Elles sont usuellement appelées espérances.

Théorème II.3 (Formule de Little). *Quelles que soient les hypothèses sur la nature statistique du trafic, on a toujours le résultat suivant :*

$$\overline{Q} = \rho \overline{W}. \tag{II.6}$$

Une justification intuitive de cette relation est la suivante : en régime stationnaire établi, le nombre moyen de fichiers doit être constant au cours du temps donc doit être le même à l'arrivée ou au départ d'un client. Or le nombre de fichiers qui restent dans le buffer au moment du départ d'un fichier donné est égal au nombre de fichiers arrivés pendant que celui-ci était en traitement. Le temps moyen d'attente est, par définition, $\overline{W}$ et il arrive ρ fichiers par unité de temps, la formule de Little en découle.

§3. Cas d'un buffer de taille finie

En gardant les mêmes hypothèses que précédemment mais avec maintenant une mémoire de taille finie, les considérations précédentes ne sont plus valables. On peut tout de même prouver que pour une taille de mémoire de K, la probabilité qu'un fichier soit perdu (un fichier est perdu à partir du moment où l'un au moins de ces bits n'a pas pu être stocké) est donnée par :

$$\frac{1-\rho}{1-\rho^{K+1}}\rho^K. \tag{II.7}$$

et

$$\overline{Q} = \frac{1-\rho}{1-\rho^{K+1}} \sum_{j=1}^{K} (j-1)\rho^j, \tag{II.8}$$

$$\overline{W} = \frac{1-\rho}{\rho(1-\rho^{K+1})} \sum_{j=0}^{K} (j-1)\rho^j. \tag{II.9}$$

Le passage de (II.8) à (II.9) est une conséquence de la formule de Little.

3.1. Conséquences pratiques

i - Prenons $\rho = 1/10$, on obtient $Q = 1/9$, c'est-à-dire qu'il y a en moyenne 0,1 fichier dans la file d'attente. Pour $\rho = 0{,}5$, on obtient en moyenne 1 fichier dans la file. Pour $\rho = 0{,}8$, on ne monte qu'à 4 fichiers en moyenne et pour $\rho = 0{,}9$, il y a 9 fichiers en moyenne en attente. Ce résultat est d'autant plus remarquable que $\rho = 0{,}9$ signifie que le serveur est extrêmement chargé : la relation (II.3) peut s'interpréter en disant que le serveur n'est inoccupé que 10% ($(1-\rho) \times 100$) du temps. C'est une quantité de travail rarement atteinte et pourtant le nombre moyen de fichiers n'est pas très grand.

ii - Nanti du résultat précédent on pourrait considérer que pour $\rho = 0{,}9$ un buffer d'une dizaine de fois l'inverse de l'unité de temps est suffisant. Pour $K = 10$, la probabilité de perte est de 5% ce qui est tout à fait inacceptable. Pour obtenir une probabilité de perte de l'ordre de 10^{-4}, il faut résoudre l'inéquation

$$\frac{1-\rho}{1-\rho^{K+1}}\,\rho^K \leq 10^{-4},$$

ce qui donne en l'occurrence $K \geq 66$.

iii - Remarquons que pour K fixé, la probabilité est loin d'être une fonction affine de ρ. (voir figure II.4). De même, pour ρ fixé la probabilité de perte n'est pas une fonction affine de K, voir figure II.5. Une petite variation de ρ peut avoir de fâcheuses conséquences sur les performances du serveur : prenons $K = 20$, pour $\rho = 0{,}8$ la probabilité de perte est 2.10^{-3} ; pour une augmentation de la charge de 10%, soit $\rho = 0{,}88$, la probabilité de perte augmente de 330% et s'élève à 0,01.

A contrario, une augmentation du nombre de places dans la mémoire peut réduire sensiblement la probabilité de perte. Par exemple pour $\rho = 0{,}9$, une mémoire de 44 places entraîne un probabilité de perte de 10^{-3} alors qu'avec une mémoire de 66 places le taux de perte tombe à 10^{-4}.

iv - La figure II.6 représente l'évolution de $\overline{W}$ en fonction de K. Notant W le temps qui s'écoule entre l'arrivée d'un fichier au serveur et le début de son traitement, on voit que le temps de traversée du réseau croît fortement avec la taille des buffers. La probabilité de perte sur tout

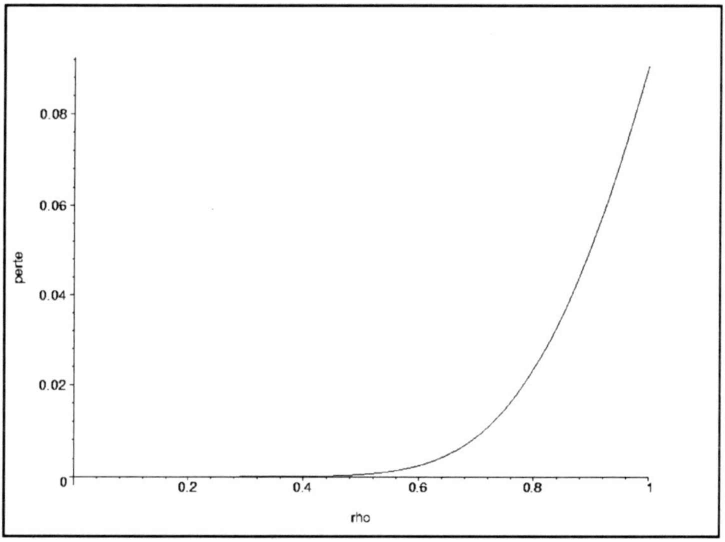

Fig. II.4. Variation de la perte en fonction de ρ pour $K = 10$.

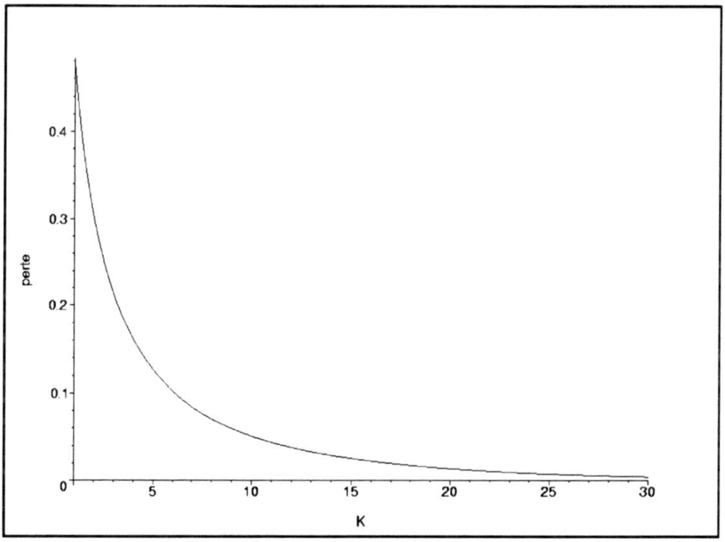

Fig. II.5. Variation de la perte en fonction de K pour $\rho = 0{,}9$.

le réseau devant être très faible, de l'ordre de 10^{-10}, les buffers sont automatiquement grands donc les temps de traversée forcément longs. Cela est d'autant plus vrai que la charge est grande, comme le montre la figure II.7. Comme le nombre de serveurs utilisés est de l'ordre de la dizaine et que la vitesse de transmission finale est majorée par le minimum des vitesses de traversée, on imagine assez facilement qu'un trafic même modéré donne des performances assez médiocres en terme de temps de réponse.

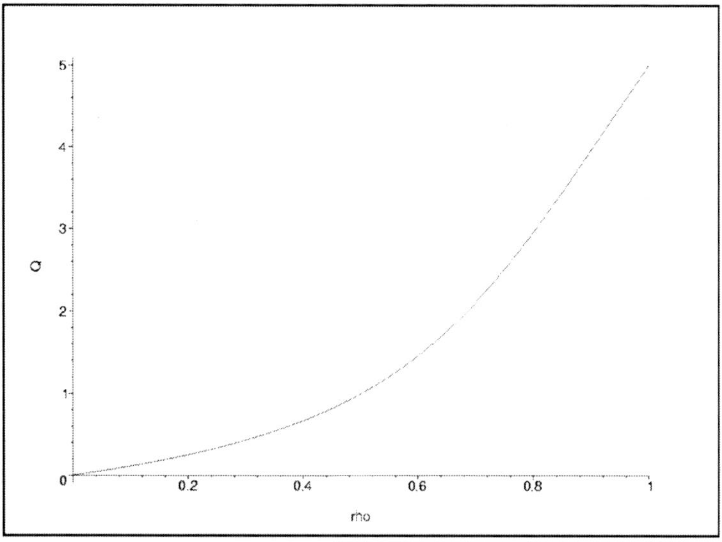

FIG. II.6. Variation de $\overline{Q}$ en fonction de ρ pour $K = 10$.

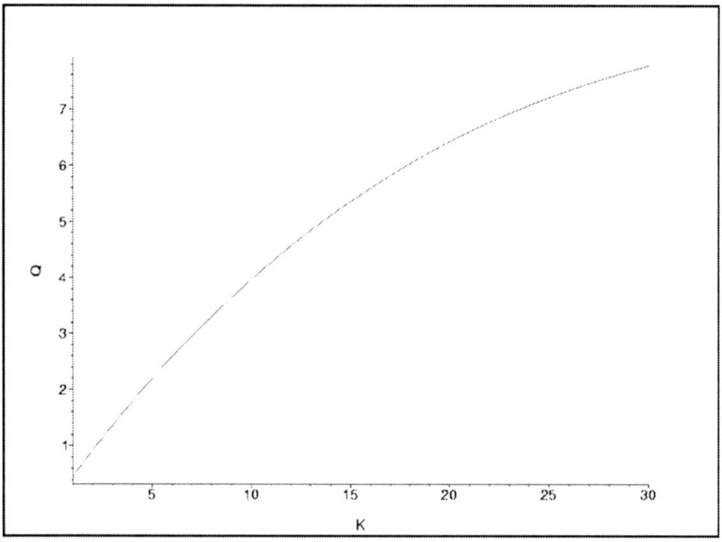

FIG. II.7. Variation de $\overline{Q}$ en fonction de K pour $\rho = 0{,}9$.

§4. Annexes

4.1. Glossaire des mots techniques

bit Unité élémentaire d'information. Vaut 0 ou 1. Toute donnée informatique se ramène à une suite plus ou moins longue de bits.

kbit 1024 bits.

Mbit 1024 kbits.

buffer Mémoire informatique dans laquelle sont stockées les données en attente de traitement, parfois appelée mémoire tampon.

4.2. Preuve du théorème II.1

Dans le cadre de ce texte, les fonctions sont supposées être continues à droite avec des limites à gauche finies, en tout point. Dans ce cadre, on note

$$f(t_-) = \lim_{s \uparrow t} f(s).$$

Pour une fonction M croissante, non nécessairement dérivable, une fonction f est dite S-intégrable si les sommes suivantes

$$\sum_{i=1}^{n-1} f(t_i^n)(M_{t_{i+1}}^n - M_{t_i}^n)$$

où $\pi = \{0 = t_0^n < t_1^n < \ldots < t_n^n = t\}$ est une subdivision de $[0, t]$, ont une limite commune lorsque le pas, noté $|\pi|$, tend vers 0. On note cette limite $\int_0^t f(s)\, \mathrm{d}M_s$. Les règles classiques du calcul intégral se généralisent presque toutes, en particulier la formule d'intégration par parties reste valable. Si M et L sont deux fonctions croissantes positives :

$$(M_t - M_0)(L_t - L_0) = \int_0^t M_{s^-}\, \mathrm{d}L_s + \int_0^t L_{s^-}\, \mathrm{d}M_s.$$

Démonstration (Preuve du théorème II.1).

Unicité Soient (W, L) et $(\tilde{W}, \tilde{L})$ deux solutions du problème de réflexion. On a :

$$\begin{aligned}
(W_t - \tilde{W}_t)^2 &= (L_t - \tilde{L}_t)^2 \\
&= 2\int_0^t (L_{s^-} - \tilde{L}_{s^-})(\, \mathrm{d}L_s - \, \mathrm{d}\tilde{L}_s) \\
&= 2\int_0^t (W_{s^-} - \tilde{W}_{s^-})(\, \mathrm{d}L_s - \, \mathrm{d}\tilde{L}_s) \\
&= -2\int_0^t W_{s^-}\, \mathrm{d}\tilde{L}_s + \tilde{W}_{s^-}\, \mathrm{d}L_s \leq 0,
\end{aligned}$$

où l'on a successivement utilisé

- la relation entre W, X, L (respectivement $\tilde{W}, \tilde{L}, X$) ;
- le fait que L ne croît qu'aux instants où W s'annule donc $W_{s^-}\ \mathrm{d}L_s = 0$. En effet, soit W_{s^-} est nul et ce terme est nul, soit W_{s^-} n'est pas nul mais comme L ne croît que sur les endroits où W s'annule, $\mathrm{d}L_s = 0$.

Existence Il suffit de vérifier que le processus $\sup_{s\le t} X_s^-$ convient pour L. Il est clair qu'ainsi défini L est un processus croissant, positif, nul en 0. D'autre part

$$W_t = X_t + L_t = X_t^+ + (-X_t^- + \sup_{s\le t} X_s^-) \ge 0.$$

Il reste à voir que L ne croît que sur l'ensemble des zéros de W. Soit t_0 un point de croissance de L, alors pour tout h positif, il existe t_h tel que

$$L_{t_0-h} \le X_{t_h} \le L_{t_0}.$$

Quand h tend vers 0, par continuité à gauche, $L_{t_0} = X_{t_0}^- = -X_{t_0}$, donc $X_{t_0} + L_{t_0} = W_{t_0} = 0$.

Présentation et questions

§1. Remarques générales

Ce texte recèle plusieurs difficultés. La première consiste à comprendre ce qu'est le régime stationnaire d'un système dynamique avec aléas. Les autres sont de nature plus technique : le passage de l'équation (II.1) au problème de réflexion, la nature exacte de L et la signification de ce que signifie « L ne croît qu'aux instants où W s'annule ». On ne demandait ici qu'une compréhension intuitive de cette notion, nous essaierons de l'expliquer plus en détail plus loin.

Dans ce texte, comme pour tous ceux qui abordent de manière indirecte des notions de probabilités, il est fait scrupuleusement attention à ce que les notions mises en jeu ne dépassent pas le stade de l'intuition et il est rappelé aux examinateurs qu'aucune connaissance en probabilités ne peut être exigée.

§2. Pistes de questions

1) Que signifie la phrase « on choisit c comme unité de temps » ?
2) Détailler l'obtention de (II.1).
3) Pourquoi W_t est-il parfois appelé « temps d'attente virtuel » ?
4) Que se passe-t-il dans le cas d'arrivées et de temps de traitement déterministes pour $\rho = 3/5$?
5) Représenter graphiquement la solution du problème de réflexion pour une fonction X de votre choix.
6) Comment utilise-t-on l'équation (II.7) en pratique ?
7) Selon que l'inconnue est K ou ρ, connaissez-vous des méthodes de résolution de l'équation $(1-\rho)\rho^K = \varepsilon(1-\rho^{K+1})$.
8) Comment comprenez-vous les relations (II.4) et (II.5) ?
9) Calculer ρ dans le cas d'arrivées déterministes espacées de τ secondes et de longueur de fichiers fixes de L bits. Le temps de traitement est supposé être de v bits par seconde.
10) Citer des exemples issus de votre cours de physique où apparaissent des phénomènes linéaires. Même question pour des phénomènes non linéaires.
11) Quel est le problème de réflexion associé si $c \neq 1$ dans l'équation de stockage ?
12) Quelles sont les dimensions de c et ρ ?

Commentaires

§1. Réponses aux questions

1) *Que signifie la phrase « on choisit c comme unité de temps » ?*

   On prend comme unité de temps le temps de traitement d'un bit. Le taux d'arrivée est donc exprimé en nombre de clients arrivant pendant le temps de traitement d'un bit.

2) *Détailler l'obtention de (II.1).*

   Voir commentaire.

3) *Pourquoi W_t est-il parfois appelé « temps d'attente virtuel » ?*

   Le serveur est supposé travailler à vitesse constante donc le temps de traitement de n bits est égal à $c.n$ où c le nombre de bits traités par u.t.. S'il y a, à l'instant W_t bits dans le système, un client qui arriverait au temps t, devrait attendre cW_t u.t. avant d'être servi. W_t est donc le temps d'attente d'un client « virtuel ».

4) *Que se passe-t-il dans le cas d'arrivées et de temps de traitement déterministes pour $\rho = 3/5$?*

   Si $\rho = 3/5$, cela signifie qu'en prenant comme temps de service une unité de temps, les arrivées ont lieu toutes les $1/\rho$ unités de temps. On obtient le graphique II.8.

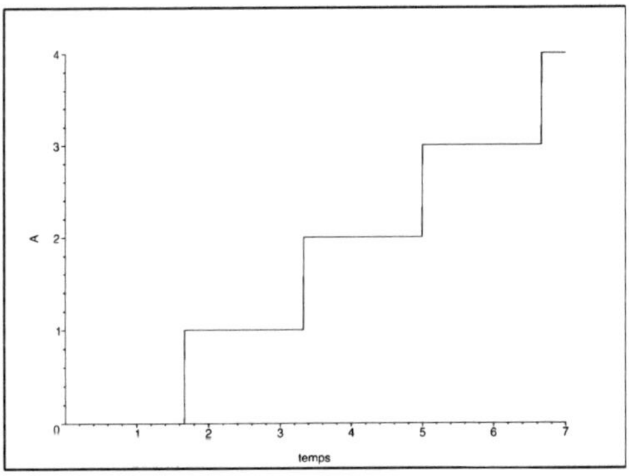

Fig. II.8. Processus d'arrivées pour $\rho = 3/5$ dans le cas d'arrivées déterministes.

   Comme il faut une unité de temps pour servir un client, chaque client trouve à son arrivée une file vide. Le temps d'attente virtuel évolue donc de la manière représentée figure II.9.

5) *Représenter graphiquement la solution du problème de réflexion pour une fonction X de votre choix.*

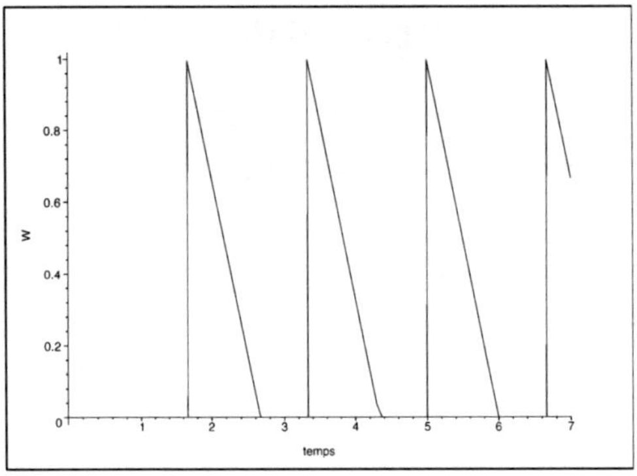

Fig. II.9. Évolution de W_t pour $\rho = 3/5$ dans le cas d'arrivées et services déterministes.

Le plus simple est de choisir un processus d'entrée déterministe. Prenons celui de la question précédente :

$$A_t = \lfloor \frac{3}{5} t \rfloor.$$

Ce qui donne, trivialement :

$$X_t^- = x - \lfloor \frac{3}{5} t \rfloor.$$

Graphiquement, nous obtenons la figure II.10 :

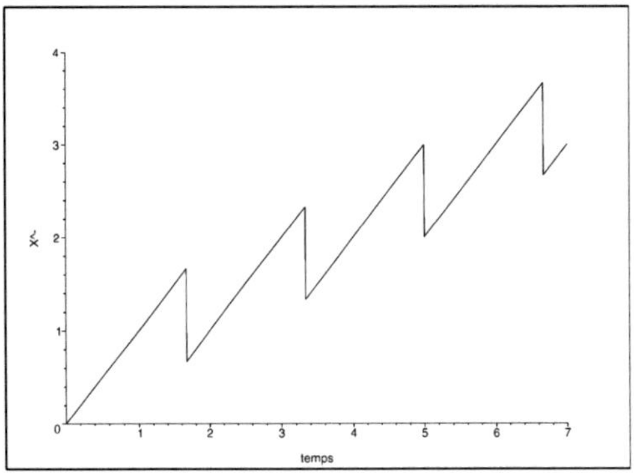

Fig. II.10. Évolution de X_t^- pour $\rho = 3/5$ dans le cas d'arrivées et services déterministes.

L s'obtient alors facilement graphiquement et plus difficilement de façon formelle.

$$\begin{aligned}
L_t &= t & \text{si} \quad & t \leq 1/\rho = 5/3 \\
&= 1/\rho & \text{si} \quad & 1/\rho \leq t \leq 1/\rho + 1 \\
&= t - 1 & \text{si} \quad & 1/\rho + 1 \leq t \leq 2/\rho \\
&= k/\rho - (k-1) & \text{si} \quad & k/\rho \leq t \leq k/\rho + 1, \ k \geq 2 \\
&= x - k\rho & \text{si} \quad & k/\rho + 1 \leq t \leq (k+1)/\rho, \ k \geq 2.
\end{aligned}$$

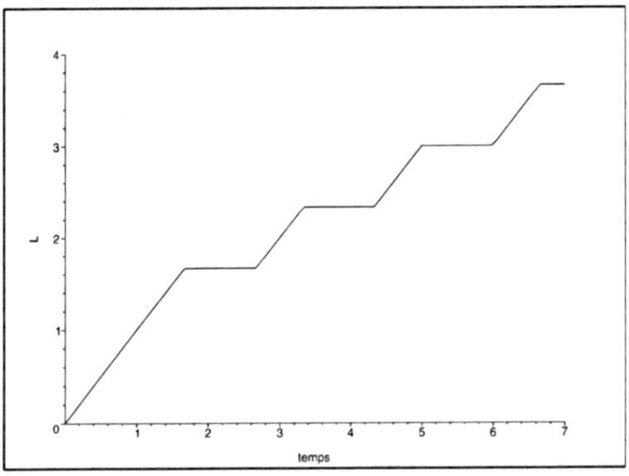

Fig. II.11. Évolution de L_t pour $\rho = 3/5$ dans le cas d'arrivées et services déterministes.

Si on fait la somme $A_t - t + L_t$, on obtient bien la figure II.9.

6) *Comment utilise-t-on l'équation (II.7) en pratique ?*

   Voir texte.

7) *Selon que l'inconnue est K ou ρ, connaissez-vous des méthodes de résolution de l'équation $(1-\rho)\rho^K = \varepsilon(1-\rho^{K+1})$.*

   Si ρ est l'inconnue, on commence par une dichotomie que l'on affine par une méthode de type Newton. Si K est l'inconnue, il faut calculer $p_K = \rho^K(1-\rho^{K+1})^{-1}$ pour toutes les valeurs de K jusqu'à ce que $p_K > \varepsilon(1-\rho)^{-1}$.

8) *Comment comprenez-vous les relations (II.4) et (II.5) ?*

   Faire le lien entre régime transitoire et régime stationnaire tels que vus en physique et en chimie.

9) *Calculer ρ dans le cas d'arrivées déterministes espacées de τ secondes et de longueur de fichiers fixes de L bits. Le temps de traitement est supposé être de v bits par seconde.*

   On a :

$$\rho = \frac{1}{\tau}.\frac{L}{v} = \frac{L}{\tau v}.$$

10) *Citer des exemples issus de votre cours de physique où apparaissent des phénomènes linéaires. Même question pour des phénomènes non linéaires.*

Par exemple, la loi des gaz parfaits ($PV = nRT$) relie de façon linéaire la pression et le volume à la température. En revanche, la loi de Vander Waals :

$$(P + \frac{a}{V^2})(V - b) = nRT,$$

n'a plus aucun caractère linéaire.

11) *Quel est le problème de réflexion associé si $c \neq 1$ dans l'équation de stockage ?*

L'équation est $W_t = X_t + cL_t$ donc $L_t = c^{-1} \sup_{s \leq t} X_s^-$ et l'expression de W_t est inchangée.

12) *Quelles sont les dimensions de c et ρ ?*

Par construction ρ est sans dimension (voir commentaire) et c est un nombre de bits par seconde donc homogène à l'inverse d'un temps, c'est-à-dire une fréquence.

§2. Suggestion de plan

I – Exemples motivant le problème.

On peut partir des exemples du texte mais on pourra utilement signaler qu'en dehors d'Internet, les files d'attente se rencontrent fréquemment dans la vie courante : supermarché, services publics, etc. L'arrivée des paquets est remplacée par l'arrivée des clients et le temps de service devient le temps nécessaire au décompte des achats ou au service requis. Introduire alors les notions de serveur, buffer, temps d'attente, etc.

II – Équation de stockage

Prendre le temps de l'établir et mettre en évidence la difficulté induite par la présence du terme en W de part et d'autre du signe égal. Énoncer le problème de réflexion et donner sa solution. Reconstruire le graphique II.2 permet de montrer que l'on a vraiment compris les notations.

III – Applications.

Insister sur la non-linéarité

IV – Démonstration du théorème.

S'il reste du temps...

§3. À propos du texte

La partie modélisation qui mène jusqu'à l'équation (II.1) se comprend sans effort : c'est l'application du principe « ce qui rentre = ce qui sort ». On peut écrire la liaison entre L et W sous la forme

$$L_t = \int_0^t \mathbf{1}_{\{0\}}(W_s)\, \mathrm{d}s, \tag{II.10}$$

où $\mathbf{1}_A$ est la fonction indicatrice de A qui vaut 1 en un point de A et 0 sur le complémentaire de A. Comme $t = \int_0^t 1\, \mathrm{d}s$, on peut écrire (II.1) sous la forme

$$W_t = A_t - c \int_0^t \mathbf{1}_{\mathbb{R}_+^*}(W_s)\, \mathrm{d}s.$$

Sous cette forme, la complexité de l'équation est évidente. Pour la résoudre, on ne retient que les propriétés qualitatives de W mais aussi de L pour transformer le problème de la recherche des solutions de (II.1) en un problème apparemment différent. Au lieu d'une inconnue W, on en a maintenant deux, W et L, qui, en outre, sont liées de façon obscure. *A priori*, étant donné que l'on a raisonné par conditions nécessaires, l'ensemble des solutions du problème de réflexion pourrait être plus grand que celui des solutions de (II.1). Heureusement, le problème de réflexion a une solution explicite et unique, ce ne peut donc être que la solution du problème initial. On remarque d'ailleurs, que si la file d'attente est vide à l'instant initial :

$$W_t = \sup_{s \le t}(X_t - X_s).$$

Cette relation combinée avec des considérations probabilistes (voir [3]) donne les formules (II.2),(II.3) et (II.4).

En probabilités, on appelle « trajectoire », une réalisation possible des arrivées et temps de traitement pendant une certaine période de temps finie ou infinie. L'analogue dans le jeu de pile ou face est une série finie ou infinie de lancers. Une trajectoire de A est une fonction en escalier. La hauteur des marches correspond à la longueur d'un fichier et la longueur des marches au temps qui s'écoule entre deux arrivées. Par convention, on privilégie la trajectoire continue à droite, avec des limites à gauche. Cela signifie qu'avec les notations habituelles :

$$f(x_0^+) = \lim_{x \downarrow x_0} f(x), \; f(x_0^-) = \lim_{x \uparrow x_0} f(x),$$

on a $f(x_0) = f(x_0^+)$. Par l'équation de stockage, à chaque réalisation possible de A correspond une trajectoire de W. Les moyennes s'entendent alors comme étant faites sur l'ensemble de ces trajectoires de A. Si l'on reprend l'analogue du jeu de pile ou face, on peut se demander quel est le nombre de piles que l'on obtient sur N lancers. On sait alors que sur l'ensemble de toutes les trajectoires, on aura en moyenne $N/2$ piles.

La situation se complique dans le cadre du sujet de ce texte parce que la situation évolue avec le temps. Lorsque l'on allume une lampe, pendant une fraction de seconde la tension aux bornes de l'ampoule varie de façon brutale jusqu'à se stabiliser à la tension d'équilibre donnée par la loi d'Ohm. Lorsque la tension du générateur est fixe, la tension aux bornes de l'ampoule l'est aussi.

Ici, comme le processus d'entrée A varie, W varie aussi mais, à la longue, il y a tout de même une certaine stabilisation. L'analogie avec le lancer de pile ou face n'est plus pertinente puisque la situation y reprend toujours à zéro, étant donné que les lancers sont indépendants les uns des autres. L'exemple le plus simple permettant d'illustrer cette notion est celui du canal binaire symétrique : soit un système de communication qui reçoit en entrée des 0 ou des 1 et les transmet avec un risque d'erreur :

$$\text{Prob}(X_1 = 1 \,|\, X_0 = 1) = p, \ \text{Prob}(X_1 = 0 \,|\, X_0 = 1) = 1 - p$$

et

$$\text{Prob}(X_1 = 0 \,|\, X_0 = 0) = p, \ \text{Prob}(X_1 = 1 \,|\, X_0 = 0) = 1 - p,$$

où X_0 est le symbole en entrée et X_1 le symbole en sortie et $p \in [0, 1[$ caractérise la qualité du canal ($p = 1$ correspondant à un canal parfait). Si la séquence que l'on désire transmettre contient une proportion α de 0 et $1 - \alpha$ de 1, c'est-à-dire si

$$\text{Prob}(X_0 = 0) = \alpha \text{ et } \text{Prob}(X_0 = 1) = 1 - \alpha,$$

alors

$$\begin{aligned} \text{Prob}(X_1 = 0) &= \text{Prob}(X_1 = 0 \,|\, X_0 = 1)\text{Prob}(X_0 = 1) \\ &\quad + \text{Prob}(X_1 = 0 \,|\, X_0 = 0)\text{Prob}(X_0 = 0)) \\ &= \alpha p + (1 - \alpha)(1 - p). \end{aligned} \tag{II.11}$$

Le même calcul se fait pour $\text{Prob}(X_1 = 1)$, on obtient :

$$\text{Prob}(X_1 = 1) = \alpha(1 - p) + p(1 - \alpha). \tag{II.12}$$

On peut résumer ces résultats en introduisant :

$$\pi_n = (\text{Prob}(X_n = 0), \ \text{Prob}(X_n = 1)) \text{ et } P = \begin{pmatrix} p & 1 - p \\ 1 - p & p \end{pmatrix}.$$

En termes des p_n et de P, les relations (II.11) et (II.12) s'écrivent :

$$\pi_1 = \pi_0 P.$$

Si l'on met plusieurs systèmes identiques en série et si l'on note X_n la sortie du système n, on constate immédiatement que :

$$\pi_n = \pi_{n-1} P = \pi_0 P^n.$$

En utilisant la théorie des suites récurrentes, on établit que :

$$\lim_{n \to \infty} \text{Prob}(X_n = 0) = 1/2 = \lim_{n \to \infty} \text{Prob}(X_n = 1).$$

X_n reste essentiellement aléatoire mais $\text{Prob}(X_n = 1)$ se stabilise avec le temps. Les équations (II.2), (II.3) et (II.7) traduisent l'analogie avec cette situation.

§4. Au-delà du texte

Ce texte issu des toutes premières occurrences de l'épreuve, date déjà dans ses chiffres : les débits annoncés dans l'introduction apparaissent dérisoires aujourd'hui. Nonobstant, si la situation s'est améliorée, ce n'est pas par un changement fondamental du mode de fonctionnement d'Internet mais essentiellement par l'accroissement des ressources mises à la disposition des utilisateurs, même si ceux-ci sont en nombre toujours plus élevé.

Il est dit dans le début du texte que ρ est le nombre moyen de bits qui arrivent par unité de temps. On peut donner une autre description de ce paramètre : si λ est le nombre de fichiers qui arrivent par unité de temps (homogène à l'inverse d'un temps) et $1/\mu$ est leur temps moyen de traitement (homogène à un temps), on montre, sous certaines hypothèses probabilistes, que :

$$\rho = \frac{\lambda}{\mu}.$$

C'est donc une quantité sans dimension. Considérant les formules (II.2), (II.3) et (II.7), on voit que l'opérateur de réseaux doit impérativement contrôler le ρ de chaque source. Il peut pour cela diminuer λ, en imposant des temporisations à l'utilisateur, c'est ce que l'on appelle le contrôle de flux. Il peut aussi diminuer le temps moyen de traitement en augmentant c, nombre de bits traités par unité de temps. C'est souvent la solution choisie mais cette course à la puissance des équipements aura une fin lorsque les réseaux tout optiques[1] (actuellement, la conversion opto-électronique, nécessaire au traitement des données en sortie des fibres optiques, est un goulet d'étranglement considérable) verront définitivement le jour. Il sera alors nécessaire de repenser plus profondément les mécanismes de contrôle dans le réseau lui-même.

Une conséquence inattendue de la formule de Little est que le temps moyen d'attente est indépendant de la discipline de service : quel que soit l'ordre dans lequel on sert les clients, il y en a toujours autant dans la file à un instant donné donc $\overline{Q}$ ne dépend pas de la discipline de service et en vertu de (II.4), $\overline{W}$ non plus. En d'autres termes, que les clients soient servis dans l'ordre d'arrivée ou dans un autre ordre, le temps moyen d'attente reste le même. Ce résultat peut paraître surprenant si l'on considère la discipline « dernier arrivé - premier servi » (DAPS) où chaque nouveau client double tous ceux qui sont en attente. On appelle période d'activité la période commençant lors de l'arrivée d'un client dans un système vide et se terminant au premier instant où le système est de nouveau vide, c'est-à-dire lors du départ du client qui laisse la file vide derrière lui. On sait que ces deux instants se reproduisent une infinité de fois puisque $\rho < 1$. Dans la discipline DAPS, les clients qui arrivent vers la fin du cycle d'activité ont un temps d'attente faible (nul pour le dernier arrivé) tandis que ceux du début du cycle subissent un important retard. Il est remarquable que cela ne change pas les valeurs moyennes d'attente. Bref,

---

[1] voir le sujet IX de cet ouvrage.

vous pouvez vous énerver dans la file d'attente si l'on vous double mais le guichetier ou la caissière peut s'en moquer éperdument : cela ne change pas la « qualité de service moyenne » du magasin.

Commentaires sur les probabilités

Ce commentaire n'est pas *a priori* destinés aux élèves des CPGE mais aux étudiants préparant l'agrégation.

La notion d'intégrale présentée est l'intégrale de Lebesgue-Stieltjes. On peut en fait intégrer de la même manière par rapport à des fonctions M qui s'expriment comme la différence de deux fonctions monotones, c'est-à-dire à variation bornée. Pour d'autres définitions des fonctions à variation bornée et des résultats complémentaires, omniprésents dans la théorie de l'intégrale stochastique d'Itô, on pourra consulter [4]. Le résultat fondamental de ce domaine est le Lemme de Lebesgue qui stipule que toute fonction strictement monotone admet une dérivée « presque-partout ».

Les mystérieuses « hypothèses probabilistes » auxquelles il est fait allusion sont tout simplement que les arrivées forment un processus de Poisson d'intensité λ et les temps de service sont indépendants, identiquement distribués de loi exponentielle de paramètre μ avec $\rho = \lambda/\mu$. Il s'agit donc ici de l'étude de la file M/M/1 à buffer fini ou pas. La formule d'intégration par parties est à la base de la formule « du couteau suisse » dont une des conséquences est la formule de Little (voir [2, Swiss Army Formula]). En ce qui concerne les files d'attente, on pourra consulter avec profit les deux excellentes références que sont [1] et [5].

Bibliographie

1. S. Asmussen, *Applied probability and queues*, Applications of Mathematics, vol. 51, Springer-Verlag, 2003, Stochastic Modelling and Applied Probability.
2. F. Baccelli and P. Brémaud, *Elements of queueing theory : Palm-martingale calculus and stochastic recurrences*, Springer-Verlag, August, 1993.
3. A. A. Borovkov, *Stochastic processes in queueing theory*, Springer-Verlag, 1976, Translated from the Russian by Kenneth Wickwire, Applications of Mathematics, No. 4.
4. F. Riesz et B. Sz.-Nagy, *Leçons d'analyse fonctionnelle*, Quatrième édition. Académie des Sciences de Hongrie, Gauthier-Villars, Editeur, 1965.
5. P. Robert, *Stochastic networks and queues*, French ed., Applications of Mathematics, vol. 52, Springer-Verlag, Berlin, 2003, Stochastic Modelling and Applied Probability.

Sujet III

Pseudo-inverse

Texte

Filière : MP au concours. Toutefois, les candidats des autres filières sont vivement incités à s'intéresser à ce sujet, ne serait-ce que pour son lien avec la méthode des « moindres carrés ».

Travail suggéré : *faire un exposé scientifique totalement rigoureux à partir des documents proposés et de vos connaissances.*

§1. Théorie

Nous allons nous intéresser à la recherche du minimum de

$$J(x) = \| Ax - b \|^2$$

où A est une matrice $m \times n$ à coefficients réels et $\| x \|^2 = \langle x, x \rangle = x^t x$ la norme euclidienne, en rajoutant des contraintes permettant de garantir l'unicité de la solution pour toutes valeurs de m et n et de l'écrire $A^{\#} b$, comme si A était non singulière.

Définition III.1. *On dit qu'une matrice $A^\dagger$ est une pseudo-inverse de A ssi $AA^\dagger A = A$.*

Proposition III.1. *Par définition,* $\arg\min\{f(x),\ x \in V\}$ *représente la valeur, supposée unique, en laquelle le minimum de f sur V est atteint.*

1) $A^\dagger$ existe toujours. Si A est carrée, $A^\dagger$ peut être choisie non-singulière,

2) si $Ax = b$ a une solution, $A^\dagger b$ en est une pour toute $A^\dagger$,

3) $\arg\min\{\| Ax = b \|^2 : x \in R^n\} = (A^t A)^\dagger A^t b.$

Preuve.

1) Par des opérations élémentaires sur les lignes de A (permutations de lignes, opérations de pivot), donc par le produit à gauche par une matrice non singulière K, on peut la transformer en une matrice ayant un 1 au plus et des 0 sur chaque ligne. Des permutations sur les colonnes permettent alors d'écrire

$$A = KDL \ , \ D = \begin{pmatrix} \mathrm{I} & 0 \\ 0 & 0 \end{pmatrix}$$

la dimension de I étant égale au rang de A, et les matrices 0 étant de dimensions appropriées. On peut alors vérifier que $A^\dagger = L^{-1}D^tK^{-1}$ vérifie la définition III.1 :

$$AA^\dagger A = KDLL^{-1}D^tK^{-1}KDL = KDD^tDL = A.$$

2) Si A est carrée, il suffit de choisir $A^\dagger = L^{-1}K^{-1}$.
S'il existe une solution x_1, $Ax_1 = b$, donc :

$$AA^\dagger b = AA^\dagger Ax_1 = Ax_1 = b.$$

3) D'après le lemme de projection orthogonale, il suffit de vérifier que :

$$\langle (A(A^tA)^\dagger A^t - I)b, Az\rangle = 0 \text{ pour tout } A, b, z,$$

c'est-à-dire que $A^t[A(A^tA)^\dagger A^t - I] = 0$ (lemme de la pseudo-inverse). Appelant B cette matrice, il vient

$$BB^t = 0 \Rightarrow \operatorname{tr}(BB^t) = 0 \Rightarrow \sum_{i,j} b_{ij}^2 = 0 \Rightarrow B = 0$$

(pour une matrice symétrique S, la définition III.1 donne par transposition $S(S^\dagger)^tS = S$).

Remarque 1. Notons quelques propriétés de $A^\dagger$.
- Si $\det A \neq 0$, $A^\dagger = A^{-1}$ et $A^\dagger$ est unique.
- $A^\dagger$ est une fonction des coefficients de A discontinue aux points où le rang de A change (par exemple, $(0)^\dagger = (0)$, $(\varepsilon)^\dagger = (1/\varepsilon)$, pour tout $\varepsilon > 0$).
- Une preuve analogue à celle du Lemme de la pseudo-inverse montrerait que :

$$B' = [A - A(A^tA)^\dagger A^tA] = 0$$

(il suffit cette fois-ci de calculer B'^tB).

Ajoutons maintenant quelques conditions supplémentaires sur la pseudo-inverse :

Définition III.2. *Une inverse généralisée $A^\#$ de A (inverse de Moore-Penrose) est une matrice satisfaisant aux quatre axiomes suivants :*
1) $AA^\#A = A$.
2) $A^\#AA^\# = A^\#$.
3) $(AA^\#)^t = AA^\#$.
4) $(A^\#A)^t = A^\#A$.

Remarque 2. Une telle matrice existe toujours, en effet :
- si A est scalaire, $0^\# = 0$ et $a^\# = a^{-1}$ si $a \neq 0$.

– si $A = diag(a_{11}, a_{22}, \ldots, a_{nn})$ est diagonale,

$$A^\# = diag(a_{11}^\#, a_{22}^\#, \ldots, a_{nn}^\#).$$

Remarque 3. Si A est symétrique, elle est semblable à une matrice diagonale avec une matrice de changement de base orthogonale :

$$A = R^t DR \ , \ R^t = R^{-1} \ , \ R \text{ réelle.}$$

Alors $A^\# = R^t D^\# R$; en effet :

$$AA^\# A = R^t DRR^t D^\# RR^t DR = R^t DD^\# DR = R^t DR = A,$$

etc.

Dans le cas général, il suffit de choisir :

$$A^\# = (A^t A)^\# A^t. \tag{III.1}$$

Vérifions :

1) $A(A^t A)^\# A^t A = A$ d'après le lemme de la pseudo-inverse et la remarque qui suit.
2) immédiat, puisque la propriété est vraie pour les matrices symétriques par construction.
3) $(A^t A)^\# A^t A = A^t A(A^t A)^\#$, évident pour des matrices symétriques.
4) $A(A^t A)^\# A^t$ est symétrique puisque $(A^t A)^\#$ l'est.

De plus, elle est unique. En effet, si X et Y satisfont les quatre axiomes, nous avons :

$$X \stackrel{2}{=} XAX \stackrel{4}{=} A^t X^t X \stackrel{1}{=} A^t Y^t A^t X^t X \stackrel{4}{=} A^t Y^t XAX = A^t Y^t X = YAX,$$

$$Y = YAY = YY^t A^t \stackrel{1}{=} YY^t A^t X^t A^t \stackrel{3}{=} YAYX^t A^t = YX^t A^t = YAX.$$

Il nous reste à démontrer le

Théorème III.1. *$x_0 = A^\# b$ vérifie les propriétés suivantes :*
– pour tout x,

$$\| Ax - b \| \geq \| Ax_0 - b \|; \tag{III.2}$$

– si $x \neq x_0$ et $Ax = Ax_0$, alors :

$$\| x \| > \| x_0 \| . \tag{III.3}$$

Preuve.

$$\begin{aligned}
\| Ax - b \|^2 &= \| Ax_0 - b + A(x - x_0) \|^2 \\
&= \| (AA^\# - I)b + A(x - x_0) \|^2 \\
&= \| Ax_0 - b \|^2 + \| A(x - x_0 \|^2 + 2\langle (AA^\# - I)b, A(x - x_0)\rangle \\
&= \| Ax_0 - b \|^2 + \| A(x - x_0 \|^2 + 2\langle b, (AA^\# - I)^t A(x - x_0)\rangle
\end{aligned}$$

Le résultat découle de l'application des axiomes 3 et 1.

Supposons maintenant que $Ax = Ax_0 = b_0$ (qui peut être différent de b). Par définition de x_0,

$$x_0 = A^{\#}b \stackrel{2}{=} A^{\#}AA^{\#}b = A^{\#}Ax_0 = A^{\#}b_0 = A^{\#}Ax$$

Alors :

$$\begin{aligned} \| x \|^2 &= \| x_0 + (x - x_0) \|^2 \\ &= \| x_0 \|^2 + \| (x - x_0) \|^2 + 2\langle A^{\#}Ax, (I - A^{\#}A)x \rangle \\ &\stackrel{4}{=} \| x_0 \|^2 + \| x - x_0 \|^2 + 2\langle x, A^{\#}A(I - A^{\#}A)x \rangle \end{aligned}$$

d'où le résultat par application de l'axiome 2.

§2. Annexes

2.1. Appendice A : lemme de projection orthogonale

Lemme III.1. *Soit X un espace vectoriel muni d'un produit scalaire et A un endomorphisme de X. Les deux énoncés suivants sont équivalents :*

a) $\| Ax_0 - b \| = \min_x \| Ax - b \|$.

b) $\langle Ax, Ax_0 - b \rangle = 0$ *pour tout* $x \in X$.

Preuve. Supposons la seconde condition satisfaite :

$$\| Ax - b \|^2 = \| A(x - x_0) + Ax_0 - b \|^2 = \| Ax_0 - b \|^2 + \| A(x - x_0) \|^2$$

puisque $(x - x_0) \in X$. Comme $\| A(x - x_0) \| \geq 0$, le minimum est atteint en $x = x_0$.

Réciproquement, supposons que $\langle Az, Ax_0 - b \rangle = \alpha \neq 0$ pour un certain $z \in X$. Supposons z choisi tel que $\alpha < 0$.

$$\| Ax - b \|^2 - \| Ax_0 - b \|^2 = 2\alpha + \| Az \|^2$$

Si $Az = 0$, x_0 n'est pas le minimum. Sinon, remplaçons z par :

$$y = -\alpha z / \| Az \|^2,$$

on tire :

$$\| Ax - b \|^2 - \| Ax_0 - b \|^2 = -\frac{2\alpha^2}{\| Az \|^2} + \frac{\alpha^2}{\| Az \|^2} = -\frac{\alpha^2}{\| Az \|^2}$$

et x_0 n'est pas le minimum.

2.2. Appendice B : exemple

$$A = \begin{pmatrix} 1\,1\,1 \\ 1\,1\,1 \\ 1\,1\,1 \end{pmatrix} \Rightarrow A^\dagger = \frac{1}{3}\mathrm{I} \text{ ou } A^\dagger = \begin{pmatrix} 1/6 & 1/6 & 0 \\ 1/6 & 1/6 & 0 \\ 0 & 0 & 1/3 \end{pmatrix}, \; A^\# = \frac{1}{9}A.$$

2.3. Appendice C : régression linéaire

Dans le cadre de la mise au point de l'examinateur virtuel, on désire étudier une technique de notation objective des candidats : la note y s'obtiendrait en appliquant des coefficients de pondération w_j à n critères x_j (par exemple, le nombre d'expériences originales, le nombre de théorèmes correctement prouvés, le nombre de fautes d'orthographe sur les transparents, le dépassement de temps...) :

$$y = \sum_{j=1}^{n} w_j x_j.$$

Afin de ne pas entraîner trop de distorsion, on désire choisir les coefficients w_j de manière à se rapprocher au maximum de la notation subjective du passé ; on dispose pour ce faire d'une base de données importante (5 années de candidats, soit m enregistrements) pour lesquels on souhaiterait avoir idéalement

$$y_i = \sum_{j=1}^{n} w_j x_{ij}, \; 1 \leq i \leq m \text{ soit } Y = XW \quad X : m \times n.$$

Il y a beaucoup plus d'équations que d'inconnues, ce système ne peut avoir de solution exacte et rendre compte exactement de toutes les notes passées. Nous choisirons donc le vecteur W de manière à minimiser l'erreur quadratique :

$$\min_W \| Y - XW \|^2 .$$

qui admet comme solution $W = X^\# Y$.

2.4. Appendice D : commande optimale

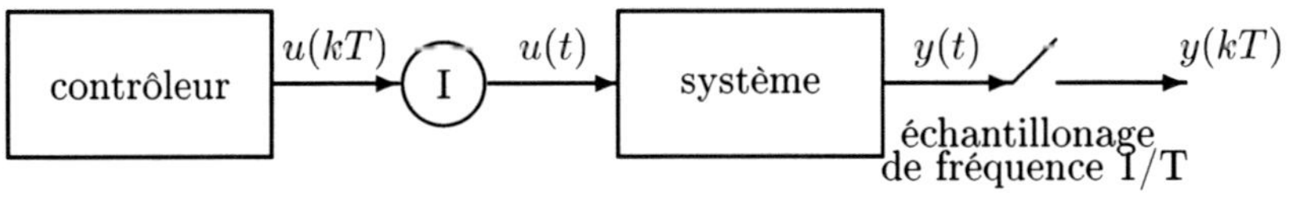

Un système physique (par exemple une table traçante) peut être décrit par une combinaison des lois de l'électricité et de la mécanique sous la forme

$$\dot{x}(t) = Ax(t) + Bu(t)$$
$$y(t) = Cx(t)$$

où $u(t)$ est le vecteur des tensions de commande sur chaque moteur à l'instant t, $y(t)$ le vecteur position de la pointe et $x(t)$ l'état interne du système (tensions, courants, vitesses, positions...). La commande est numérique, élaborée par un micro-contrôleur. Ce dernier ne voit les mesures et ne rend des commandes que toutes les T secondes. Un interpolateur I transforme ces consignes discrètes en la commande continue appliquée au système. Le micro-contrôleur ne peut donc voir le système que comme un dispositif transformant la suite des consignes qu'il calcule $u(kT)$ en une suite de positions $y(kT)$. On peut montrer que, pour les interpolateurs usuels

$$u(t) = u(kT), \; kT \leq t < (k+1)T,$$

cette relation est donnée par un système d'équations de récurrence

$$\begin{aligned} X[(k+1)T] &= \hat{A}x(kT) + \hat{B}u(kT) \\ y(kT) &= Cx(kT), \end{aligned}$$

où $\hat{A} = \exp(AT)$. Le problème de la commande en boucle ouverte est alors de calculer une commande discrète permettant d'amener la pointe d'une position initiale $y(0)$ à une position finale y imposée sans utiliser les mesures éventuelles. La solution du système d'équations donne immédiatement

$$y(kT) = y(0) + \sum_{j=1}^{k-1} CA^{k-j-1}Bu(jT),$$

où :

$$y(kT) - y(0) = (CB, CAB, \ldots, CA^{k-1}B)(u(k-1)T, \ldots, u(0))^t,$$

que l'on peut réécrire :

$$Y = HU$$

et il s'agit de trouver la succession des commandes $u(0), \ldots, u((k-1)T)$ permettant de résoudre ce système pour $y(kT) = y$, ou plus généralement de minimiser $\| \; y(kT) - y \; \|^2$. Plus k est grand, plus il y a de paramètres de commande disponibles pour y parvenir, alors que y est de dimension 2 et le rang de H est une fonction croissante de k, constante au-delà de $k = \dim A$ (Cayley-Hamilton). Ce système est donc en général sous-déterminé.

Plusieurs problèmes peuvent se poser : la commande en temps minimal, c'est-à-dire trouver le plus petit instant kT et la suite $u(0), \ldots, u((k-1)T)$ tels que $y(kT) = y$ (problème que nous ne traiterons pas ici). Mais aussi la commande en énergie minimale à horizon kT fixé : à un facteur près, cette énergie est en effet

$$\int_0^{kT} u(t)^2 dt = \sum_{j=0}^{k-1} u(jT)^2 = \| \; u \; \|^2$$

avec l'hypothèse faite sur l'interpolateur, d'où la solution $U = H^{\#}Y$.

Présentation et questions

§1. Remarques générales

Ce texte correspond à la volonté du jury de présenter des dossiers rendant impossible toute paraphrase. Techniquement, le texte est abordable, seule son approche abstraite d'un problème appliqué le rend d'abord un peu difficile.

§2. Pistes de questions

1) Développer l'un des points des annexes (si comme cela est probable et légitime, tous n'ont pas été abordés pendant la présentation initiale).
2) Pourquoi le minimum de J est-il atteint ?
3) Existe-il un unique x qui atteint le minimum de J ?
4) Comment se traduisent géométriquement la sur- et la sous-détermination d'un système linéaire ?
5) Interpréter géométriquement la pseudo-inverse lorsque

$$A = \begin{pmatrix} 1 & 0 \\ 0 & 0 \end{pmatrix} \text{ et } b = \begin{pmatrix} 1 \\ 1 \end{pmatrix}.$$

6) Quel théorème utilise-t-on pour passer au cas général quand A est une matrice 2×2 ?
7) Si A est symétrique, quel est le lien entre $\ker(A)$ et $(\operatorname{Im}(A))^{\perp}$?
8) Comment calcule-t-on la pseudo-inverse d'une matrice diagonalisable non symétrique ?
9) Trouver d'autres matrices $A^{\dagger}$ dans l'exemple B, page 53.
10) On obtient des résultats d'expérience sous la forme de couples $\{(\alpha_i, y_i),\ i = 1, \cdots, n\}$ et on cherche la droite qui « passe au plus près » de ces points (c'est la méthode dite des moindres carrés). En vous aidant de l'exemple C, formalisez et résolvez ce problème en utilisant la notion de pseudo-inverse.
11) Pourquoi la situation est-elle plus simple pour les matrices symétriques ?
12) En utilisant le théorème de Cayley-Hamilton, montrer que $A \mapsto A^{-1}$ est continue[1].

---

[1] Question réservée aux excellents candidats.

Commentaires

§1. Réponses aux questions

1) *Développer l'un des points des annexes (si comme cela est probable et légitime, tous n'ont pas été abordés pendant la présentation initiale).*

2) *Pourquoi le minimum de J est-il atteint ?*

   D'après le cours, le projeté orthogonal de b sur $\mathrm{Im}(A)$ réalise le miminum de $K(y) = \| y - b \|^2$ quand y parcourt $\mathrm{Im}(A)$. Quand x varie, Ax décrit $\mathrm{Im}(A)$. Il existe donc x_0 tel que $Ax_0 = p_{\mathrm{Im}(A)}(b)$ et par construction $J(x_0) = \inf J(x)$.

3) *Existe-il un unique x qui atteint le minimum de J ?*

   Si $x - x_0 \in \ker(A)$ alors $J(x) = J(x_0)$. Le minimum est donc atteint en un point unique ssi $\ker(A) = \{0\}$; ce qui revient à dire que A est inversible. Dans ce cas, $x_0 = A^{-1}b$ et le problème est résolu. La pseudo-inverse ne prend son sens que dans le cas où il n'y a pas unicité.

4) *Comment se traduisent géométriquement la sur- et la sous-détermination d'un système linéaire ?*

   Il y a sous-détermination du système lorsque le rang de A est inférieur à la dimension de l'espace but. Dans ce cas, l'ensemble des Ax, quand x parcourt l'espace de départ, ne couvre pas tout l'espace but. On va naturellement chercher les vecteurs de l'espace de départ, tels que leur image par A soit la plus proche possible de b, c'est-à-dire les vecteurs x vérifiant la relation $Ax = p_{\mathrm{Im}(A)}(b)$. S'ajoute ensuite le problème de la non-unicité des antécédents de $p_{\mathrm{Im}(A)}(b)$ par A.

   Il y a sur-détermination lorsque $\mathrm{Im}(A)$ est l'espace but et que l'espace de départ est de dimension plus grande. Dans ce cas-là, le problème est dû à la multiplicité des solutions de $Ax = b$.

   Dans les deux cas on choisit, pour lever l'indétermination, de prendre, parmi ceux qui conviennent, le vecteur de norme minimale.

5) *Interpréter géométriquement la pseudo-inverse lorsque*

$$A - \begin{pmatrix} 1 & 0 \\ 0 & 0 \end{pmatrix} \text{ et } b = \begin{pmatrix} 1 \\ 1 \end{pmatrix}.$$

   L'espace image de A est $\mathbb{R}(1,0)^t$, on cherche donc y de la forme $\lambda(1,0)^t$, le plus proche possible de b. Cela définit y comme le projeté de b sur $\mathbb{R}(1,0)^t$. Tous les x de la forme $(1,0)^t + \beta(0,1)^t$ réalisent donc le minimum de $|Ax - b|^2$. Parmi tous ces vecteurs, celui qui est de norme minimale est le vecteur $(1,0)^t$. Notons qu'en vertu de la remarque 3, on sait que $A^{\#} = A$ et on retrouve bien $A^{\#}b = (1,0)^t$.

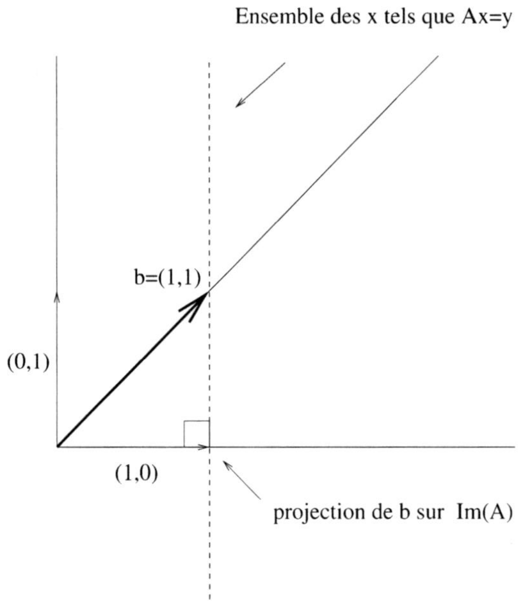

Fig. III.1. Représentation géométrique de la recherche de $A^{\#}b$.

6) *Quel théorème utilise-t-on pour passer au cas général quand A est une matrice 2×2 ?*

   Si la matrice A est inversible, alors on n'a pas de problème, pseudo-inverse et inverse coïncident, sinon la matrice A est équivalente à la matrice de la question 5 et on se ramène à un problème déjà résolu.

7) *Si A est symétrique, quel est le lien entre* $\ker(A)$ *et* $(\mathrm{Im}(A))^{\perp}$ *?*

   Ils sont égaux, voir le cours.

8) *Comment calcule-t-on la pseudo-inverse d'une matrice diagonalisable non symétrique ?*

   Pas de simplification particulière, il faut utiliser la relation (III.1).

9) *Trouver d'autres matrices $A^{\dagger}$ dans l'exemple B, page 53.*

   La matrice A est symétrique et $\mathrm{Im}(A) = \mathbb{R}(1,1,1)^t$, donc $\ker(A) = \{(x,y,z),\ x+y+z=0\}$. Introduisons le vecteur $e = (1,1,1)^t/\sqrt{3}$. La projection de b sur $\mathrm{Im}(A)$ doit satisfaire :

$$p_{\mathrm{Im}(A)}(b) = \lambda e \text{ et } \langle (b - \lambda e),\ \alpha e \rangle = 0, \text{ pour tout } \alpha \in \mathbb{R}.$$

   On obtient $p_{\mathrm{Im}(A)}(b) = \langle b,\ e \rangle e$ soit $A = 3p_{\mathrm{Im}(A)}(b)$. La matrice $A^{\dagger}$ doit donc satisfaire à :

$$3p_{\mathbb{R}e}A^{\dagger}p_{\mathbb{R}e} = p_{\mathbb{R}e}. \tag{III.4}$$

   Le plus simple est que $3A^{\dagger} = \mathrm{Id}$ d'où la première solution. Comme tout x s'écrit de manière unique $x = \lambda e + f$ avec $\langle f,\ e \rangle = 0$, l'équation (III.4) se réduit à

$$p_{\mathbb{R}e}(3A^\dagger)e = e. \tag{III.5}$$

Cela implique que $\langle A^\dagger e, e\rangle = 1/3$, ce que l'on vérifie pour l'autre valeur de $A^\dagger$ proposée mais aussi pour $A^{\#}$.

Notons que $A^\dagger$ restreinte à $\ker(A)$ est totalement indéterminée, de même que la projection de $A^\dagger e$ sur $\ker(A)$. On peut donc construire une infinité de matrice $A^\dagger$ en les définissant dans une base orthonormale de premier vecteur e, en les prenant de la forme

$$\begin{pmatrix} 1/3 & * & * \\ * & * & * \\ * & * & * \end{pmatrix}$$

où $*$ représente n'importe quel nombre.

10) *On obtient des résultats d'expérience sous la forme de couples* $\{(\alpha_i, y_i),\ i = 1, \cdots, n\}$ *et on cherche la droite qui « passe au plus près » de ces points (c'est la méthode dite des moindres carrés). En vous aidant de l'exemple C, formalisez et résolvez ce problème en utilisant la notion de pseudo-inverse.*

On cherche a et b tel qu'idéalement on ait

$$y_i = a\alpha_i + b.1 \text{ pour tout } i = 1, \cdots, n.$$

Avec le formalisme de l'exemple C (paqe 53), cela revient à chercher le vecteur $W = (a, b)$ avec $x_{i,1} = \alpha_i$ et $x_{i,2} = 1$. La matrice X est donc donnée par :

$$A = \begin{pmatrix} x_1 & 1 \\ \vdots & \vdots \\ x_n & n \end{pmatrix}.$$

Afin d'utiliser (III.1), on forme ensuite A^tA et l'on obtient :

$$A^tA = \begin{pmatrix} \sum_{i=1}^n x_i^2 & \sum_{i=1}^n x_i \\ \sum_{i=1}^n x_i & n \end{pmatrix}.$$

Introduisons[1] alors la « moyenne » et la « variance » des x_i comme :

[1] Il est vraisemblable que le questionnement s'arrêtera ici. Nous donnons la suite par souci de complétude.

$$\begin{aligned}
\overline{x} &= \frac{1}{n}\sum_{i=1}^{n} x_i \\
\operatorname{var}(x) &= \left(\frac{1}{n}\sum_{i=1}^{n} x_i^2\right) - \left(\frac{1}{n}\sum_{i=1}^{n} x_i\right)^2 \\
&= \frac{1}{n}\sum_{i=1}^{n}(x_i - \overline{x})^2.
\end{aligned}$$

On montre, en utilisant la stricte convexité de $x \mapsto x^2$, que $\operatorname{var}(x)$ n'est nulle que si tous les x_i sont confondus. On écarte ce cas qui n'a aucun intérêt dans notre contexte. Le déterminant de A^tA étant $n^2\operatorname{var}(x)$, cette matrice est inversible. Par conséquent, $(A^tA)^\# = (A^tA)^{-1}$, d'où :

$$(A^tA)^\# = \frac{1}{n^2\operatorname{var}(x)}\begin{pmatrix} n & -n\overline{x} \\ -n\overline{x} & n\overline{x^2} \end{pmatrix},$$

où

$$\overline{x^2} = \frac{1}{n}\sum_{i=1}^{n} x_i^2 = \operatorname{var}(x) + \overline{x}^2.$$

De (III.1), on tire :

$$A^\# = \frac{1}{n\operatorname{var}(x)}\begin{pmatrix} x_1 - \overline{x} & \dots & x_n - \overline{x} \\ -x_1\overline{x} + \overline{x^2} & \dots & -x_n\overline{x} + \overline{x^2} \end{pmatrix}.$$

Pour un vecteur d'observation $(y_i,\ i = 1, \cdots, n)$, on obtient donc les expressions suivantes :

$$\begin{aligned}
a &= \frac{1}{\operatorname{var}(x)}\left(\frac{1}{n}\sum_{i=1}^{n} x_i y_i - \overline{x}\ \overline{y}\right) \\
b &= \frac{1}{\operatorname{var}(x)}\left(\overline{x^2}\,\overline{y} - \overline{x}\frac{1}{n}\sum_{i=1}^{n} x_i y_i\right) \\
&= \overline{y} + \frac{\overline{x}}{\operatorname{var}(x)}(\overline{x}\ \overline{y} - \overline{xy}),
\end{aligned}$$

où évidemment, $\overline{xy} = n^{-1}\sum_{i=1}^{n} x_i y_i$. La quantité $\overline{x}\ \overline{y} - \overline{xy}$ est usuellement appelée la « covariance » de x et de y.

11) *Pourquoi la situation est-elle plus simple pour les matrices symétriques ?*
Parce que la matrice de changement de base est orthogonale, donc les normes sont inchangées par application de R et R^{-1}. De plus, les matrices symétriques sont diagonalisables. Cela revient à dire qu'on peut changer de repère orthonormal sans changer de problème initial et se ramener au

cas d'une matrice diagonale, pour laquelle le problème est trivial. Par conséquent :

$$\| Ax - b \| = \| RDR^{-1}x - RR^{-1}b \| = \| DR^{-1}x - R^{-1}b \|,$$

d'où

$$R^{-1}x = D^{\#}R^{-1}b \text{ soit } x = RD^{\#}R^{-1}b.$$

12) *En utilisant le théorème de Cayley-Hamilton, montrer que $A \mapsto A^{-1}$ est continue*[2].

Voir fin du commentaire.

§2. Suggestion de plan

I – Problématique.

Introduire l'un des problèmes de la sous- ou sur-détermination d'un système linéaire à partir de l'un des exemple du texte. Affirmer que dans les deux cas la solution la plus « raisonnable » se ramène à la recherche du minimum de $J(x) = \| Ax - b \|^2$ où A est une matrice $m \times n$ à coefficients réels.

II – Formalisation.

Présenter la première définition. Autant que faire se peut, donner une vision géométrique de la preuve de la proposition III.1, notamment du point 1.

III – Axiomatisation.

Montrer, en utilisant l'exemple, que $A^\dagger$ n'est pas forcément unique (on peut présenter les calculs prouvant que les deux matrices données satisfont les critères de $A^\dagger$.). Pour garantir l'unicité, on est contraint de rajouter des propriétés qui sont énumérées dans la définition. Dire laquelle des deux matrices de l'exemple précédent ne satisfait pas toutes ces propriétés. Illustrer géométriquement.

IV – Propriétés.

Du plus simple au plus complexe : cas inversible, cas symétrique, cas général. Méthodes de calcul.

§3. À propos du texte

On veut ici définir un substitut de la notion d'inverse d'une matrice A dans les cas où A^{-1} n'est pas défini, soit parce que les dimensions des espaces

[2] Question réservée aux excellents candidats.

de départ, $\mathbb{R}^n$ et d'arrivée, $\mathbb{R}^m$ sont différentes, soit parce que A n'est pas inversible. Les cas $m < n$ et $m = n$ et A non inversible sont en fait les mêmes puisque dans ce dernier cas, $\text{Im}(A)$ est de dimension $m < n$. Dans ces deux cas, on a plus d'inconnues que d'équations, le système est sous-déterminé et il y a une infinité de solutions. Parmi toutes les solutions possibles, on cherche celle de norme euclidienne minimale, voir exemple B.

Dans le cas $m > n$, il y a plus d'équations que d'inconnues et l'on cherche le vecteur de norme minimale qui soit le plus proche possible d'une solution, *i.e.*, tel que Ax soit le plus proche possible de b. Les exemples des annexes C et D se rapportent à cette situation.

Le texte procède en deux étapes : on définit d'abord un objet, $A^\dagger$, dont on pense qu'il est un bon candidat à la notion de pseudo-inverse puis on ajoute des conditions pour s'assurer de l'unicité de l'objet final. Cette intuition vient de l'étude du cas trivial (cf. item 1, proposition III.1) dans lequel A est de la forme

$$A = \begin{pmatrix} \text{Id}_r & 0_{r,n-r} \\ 0_{m-r,r} & 0_{m-r,n-r} \end{pmatrix},$$

où r est la taille de la matrice Id. On doit minimiser

$$\sum_{i=1}^{r} |x_i - b_i|^2,$$

sur tous les $x = (x_1, \ldots, x_n)$ et pour $b = (b_1, \ldots, b_m)$ donné avec $m \geq r$ et $n \geq r$. On doit donc avoir $x_i = b_i$ pour $i = 1, \ldots, r$ et les autres composantes de x sont prises nulles, par simplicité. Par conséquent, $A^\dagger$ est une matrice de taille $n \times m$ et a la même forme que A sauf que ses dimensions ne sont pas les mêmes :

$$A^\dagger = \begin{pmatrix} \text{Id}_r & 0_{r,m-r} \\ 0_{n-r,r} & 0_{n-r,m-r}. \end{pmatrix} = A^t,$$

Le cas général se ramène à celui-là par équivalence de matrices en tenant compte du fait que, pour une matrice inversible, pseudo-inverse et inverse coïncident. La propriété, énoncée dans le point 3, de la proposition III.1 découle immédiatement du lemme de projection orthogonale. Dans notre contexte, ce lemme rappelle qu'un vecteur $z = Ax_0$ est le projeté orthogonal d'un vecteur $v = b$ sur un espace $V = \text{Im}(A)$ ssi (i) z appartient à V et (ii) $(z - v)$ est orthogonal à tout élément de V ou de manière équivalente, la propriété est vraie ssi z réalise le minimum des distances de v à x quand x parcourt V (voir figure III.2).

Avec la seule contrainte que $AA^\dagger A = A$, l'unicité de la pseudo-inverse n'est pas garantie. Il faut donc ajouter des propriétés, c'est le cadre de la définition III.2. Les contraintes supplémentaires ajoutées permettent de garantir non seulement l'existence et l'unicité de l'objet les vérifiant toutes mais aussi d'être sûr que $A^\# b$ est bien le vecteur de $\text{Im}(A)$ le plus proche de b et de norme euclidienne minimale (cf. théorème III.1).

En conclusion, on peut s'intéresser aux similitudes et différences existant entre pseudo et vraie inverse. Dans le cas où $m = n$ et A est inversible, b s'écrit de manière unique comme $b = Ax_0$, par conséquent $J(x_0) = 0$. Le minimum est atteint en $x_0 = A^{-1}b$ et donc $A^{\#} = A^{-1}$. Les propriétés de la pseudo-inverse se réduisent à des tautologies dans le cas où A est inversible. Par exemple, les propriétés 3 et 4 de la définition axiomatique de la pseudo-inverse se réduisent à dire que la matrice identité est symétrique. Il est plus constructif de noter que à l'instar de $(A^{-1})^{-1} = A$ et $(A^{-1})^t = (A^t)^{-1}$, on a $(A^{\#})^{\#} = A$ et $(A^t)^{\#} = (A^{\#})^t$. En effet, pour la première égalité, en vertu de l'unicité de la pseudo-inverse de $A^{\#}$, il suffit de vérifier que

1) $A^{\#}AA^{\#} = A^{\#}$,
2) $AA^{\#}A = A$,
3) $A^{\#}A$ et $AA^{\#}$ sont symétriques.

Le point 1 est l'axiome 2 de la définition de la pseudo-inverse de A, le point 2 est l'axiome 1 de cette même définition. La dernière propriété découle des axiomes 4 et 3 qui définissent $A^{\#}$.

Par ailleurs, à la différence de l'application $A \mapsto A^{-1}$ qui est continue sur l'ouvert $\{A,\ \det A \neq 0\}$, l'application $A \mapsto A^{\#}$ ne l'est pas. En effet, d'après le théorème de Cayley-Hamilton :

$$A^n + (\sum_{j=1}^{n-1} \alpha_j A^{j-1})A. + (-1)^n \det(A)\,\mathrm{Id} = 0.$$

Si A est inversible, on obtient :

$$\frac{(-1)^{n+1}}{\det(A)}(A^{n-1} + \sum_{j=1}^{n-1} \alpha_j A^{j-1})A = \mathrm{Id}\,.$$

Par conséquent,

$$A^{-1} = \frac{(-1)^{n+1}}{\det(A)}(A^{n-1} + \sum_{j=1}^{n-1} \alpha_j A^{j-1}).$$

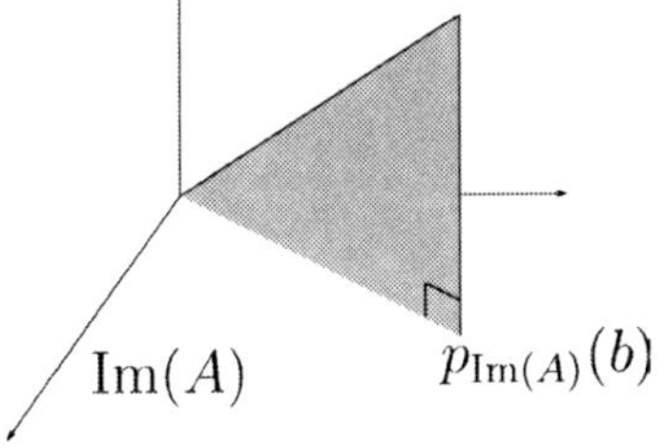

Fig. III.2. Projection sur Im(A).

Il est clair $A \mapsto A^j$ est une fonction continue des coefficients de A pour tout $j \geq 0$. Le déterminant de A s'exprime sous forme développée par :

$$\det(A) = \sum_{\sigma \in \mathfrak{S}_n} \epsilon(\sigma) a_{1,\sigma(1)} \dots a_{n,\sigma(n)},$$

où $\mathfrak{S}_n$ est le groupe des permutations à n éléments, $\epsilon(\sigma)$ la signature de σ et $A = (a_{i,j},\ i, j = 1 \dots n)$. On en déduit que $A \mapsto \det(A)$ est aussi une fonction continue des coefficients de A. Il en résulte que $A \mapsto A^{-1}$ est continue.

§4. Au-delà du texte

L'approche volontairement axiomatique présente une difficulté : d'où viennent les conditions 1 à 4 que doit vérifier la pseudo-inverse ? Certes, elles sont suffisantes pour garantir l'existence et l'unicité de la pseudo-inverse ainsi que les propriétés du théorème III.1 mais elles ne paraissent pas forcément naturelles. Pour en saisir l'interprétation, il faut revenir au problème fondamental : minimiser la forme quadratique $\|Ax - b\|^2$ par rapport à x. Ce qui nous intéresse ici n'est pas tant la valeur de ce minimum que les points en lesquels il est éventuellement atteint. Lorsque x décrit l'ensemble de départ, Ax décrit par définition le sous-espace vectoriel $\mathrm{Im}(A)$ de l'espace but. Par conséquent, $\min_x \|Ax - b\|^2$ est par définition la distance de b à $\mathrm{Im}(A)$. On sait que le point de $\mathrm{Im}(A)$ où ce minimum est atteint est unique et est la projection orthogonale de b sur $\mathrm{Im}(A)$.

Dès que A n'est pas inversible, il y a plusieurs points de l'espace de départ tels que $Ax = p_{\mathrm{Im}(A)}(b)$. Précisément, l'ensemble des points x tels que $Ax = p_{\mathrm{Im}(A)}(b)$ est $\{z_0 + \mathrm{Ker}\ (A) = \{z_0 + z,\ z \in \mathrm{Ker}\ (A)\}$ où z_0 est l'un des points tel que $Az_0 = p_{\mathrm{Im}(A)}(b)$. On choisira alors comme pseudo-inverse de b celui de ces points qui est de norme minimale. En conclusion, on veut définir une application X de $\mathbb{R}^m$ dans $\mathbb{R}^n$ telle que $AX = p_{\mathrm{Im}(A)}$. Cela implique que AX, en tant que projection orthogonale sur un sous espace-vectoriel, soit symétrique. En effet, soit p la projection orthogonale sur un sous espace V de E, on veut montrer que $p^t = p$. Il faut et il suffit que l'on montre que $x - p^t(x)$ est orthogonal à V pour tout $x \in E$ et que $p^t(x)$ est dans V, c'est-à-dire orthogonal à $V^\perp$:

$$\langle x - p^t(x),\, y\rangle = 0, \text{ pour tout } y \in V,\ \langle p^t(x), y\rangle = 0, \text{ pour tout } y \in V^\perp.$$

Or :

$$\langle x - p^t(x),\, y\rangle = \langle x, y - p(y)\rangle = 0 \text{ puisque } y \in V \Longrightarrow p(y) = y,$$
$$\langle p^t(x), y\rangle = \langle x, p(y)\rangle = 0 \text{ puisque } y \in V^\perp \Longrightarrow p(y) = 0.$$

D'autre part, comme une projection restreinte à V se réduit à l'identité sur V, on doit aussi avoir $(AX)A = A$. La propriété désirée $AX = p_{\mathrm{Im}(A)}$ explique donc les axiomes 1 et 3 de la définition de la pseudo-inverse. Lorsque A est inversible, $AX = p_{\mathrm{Im}(A)}$ est équivalente à $AX = \mathrm{Id}$, or un inverse se définit non seulement par $AA^{-1} = \mathrm{Id}$ mais aussi par $A^{-1}A = \mathrm{Id}$. Il nous faut donc un analogue à cette dernière propriété. On montre alors que si X telle que $AX = p_{\mathrm{Im}(A)}$ existe, nécessairement $XA = p_{\mathrm{Im}(A^t)}$. En effet :

$$\langle x - XAx, A^t y\rangle = \langle (A - (AX)A)x, y\rangle = 0, \text{ pour tout } y \in \mathbb{R}^m,$$

puisque $AX = p_{\mathrm{Im}(A)}$. D'autre part, comme, par construction, on a $XAx = x$, il s'ensuit que $A(XA - \mathrm{Id})x = 0$. Par conséquent $XAx = x - z_0$ avec $z_0 \in \mathrm{Ker}(A)$ et tel que :

$$x - z_0 = \arg\min\{x - z,\ z \in \ker(A)\}.$$

En d'autres termes, z_0 est le projeté orthogonal de x sur $\ker(A)$ donc $x - z_0$ est orthogonal à $\ker(A)$. Par conséquent, pour tout $y \in \ker(A)$, on a :

$$\langle XAx, y\rangle = \langle x - z_0, y\rangle = 0,$$

ce qui revient à dire que XAx appartient à $\ker(A)^{\perp}$ dont on sait par ailleurs qu'il coïncide avec $\mathrm{Im}(A^t)$. Ainsi, pour tout x, XAx appartient à $\mathrm{Im}(A^t)$ et $x - XAx$ est orthogonal à $\mathrm{Im}(A^t)$, ce qui équivaut à dire que $XA = p_{\mathrm{Im}(A)}$. De là, on déduit les axiomes 2 et 4 de la définition III.2.

Un autre point occulté dans le dossier est le calcul effectif de la pseudo-inverse dans le cas des matrices de grande taille. L'équation (III.1) donne la solution : calculer d'abord la pseudo-inverse de A^tA puis multiplier par A^t. Pour calculer la pseudo-inverse de A^tA on utilisera la méthode de Givens-Householder (voir [1]), qui donne les matrices D et R de la décomposition de $A^tA = R^tDR$ avec R symétrique.

Bibliographie

1. P. G. Ciarlet (ed.), *Introduction à l'analyse numérique matricielle et à l'optimisation*, Mathématiques appliquées pour la maîtrise, Masson, 1988.
2. A. Ben-Israel and T.N.E. Greville, *Generalized Inverses : Theory and Applications*. New York : Wiley, 1977.

Sujet IV

Étude de l'équation de la chaleur

Texte

Filière : MP lors de l'épreuve. Cependant, les candidats de toutes les filières peuvent et devraient lire ce texte tant il traite d'un problème multi-disciplinaire.

Travail suggéré : *faire une synthèse du texte. Vous pourrez au choix mettre en valeur les aspects pratiques ou la théorie. Dans ce dernier cas, il ne s'agit pas de réciter les démonstrations mais d'analyser les hypothèses physiques sous-jacentes et les simplifications mathématiques qu'elles apportent ainsi que d'exhiber les points saillants des preuves.*

§1. Introduction

L'objet de ce texte est l'étude de l'équation de la chaleur et de quelques-unes de ses propriétés à travers un exemple physique simple. Si l'on considère une fonction u de la variable réelle x et du temps t, et un paramètre positif c, la forme générale unidimensionnelle de cette équation s'écrit :

$$\frac{\partial u}{\partial t}(x,t) = c\,\frac{\partial^2 u}{\partial x^2}(x,t) \qquad \text{(IV.1)}$$

Cette équation fut introduite au début du XIXe siècle par Joseph Fourier pour modéliser l'évolution de la température au cours du temps dans un milieu unidimensionnel. Il développa par la suite une méthode permettant de résoudre cette équation en utilisant des séries de fonctions cosinus et sinus. Ces travaux furent fondamentaux, car à l'origine de toute l'analyse de Fourier dont les applications se retrouvent aujourd'hui dans pratiquement tous les domaines de la science.

Nous nous intéressons dans un premier temps à la résolution de cette équation et à l'obtention d'un théorème d'existence et d'unicité de la solution d'un problème physique simple. Une forme explicite de cette solution sera obtenue, ce qui permettra de retrouver facilement certaines propriétés physiques concernant l'évolution de la température. Nous appliquerons ces résultats à un exemple concret et nous montrerons comment calculer une approximation numérique de la solution lorsque la forme analytique ne peut être utilisée directement.

§2. Description du problème physique

Nous considérons une situation physique simple décrite par l'expérience suivante :
Soit une barre homogène de longueur illimitée et de section négligeable à laquelle est appliquée, en un point donné, une source de chaleur $f(t)$ supposée 2π-périodique.
Nous choisissons pour simplifier l'abscisse $x = 0$ pour le point d'application, et nous nous intéressons à l'évolution de la température au cours du temps pour les points $x > 0$. L'origine des temps ($t = 0$) est choisie de façon à être dans un régime établi.
Cette expérience se modélise mathématiquement par les équations suivantes :

$$PCB \begin{cases} \dfrac{\partial u}{\partial t}(x,t) = c\,\dfrac{\partial^2 u}{\partial x^2}(x,t) & (x,t) \in \mathbb{R}^+ \times \mathbb{R}^{+*} \\ u(0,t) = f(t) & t \in \mathbb{R}^{+*} \end{cases} \tag{IV.2}$$

où la constante c représente le coefficient de diffusion du matériau considéré. Ce problème, noté par la suite PCB, est un problème dit de *conditions au bord.*

§3. Résultats

Nous présentons dans cette partie les principaux résultats de cette étude, à savoir un théorème d'existence et d'unicité de la solution du problème PCB, ainsi qu'une forme explicite de cette solution.

3.1. Théorème d'existence et d'unicité

Pour le problème PCB, nous avons le résultat suivant :

Théorème IV.1 (PCB). *Soit c une constante positive et $f(t)$ une fonction continue 2π-périodique sur $\mathbb{R}^+$. Alors il existe une unique fonction $u(x,t)$ où $(x,t) \in \mathbb{R}^+ \times \mathbb{R}^{+*}$ satisfaisant aux propriétés suivantes :*

a) $u(x,t)$ est 2π-périodique en t pour tout x.

b) $\dfrac{\partial u}{\partial t}$ et $\dfrac{\partial^2 u}{\partial x^2}$ sont continues sur $\mathbb{R}^+ \times \mathbb{R}^+$.

c) u vérifie $\dfrac{\partial u}{\partial t} = c\dfrac{\partial^2 u}{\partial x^2}$ pour tout $(x,t) \in \mathbb{R}^+ \times \mathbb{R}^{+*}$.

d) La fonction u converge uniformément vers f par rapport à t lorsque x tend vers 0, c'est-à-dire que :

$$\lim_{x \to 0^+} \sup_{t \in \mathbb{R}^{+*}} |u(x,t) - f(t)| = 0.$$

e) La solution u est donnée par la formule suivante : pour tout $(x,t) \in \mathbb{R}^+ \times \mathbb{R}^{+*}$ *:*

$$u(x,t) = \sum_{n \in \mathbb{Z}} \widehat{f}(n) e^{-\alpha_n x} \, e^{int - i \, sgn(n) \alpha_n x}, \tag{IV.3}$$

où :

$$\widehat{f}(n) = \frac{1}{2\pi} \int_0^{2\pi} f(t) e^{-int} \, dt \quad \text{et} \quad \alpha_n = \sqrt{\frac{|n|}{2c}}.$$

Avant de détailler la démonstration de ce théorème, nous donnons les propriétés principales qui en découlent.

3.2. Propriétés de la solution

Grâce à la forme explicite de la solution (voir (IV.3)), il est possible de démontrer les résultats suivants :

R1 : lorsque x tend vers l'infini, la température tend vers une valeur uniforme donnée par la valeur moyenne de la fonction f sur $[0, 2\pi]$.

R2 : l'équation de la chaleur a un effet régularisant : pour $x > 0$ et $t > 0$, la solution $u(x,t)$ est de classe C^∞ même si la fonction f ne l'est pas.

R3 : il existe un principe du maximum :

$$\text{pour tout } x > 0, \ \sup_{t \in \mathbb{R}^+} |u(x,t)| \leq \sup_{t \in \mathbb{R}^+} |f(t)| \tag{IV.4}$$

qui exprime le fait qu'en un point $x > 0$ la variation de température ne peut pas être supérieure à celle induite par $f(t)$ au point $x = 0$.

§4. Démonstration du théorème PCB

La démonstration du théorème utilise les arguments avancés par J. Fourier dans ses travaux sur l'équation de la chaleur, c'est-à-dire la recherche de la solution sous forme de séries trigonométriques. Depuis cette époque, ces concepts heuristiques ont été formalisés dans ce que l'on appelle l'analyse de Fourier dont nous rappelons quelques résultats importants. Les autres prérequis sont des théorèmes classiques d'analyse concernant la convergence des séries.

4.1. Quelques rappels d'analyse de Fourier

Soit une application g, 2π-périodique, continue sur $\mathbb{R}$ et à valeurs dans $\mathbb{C}$.

Définition IV.1. *On appelle coefficients de Fourier (exponentiels) de g les nombres complexes*

$$\widehat{g}(n) = \frac{1}{2\pi}\int_0^{2\pi} g(t)e^{-int}\,dt,\ n \in \mathbb{Z}$$

et série de Fourier de g la série trigonométrique

$$S_g(t) = \sum_{n\in\mathbb{Z}} \widehat{g}(n)e^{int}.$$

Le théorème de Jordan-Dirichlet implique la proposition suivante :

Proposition IV.1. *a) Si g est de classe C^1, la série de Fourier de g converge normalement et donc uniformément sur $\mathbb{R}$ et sa somme est g.*
b) Pour tout n dans $\mathbb{Z}^*$, $\widehat{g'}(n) = in\widehat{g}(n)$.

En utilisant ces résultats, nous allons démontrer le théorème *PCB* dans le cas où la fonction f est de *classe* C^2 sur $[0, 2\pi]$. Ce théorème reste valide pour une classe plus large de fonctions f, mais sa démonstration utilise alors des concepts mathématiques plus complexes.

4.2. Preuve du théorème PCB

Cette démonstration se décompose en deux étapes principales.

- Une étape d'**analyse** où nous commençons par supposer qu'il existe une fonction $u(x,t)$ satisfaisant aux conditions mentionnées dans le théorème PCB. Ceci nous permettra d'expliciter $u(x,t)$.
  A priori cette étape d'analyse fournit un ensemble de solutions qui, nous le verrons au cours de la preuve, se réduit à un singleton. Le travail de synthèse s'en trouve donc simplifié.
- Une étape de **synthèse** où nous montrons que la fonction $u(x,t)$ trouvée au cours de la phase d'analyse satisfait bien aux conditions du théorème PCB. Ceci établira ainsi l'existence et l'unicité de la solution.

Étape d'analyse

Notons

$$S_u(x,t) = \sum_{n\in\mathbb{Z}} C_n(x)e^{int},$$

la série de Fourier en temps de $u(x,t)$, où :

$$C_n(x) = \frac{1}{2\pi}\int_0^{2\pi} u(x,t)e^{-int}\,\mathrm{dt},\ n \in \mathbb{Z}$$

et

$$S_f(t) = \sum_{n\in\mathbb{Z}} \widehat{f}(n)e^{int},$$

la série de Fourier $f(t)$ où :

$$\widehat{f}(n) = \frac{1}{2\pi}\int_0^{2\pi} f(t)e^{-int}\, \mathrm{d}t,\ n \in \mathbb{Z}.$$

D'après les propriétés *a)* et *b)* du théorème PCB et la proposition IV.1, $S_u(x,t)$ converge uniformément en temps vers $u(x,t)$, pour tout $x > 0$. D'après la propriété *d)* du théorème PCB, $u(x,t)$ converge uniformément en temps vers $f(t)$ quand x tend vers 0. On en déduit que $C_n(x)$ ***tend vers*** $\widehat{f}(n)$ ***quand*** x ***tend vers*** 0.

On multiplie alors l'équation de la chaleur vérifiée par u, propriété *c)*, par $\frac{1}{2\pi}e^{-int}$, puis on intègre entre 0 et 2π. À l'aide d'une intégration par parties pour $\frac{1}{2\pi}\frac{\partial u}{\partial t}(x,t)e^{-int}$ puis en utilisant la 2π-périodicité en temps de $u(x,t)$, on obtient finalement :

$$in\ C_n(x) = \int_0^{2\pi} \frac{c}{2\pi}\frac{\partial^2 u}{\partial x^2}(x,t)e^{-int}\, \mathrm{d}t.$$

En appliquant maintenant le théorème de dérivation sous le signe intégral (justifié par le fait que $(x,t) \mapsto \frac{\partial^2 u}{\partial x^2}(x,t)$ existe et est continue sur $\mathbb{R}^+ \times \mathbb{R}^+$), on obtient l'équation différentielle suivante :

$$\begin{aligned} C_n''(x) &= \frac{in}{c}\ C_n(x) \\ &= \lambda_n^2\ C_n(x), \end{aligned}$$

où l'on a posé :

$$\lambda_n = \alpha_n + i\ \mathrm{sgn}(n)\alpha_n \text{ et } \alpha_n = \sqrt{\frac{|n|}{2c}},$$

avec :

$$\mathrm{sgn}(n) = 1 \text{ si } n \geq 0 \text{ et } \mathrm{sgn}(n) = -1 \text{ sinon.}$$

La solution de cette équation différentielle du second ordre est :

$$C_n(x) = A_n(x_0)\ e^{\lambda_n(x-x_0)} + B_n(x_0)\ e^{-\lambda_n(x-x_0)},$$

pour un $x_0 > 0$ fixé et pour tout $x \geq x_0$. On remarque en particulier que : $A_n(x_0) + B_n(x_0) = C_n(x_0)$.

Nous « choisissons » alors de prendre

$$A_n(x_0) = 0.$$

Cette hypothèse est justifiée par le fait que u est bornée. En effet, $u(x,t)$ représente la température, c'est-à-dire une grandeur physique qui ne peut donc pas avoir un comportement exponentiellement croissant en espace. Ceci nous conduit finalement à :

$$C_n(x) = C_n(x_0)e^{-\lambda_n(x-x_0)}, \text{ pour } x \geq x_0 > 0.$$

Puisque $C_n(x_0)$ tend vers $\widehat{f}(n)$ quand x_0 tend vers 0 :

$$C_n(x) = \widehat{f}(n)\ e^{-\lambda_n x} \text{ pour } x > 0.$$

La formule explicite de $u(x,t)$ est donc donnée par :

$$u(x,t) = \sum_{n\in\mathbb{Z}} \widehat{f}(n)\ e^{-\alpha_n x} e^{int - i\mathrm{sgn}(n)\alpha_n x}.$$

Étape de synthèse

Nous vérifions maintenant que la formule explicite obtenue pour $u(x,t)$ lors de la phase d'analyse vérifie chacune des propriétés du théorème PCB.

a) $t \mapsto u(x,t)$ est visiblement 2π-périodique en temps. Pour montrer que $\dfrac{\partial u}{\partial t}(x,t)$ et $\dfrac{\partial^2 u}{\partial x^2}(x,t)$ existent et sont continues sur $\mathbb{R}^+ \times \mathbb{R}^+$, on fait appel aux théorèmes relatifs à la dérivabilité de la somme d'une série et au fait que f étant supposée de classe C^2, sa dérivée f' vérifie les propriétés de la proposition IV.1.

b) Ce point se vérifie sans problème à partir de l'expression de $u(x,t)$ (en prenant soin de vérifier les hypothèses d'applications des théorèmes de dérivabilité de la somme d'une série avec les même arguments que pour *a*).

c) Il s'agit de montrer que $u(x,t)$ converge uniformément vers $f(t)$ quand x tend vers 0.

$$\begin{aligned} u(x,t) - f(t) &= \sum_{n\in\mathbb{Z}} \widehat{f}(n)e^{int}(e^{-\alpha_n x - i\ \mathrm{sgn}(n)\alpha_n x} - 1) \\ &= \sum_{n\in\mathbb{Z}} \widehat{f}(n)(h(1) - h(0))e^{int} \end{aligned}$$

où l'on a posé $h(s) = e^{-s\alpha_n x - i\ \mathrm{sgn}(n) s\alpha_n x}$ pour $s \in [0,1]$.
En calculant $h'(s)$, on vérifie facilement que $|h'(s)|$ est majorée sur $[0,1]$ par $x\sqrt{\dfrac{|n|}{c}}$ qui est une constante indépendante de s. Finalement, pour tout t de $\mathbb{R}^+$:

$$\begin{aligned}
|u(x,t)-f(t)| &\leq \sum_{n\in\mathbb{Z}} |\widehat{f}(n)||h(1)-h(0)| \\
&\leq \sum_{n\in\mathbb{Z}} |\widehat{f}(n)| \sup_{s\in[0,1]} |h'(s)| \\
&\leq \frac{x}{\sqrt{c}} \sum_{n\in\mathbb{Z}} |\widehat{f}(n)|\sqrt{n}\frac{|n|^{3/2}}{|n|^{3/2}} \qquad \text{(IV.5)} \\
&\leq \frac{x}{\sqrt{c}} \Big(\sum_{n\in\mathbb{Z}} |n|^3|\widehat{f}(n)|^2\Big)^{1/2} \Big(\sum_{n\in\mathbb{Z}} \frac{1}{n^2}\Big)^{1/2},
\end{aligned}$$

d'après l'inégalité de Cauchy-Schwarz. La série $\Big(\sum_{n\in\mathbb{Z}} \frac{1}{n^2}\Big)^{1/2}$ est bien une série convergente, donc une constante. Pour montrer que la famille de terme général $|n|^3|\widehat{f}(n)|^2$ est aussi sommable, on utilise l'égalité de Parseval, que l'on applique à la fonction f'', 2π-périodique et de classe $\mathcal{C}^0$:

$$\sum_{n\in\mathbb{Z}} |\widehat{f''}(n)|^2 = \frac{1}{2\pi} \int_0^{2\pi} |f''|^2(t) \, \mathrm{d}t \; < +\infty.$$

D'après la proposition IV.1, $|\widehat{f''}(n)| = |n^2\widehat{f}(n)|$, d'où l'on déduit :

$$\sum_{n\in\mathbb{Z}} |n|^3|\widehat{f}(n)|^2 \leq \sum_{n\in\mathbb{Z}} |n^2\widehat{f}(n)|^2 \; < +\infty. \qquad \text{(IV.6)}$$

Ces deux séries étant convergentes, on obtient finalement l'existence d'une constante K indépendante de x et de t telle que : pour tout $t \geq 0$,

$$|u(x,t) - f(t)| \leq K\, x.$$

C'est-à-dire que $u(x,t)$ converge uniformément en temps vers $f(t)$, lorsque x tend vers 0.

Ceci achève la démonstration du théorème PCB.

§5. Applications

Il est possible à partir du problème *PCB* de modéliser l'évolution de la température à l'intérieur de la Terre en fonction de la température extérieure. En effet, nous pouvons supposer en première approximation que localement la Terre est homogène et que les fluctuations de température extérieure s'appliquent uniformément sur la surface. La variable x représente alors la profondeur et $f(t)$ les variations saisonnières sur une année (ramenée à une durée de 2π).

Janv.	Févr.	Mars	Avril	Mai	Juin	Juil.	Août	Sept.	Oct.	Nov.	Déc.
5,7	6,9	9,3	12,0	15,8	19,5	22,5	22,0	19,0	14,6	9,5	6,3

Tableau 1. Températures moyennes en degré Celsius pour chaque mois de l'année.

Dans la suite, cette fonction f est représentée par les températures moyennes mensuelles (établies à partir d'un relevé quotidien) dans la région d'Aix-en-Provence (Voir Tableau 1).
La donnée de $f(t)$ est *discrète*, c'est-à-dire que nous disposons seulement d'un nombre fini de valeurs pour la représenter, ce nombre étant dépendant de la fréquence des relevées par exemple. L'utilisation de la formule explicite pour $u(x,t)$ est alors impossible directement puisque l'on ne peut pas calculer les coefficients de Fourier de f. Deux méthodes, au moins, peuvent alors être envisagées :

- la première consiste à approcher les valeurs discrètes par une fonction continue dont on connaît les coefficients de Fourier ;
- la seconde consiste à calculer directement une valeur approchée des coefficients de Fourier à partir des valeurs discrètes.

Première méthode

Au vu de la figure (IV.1), il n'est pas complètement déraisonnable d'approcher les valeurs discrètes par la fonction

$$f(t) = a + b\ \cos(t)$$

en prenant $a = 13.6^o$ et $b = 9^o$. L'avantage de cette fonction vient du fait que le calcul de ces coefficients de Fourier est immédiat. En effet :

$$f(t) = \frac{b}{2}e^{-it} + a + \frac{b}{2}e^{it},$$

soit :

$$\widehat{f}(-1) = \frac{b}{2}, \quad \widehat{f}(0) = a, \quad \widehat{f}(1) = \frac{b}{2} \quad \text{et} \quad \widehat{f}(n) = 0 \quad \text{pour} \quad n \in \mathbb{Z} - \{-1, 0, 1\}.$$

L'évolution de la température à une profondeur x au cours de l'année est donnée par la solution du problème PCB qui s'exprime alors par :

$$u(x,t) = a + b\ e^{-\dfrac{x}{\sqrt{2c}}} \cos\left(\frac{x}{\sqrt{2c}} - t\right).$$

On retrouve immédiatement que lorsque x est grand, la température est quasiment constante au cours du temps, ce qui est le cas dans les grottes par exemple.

Il est également amusant de remarquer qu'il existe une profondeur x_0 à laquelle il fait plus chaud en hiver qu'en été ! En effet, on peut chercher par

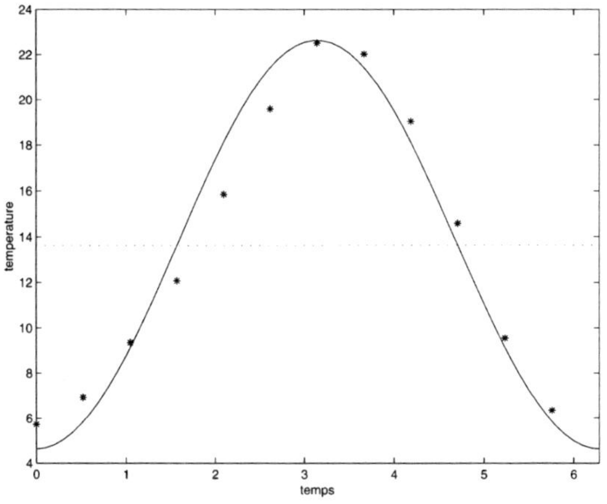

Fig. IV.1. Variation de la température extérieure au cours de l'année valeurs relevées (∗), approximation par une fonction cosinus (trait plein), valeur moyenne (pointillés).

exemple le x_0 pour lequel la température est en déphasage de π par rapport à la température extérieure, c'est-à-dire :

$$\cos\left(\frac{x_0}{\sqrt{2c}} - t\right) = \cos(\pi - t),$$

soit $x_0 = \pi\sqrt{2c}$.

L'application numérique donne $x_0 = 4$ mètres ($c \simeq 0,9$ en général). À cette profondeur, les fluctuations de température sont alors vingt fois plus faibles qu'à l'extérieur (voir figure (IV.2)), ce qui constitue un endroit idéal pour la construction d'une cave !

Deuxième méthode

Celle-ci consiste à calculer une valeur approchée des coefficients $\widehat{f}(n)$ directement à partir des valeurs du relevé de température. En utilisant les 12 valeurs du tableau 1 notées $\{y_0, y_1, ..., y_{11}\}$, nous calculons 12 coefficients $\{c_{-6}, c_{-5}, ..., c_5\}$ par la formule suivante :

$$c_n = \frac{1}{12}\sum_{k=0}^{11} y_k e^{-in\frac{2k\pi}{12}}, \quad n = -6, \cdots, 5.$$

Cette expression est obtenue à partir d'une formule de quadrature dite des rectangles à gauche appliquée à l'intégrale donnant la valeur exacte des coefficients de Fourier $\widehat{f}(n)$ (Définition IV.1). Il est simple de voir que c_n est une approximation de $\widehat{f}(n)$. Une fois ces valeurs calculées, on approche la solution exacte u par :

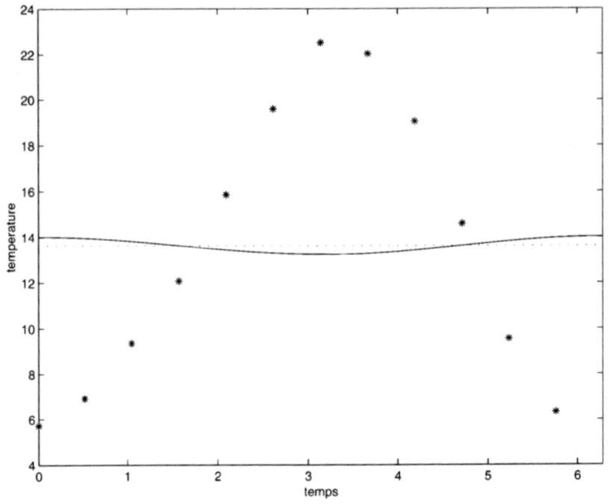

Fig. IV.2. Variation de la température à la profondeur $x_0 = 4$ mètres (trait plein) calculée avec la première méthode.

$$\tilde{u}(x,t) = \sum_{n=-6}^{5} c_n e^{-\alpha_n x} e^{int - i\,\mathrm{sgn}(n)\alpha_n x}.$$

On remarque que cela revient à avoir approché la fonction $f(t)$ par

$$\tilde{f}(t) = \sum_{n=-6}^{5} c_n e^{int}.$$

Sur la figure IV.3 nous pouvons constater que cette approximation est bien meilleure que celle utilisée dans la première méthode (figure IV.1). En utilisant l'approximation de $\tilde{u}$, on trouve que la profondeur où le déphasage vaut π radians, est $x_0 = 4{,}1$ mètres.

Pour terminer, nous avons représenté sur la figure IV.4 les variations de température en fonction de la profondeur pour les mois de janvier, avril, juillet et octobre.

La méthode que nous venons d'utiliser pour passer de N valeurs discrètes $\{y_0, ..., y_{N-1}\}$ à une approximation des N coefficients de Fourier $\{c_j, |j| \leq N/2\}$ est appelée *transformée de Fourier discrète d'ordre N* et intervient dans de nombreux domaines.

§6. Conclusion

Ce texte étudie les différentes phases de la modélisation d'un problème physique : la mise en équations, la résolution mathématique ainsi que l'application à un cas réel.

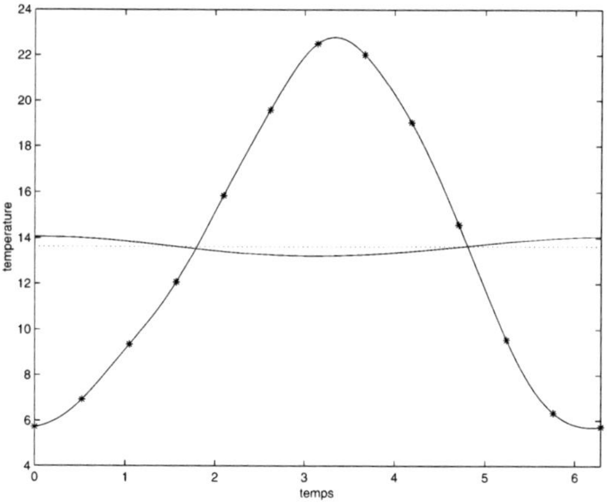

Fig. IV.3. Variation de la température au cours de l'année : valeurs relevées ($*$) et approximation $\tilde{f}$, valeur moyenne (pointillés) et variation à la profondeur de 4,1 mètres : $\tilde{u}(4{,}1\ ;\ t)$.

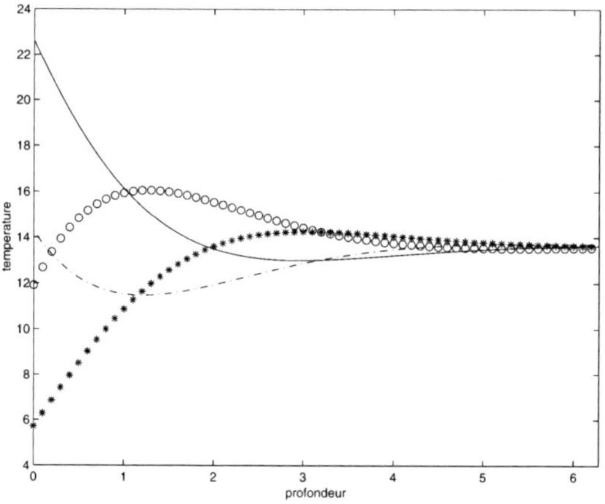

Fig. IV.4. Variation de la température en fonction de la profondeur pour les mois de janvier ($*$), avril (o), juillet (trait plein) et d'octobre ($-.-$).

Pour des problèmes physiques plus complexes, ceci n'est généralement pas possible, en particulier en ce qui concerne l'existence et l'unicité de la solution.

Dans la pratique, l'obtention d'une forme explicite de la solution peut n'être d'aucune utilité (trop complexe à évaluer dans un cas concret par exemple) et l'on préférera alors avoir recours à des techniques de résolution numérique des équations de départ.

Présentation et questions

§1. Remarques générales

Ce texte particulièrement clair se comprend facilement. La différence entre les candidats se fera donc sur ceux qui seront le plus à même de prendre du recul et de répondre aux objectifs suggérés : exhiber l'interaction entre hypothèses physiques et simplifications mathématiques, grandes idées des preuves.

§2. Piste de questions

1) Pourquoi la barre est-elle prise de section négligeable ?
2) Pourquoi ne s'intéresse-t-on qu'aux abscisses strictement positives ?
3) Comment prendrait-on en compte le fait que le milieu n'est plus homogène ?
4) La solution trouvée n'est pas valable pour les x négatifs (exponentielle croissante), que faut-il modifier dans la preuve pour qu'elle le devienne ?
5) Quelles sont les hypothèses du modèle qui vous semblent les plus critiquables ?
6) Pourquoi c_n est-t-il une approximation de $\widehat{f}(n)$? Comment améliorer cette approximation ?
7) Connaissez-vous d'autres méthodes d'approximation de fonctions que celles proposées dans le texte ?
8) Comment calculer les coefficients $a = 13{,}6$ et $b = 9$ utilisés dans la figure IV.1 ?
9) Quel est l'argument « formel » fondamental qui donne toute sa puissance à la méthode de Fourier développée dans le texte ?
10) Pourquoi impose-t-on *a priori* que f soit de classe $\mathcal{C}^2$?
11) Supposons montré que toute solution de l'équation de la chaleur satisfait au principe du maximum (voir propriété R3), comment peut-on en déduire l'unicité ?
12) Donner d'autres exemples de déphasage de température. Avez-vous déjà rencontré un phénomène analogue ?

Commentaires

§1. Réponses aux questions

1) *Pourquoi la barre est-elle prise de section négligeable ?*

   La réponse à cette question se trouve, en grande partie, dans le texte. On peut rajouter l'argument, paradoxal et très qualitatif, suivant : si la section est, au contraire, très grande (dans un sens à définir), le flux thermique est essentiellement homogène dans une section droite et l'on retrouve un régime unidirectionnel de diffusion.

2) *Pourquoi ne s'intéresse-t-on qu'aux abscisses strictement positives ?*

   Là aussi, la réponse à cette question se trouve, en grande partie, dans le texte. On peut aussi jeter un coup d'œil à la question 4 ...

3) *Comment prendrait-on en compte le fait que le milieu n'est plus homogène ?*

   On attendait juste du candidat qu'il dise que c dépendrait de x. Néanmoins, dans ce cas la forme exacte de l'équation n'est pas celle indiquée dans le texte, mais plutôt[1] :

$$\frac{\partial u}{\partial t} = \frac{\partial}{\partial x}(c(x)\frac{\partial u}{\partial x}).$$

   Voir « Au-delà du texte ».

4) *La solution trouvée n'est pas valable pour les x négatifs (exponentielle croissante), que faut-il modifier dans la preuve pour qu'elle le devienne ?*

   Il faut choisir $B_n(x_0) = 0$ lors de la résolution de l'équation différentielle.

5) *Quelles sont les hypothèses du modèle qui vous semblent les plus critiquables ?*

   L'aire latérale nulle interdit les pertes par rayonnement et les pertes par conduction, qui sont l'une et l'autre proportionnelles aux surfaces en contact. La longueur infinie du fil est avant tout une commodité mathématique, car la prise en compte des conditions aux bords est techniquement difficile – voir équation (IV.12. On peut, en principe se ramener à ce cas-là en plaçant à l'extrémité du fil une impédance thermique adaptée, dont l'effet serait que le profil de température dans le fil fini serait le même que si ce fil était infini. Cette adaptation d'impédance est bien connue dans la théorie et dans la pratique des circuits électriques.

   Dans le cas uni-dimensionnel, il est possible, comme indiqué dans le texte, d'obtenir la forme générale de la solution, pour un fil d'aire latérale nulle

[1] la même question se pose à propos de l'équation des ondes électromagnétiques dans un milieu d'indice non uniforme ; le remplacement brutal du scalaire n par la fonction $n(x,y,z)$ dans l'équation d'onde est erroné.

et de longueur finie ; le respect des conditions aux bords se traduit par un jeu d'équations algébriques fixant la valeur des coefficients dans la forme générale donnée *a priori*.

6) *Pourquoi c_n est-t-il une approximation de $\widehat{f}(n)$? Comment améliorer cette approximation ?*

   Il suffit de remarquer que c_n est précisément une somme de Riemann dont la limite est justement $\widehat{f}(n)$. Pour améliorer cette approximation, on augmente le nombre de points, c'est-à-dire le nombre de relevés de température.

7) *Connaissez-vous d'autres méthodes d'approximation de fonctions que celles proposées dans le texte ?*

   L'interpolation de Lagrange, voir commentaire.

8) *Comment calculer les coefficients $a = 13{,}6$ et $b = 9$ utilisés dans la figure IV.1 ?*

   On peut utiliser la méthode des moindres carrés. Voir sujet sur la pseudo-inverse.

9) *Quel est l'argument « formel » fondamental qui donne toute sa puissance à la méthode de Fourier développée dans le texte ?*

   C'est le théorème de Jordan-Dirichlet qui transforme une dérivation en une multiplication par un monôme :

$$\widehat{g'}(n) = in\,\widehat{g}(n).$$

   À partir de là, les C_n satisfont à une équation différentielle linéaire du deuxième ordre dont on sait expliciter les solutions. Il reste à déterminer la solution qui nous intéresse par des considérations physiques : on exclut les températures infinies donc les fonctions exponentielles croissantes.

10) *Pourquoi impose-t-on a priori que f soit de classe $\mathcal{C}^2$?*

    Parce que c'est une condition suffisante pour que la série de terme général $\hat{f}(n)\sqrt{n}$ soit absolument convergente. Voir l'inéquation (IV.5. On pourrait amoindrir cette hypothèse et garder ce schéma de démonstration mais cela ne changerait pas le résultat final (c'est-à-dire le théorème PCB) car on sait par d'autres moyens (voir [1]) que la seule solution de l'équation de la chaleur est celle qui est donnée ici et donc qu'elle est de classe $\mathcal{C}^\infty$ pour tout temps strictement positif.

11) *Supposons montré que toute solution de l'équation de la chaleur satisfait au principe du maximum (voir propriété R3), comment peut-on en déduire l'unicité ?*

    Si u_1 et u_2 sont deux solutions de (IV.2) alors, par linéarité, $u_1 - u_2$ est solution de la même équation avec comme condition au bord $f \equiv 0$. Le principe du maximum (IV.4) implique alors que $u_1 \equiv u_2$.

12) *Donner d'autres exemples de déphasage de température. Avez-vous déjà rencontré un phénomène analogue ?*

Barrières de dégel, ou fonte des eaux en Sibérie. La glace fond en surface et l'eau continue à geler en profondeur.

§2. Suggestion de plan

I – Énoncé du problème et présentation des hypothèses simplificatrices.

Ne pas hésiter à dire ce qui change si l'on modifie l'une ou l'autre des hypothèses. Voir commentaire ci-dessus.

II – Schéma de la preuve.

Comme indiqué dans le travail suggéré, ne pas se perdre dans les calculs. Même si cela est rassurant, il ne faut pas refaire les calculs lors de la présentation. Il est bien préférable d'insister sur les idées : « le passage en fréquentiel » [2] *transforme les dérivations en multiplication, la régularité d'une fonction conditionne la vitesse de convergence vers* 0, *à l'infini, de ses coefficients de Fourier, on avance des arguments physiques pour faire le tri dans les solutions dans la partie Analyse etc.*

III – Exemple.

Le problème est l'interpolation de f *: on travaille soit directement sur* f*, soit sur son développement de Fourier. On peut soulever au passage le problème de l'estimation des paramètres* a *et* b *dans la première méthode. Exhiber l'analogie avec les problèmes de T.P. de physique où l'on cherche une droite qui passe « au plus près » des points relevés lors d'une expérience*[3]*. On peut aussi mentionner la technique d'interpolation par les polynômes de Lagrange.*

§3. À propos du texte

L'une des maladresses souvent commises est de reprendre les éléments historiques mentionnés dans le texte. Lorsqu'ils n'apportent rien aux objectifs suggérés, il est judicieux de les omettre, sous peine de perdre un temps précieux.

Les premières hypothèses simplificatrices sont l'homogénéité, la longueur infinie et l'infiniment petite section de la barre, qui en font un objet ne pouvant exister physiquement ! L'homogénéité implique la constance de c ; sans cette hypothèse on devrait prendre une fonction dépendant de l'abscisse. Pour une barre de longueur limitée L, il faudrait rajouter la contrainte $u(L,t) = g(t)$. Pour tenir compte de l'épaisseur, voire du volume de la barre, il faut remplacer la dérivée seconde par rapport à x par le Laplacien dans $\mathbb{R}^2$ ou $\mathbb{R}^3$ et donner la

[2] *i.e.*, considérer la transformée de Fourier de u plutôt que u elle-même.

[3] Voir le passage sur la méthode des « moindres carrés » dans le sujet III.

valeur de u sur tout le bord de la barre à l'instant 0. On comprend alors mieux la dénomination de problème avec conditions au bord. Tous ces problèmes se traitent, cela fait partie de l'étude des équations aux dérivées partielles (voir [1]).

Le cas présent permet d'utiliser simplement les résultats sur les développements en série de Fourier. La démonstration du théorème PCB procède en deux étapes : une étape d'analyse dans laquelle on cherche la solution sous une certaine forme : l'équation satisfaite par u implique en effet des relations fortes sur ses coefficients de Fourier, qui réduisent à un le nombre de solutions possibles. Il reste ensuite à vérifier que l'on construit ainsi une fonction (que le développement en série de Fourier est bien convergent au moins dans un certain sens) et que cette fonction satisfait les contraintes au bord et l'équation d'évolution.

Entre l'énoncé du problème PCB et le théorème PCB, la notion de solution a été subrepticement modifiée. On exige dans le théorème plus de propriétés que les propriétés de départ, solutions de l'équation différentielle et conditions au bord. En effet, rien dans PCB n'oblige à ce que u soit périodique, que les dérivées partielles première en temps et seconde en espace soient continues *etc.* Ces hypothèses supplémentaires sont nécessaires pour que la partie analyse soit plus qu'un calcul formel mais soit rigoureuse de ligne en ligne. Il se trouve qu'au bout du compte la solution construite vérifie toutes les propriétés rajoutées mais cela ne garantit pas que l'on ait ainsi toutes les solutions du problème initial – c'est cette difficulté qui amena L. Schwartz à créer les distributions, voir [3]. De fait, on montre (théorème IV.2) que le problème PCB a au plus une solution, qui ne peut donc être que celle là.

Dans la partie analyse, l'hypothèse physique selon laquelle une grandeur physique ne peut pas avoir une croissance exponentielle illimitée en espace permet de prendre $A_n \equiv 0$ et donc de déterminer explicitement C_n. Ce qui peut sembler un postulat se trouve finalement justifié par les mathématiques puisque le corpus théorique garantit qu'il n'y a pas d'autres solutions.

Dans la partie synthèse, on a besoin que f soit deux fois continûment différentiable pour que u soit deux fois différentiable par rapport à x. En fait, f de classe $\mathcal{C}^2$ implique que les coefficients $\widehat{f}(n)$ sont des $o(|n|^2)$ pour $|n|$ grand, voir équation (IV.6). Cette dualité entre régularité de f et comportement asymptotique de ses coefficients de Fourier est l'un des outils cruciaux de l'analyse de Fourier (voir le commentaire sur la tomographie).

Le traitement de l'exemple soulève un nouveau problème : celui de l'interpolation d'une fonction. En d'autres termes, que dire du comportement d'une fonction que l'on ne connaît qu'en un nombre fini de points (en l'occurrence 12) ? Les méthodes d'interpolation sont nombreuses, seule l'interpolation polynomiale de Lagrange est supposée connue et on ne l'évoque même pas. Il y a trois raisons à cela, une fausse et deux vraies. La fausse est que le calcul des coefficients de Fourier pour un polynôme de degré 12 est plus compliqué que pour un polynôme trigonométrique. Cette raison n'est pas valable puisqu'à l'heure des logiciels de calcul formel, ce calcul se fait sans problème.

En revanche, le développement en série de Fourier comporte une infinité de termes, il faut donc tronquer ce développement, ce qui induit une deuxième approximation. L'autre bonne raison est qu'il est vraisemblable que l'approximation obtenue par polynômes de Lagrange fournisse une fonction oscillante, or on voit mal pourquoi la température varierait brusquement entre deux mois consécutifs. Cette crainte est justifiée par les calculs : tous calculs faits sous Maple (en faisant attention à renormaliser les numéros de mois de sorte que la longueur d'une année soit 2π),

```
with(CurveFitting):
T:=2*Pi/12:h:=PolynomialInterpolation([[0,5.7],[T,6.9],
[2*T,9.3],[3*T,12],[4*T,15.8],[5*T,19.5],
[6*T,22.5],[7*T,22],[8*T,19],[9*T,14.6],
[10*T,9.5],[11*T,6.3]],x);
```

Le polynôme de Lagrange pour les données du texte est :

$$\begin{aligned} L(x) = & -2104{,}064414\,\frac{x^{11}}{\pi^{11}} + 21331{,}78969\,\frac{x^{10}}{\pi^{10}} \\ & - 94110{,}42847\,\frac{x^9}{\pi^9} + 237052{,}7482\,\frac{x^8}{\pi^8} - 375960{,}9209\,\frac{x^7}{\pi^7} \\ & + 390408{,}2815\,\frac{x^6}{\pi^6} - 267306{,}9950\,\frac{x^5}{\pi^5} + 118303{,}8316\,\frac{x^4}{\pi^4} \\ & - 32080{,}58722\,\frac{x^3}{\pi^3} + 4763{,}047922\,\frac{x^2}{\pi^2} - 279{,}9029650\,\frac{x}{\pi} \\ & + 5{,}7. \end{aligned}$$

Graphiquement, cela donne la représentation suivante :

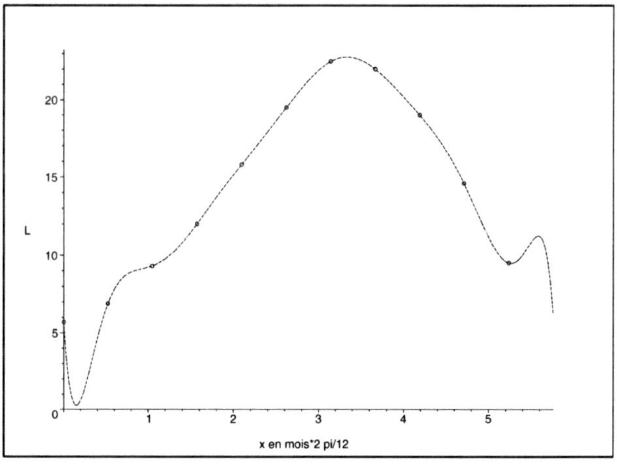

Fig. IV.5. Polynôme de Lagrange correspondant aux données du tableau 1.

L'oscillation entre novembre et décembre paraît pour le moins incongrue. On n'a pas ce problème avec l'interpolation sous la forme $a + b\cos(t)$. Il y a par contre une erreur dans le texte... b vaut -9 et non pas 9 comme cela est indiqué. Le cosinus est maximum en 0 or cela correspond à un minimum des données !

La figure IV.6 permet de comparer les courbes représentatives de cette fonction et du polynôme de Lagrange L ainsi que les points donnés.

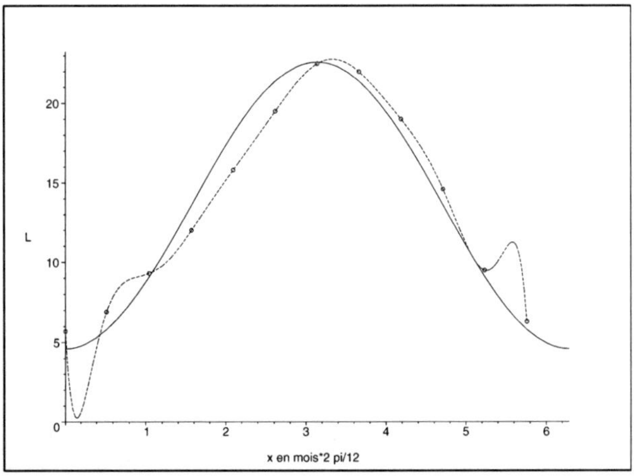

Fig. IV.6. En plein $f(t) = 13.6 - 9 * \cos(t)$, en pointillés $L(t)$.

§4. Au-delà du texte

4.1. Localité spatiale : contenu physique et traduction mathématique

L'équation de la chaleur est ce qu'il est convenu d'appeler une équation elliptique[4].

Elle apparaît dans de nombreux domaines de la physique, où la fonction u peut représenter des quantités comme la concentration d'un produit chimique, la température, le potentiel électrique, *etc.* Revenons sur l'équation différentielle qui la régit : pour tout ouvert V de la région analysée. $\Omega \subset \mathbb{R}^n$, « ce qui reste égale ce qui rentre moins ce qui sort », donc

$$\frac{d}{dt}\int_V u \; \mathrm{d}x = -\int_{\partial V} F.\nu \; \mathrm{d}S,$$

[4] Voir sujet VII. pour un autre type d'équation aux dérivées partielles, dite hyperbolique.

où F est la densité de flux, ν la normale extérieure (d'où le signe moins devant l'intégrale) et ∂V, la frontière de V définie par $\partial V = \overline{V} - V$. En vertu de la formule de Stokes, on en tire :

$$\frac{d}{dt}\int_V u(x,t)\ \mathrm{d}x = -\int_V \mathrm{div}F(x)\ \mathrm{d}x = -\int_{\partial V} F.\nu\ \mathrm{d}S. \tag{IV.7}$$

Comme V est arbitraire, cela implique :

$$\frac{\partial}{\partial t}u(t,x) = -\mathrm{div}F \text{ dans } \Omega. \tag{IV.8}$$

En première approximation (nous reviendrons plus tard sur ce point), on considère que F est proportionnel au gradient de u mais pointe dans la direction opposée (le flot va des régions de forte concentration, température, potentiel vers celles de basse température, ...) d'où :

$$F = -c \text{ grad } u. \tag{IV.9}$$

Compte-tenu de (IV.8), on a :

$$\frac{\partial}{\partial t}u(t,x) = c \text{ div grad } u,$$

soit

$$\frac{\partial}{\partial t}u(t,x) = c\Delta u(t,x). \tag{IV.10}$$

Dans une forme plus élaborée, les propriétés en question dépendent elles-mêmes de la température... solution de l'équation : $\partial_t u = c(u)\Delta u$. Dans un cadre encore plus général, le milieu n'est ni isotrope ni homogène et ses propriétés varient de point en point. La relation phénoménologique de Fourier affirme une relation fonctionnelle linéaire entre la densité d'énergie interne et le vecteur flux d'énergie thermique F :

$$F = -\tilde{c}(x,u) \text{ grad } u,$$

où $\tilde{c}$, qui se présente ici comme une sorte de matrice 3×3, est symétrique définie positive. Associée à un bilan énergétique local, cette relation donne à l'équation de la chaleur la forme :

$$\frac{\partial}{\partial t}u(t,x) = \text{ div } (\tilde{c} \text{ grad } u).$$

On peut encore généraliser : la relation de Fourier est spatialement locale, c'est-à-dire qu'elle affirme que le flux d'énergie thermique en un point est déterminé par la densité d'énergie interne au même point. Rien n'interdit cependant la non-localité. Le flux en x serait dans ce cas déterminé par le paysage énergétique en tous les points x', dans tout l'espace. Soit

$$\tilde{c}(x,x',t) \text{ grad } u(x',t)\ \mathrm{d}x',$$

la contribution à la température en x d'un petit domaine $\mathrm{d}x'$ au voisinage du point de coordonnées x'. On admettra sans peine l'invariance par translation, en vertu de laquelle cette contribution ne dépend que du vecteur $x - x'$, écart entre le point d'observation x et le point qui l'influence x'. En sommant (par linéarité), sur tous les x', on obtient

$$\frac{\partial u}{\partial t} = \operatorname{div} \int_V \tilde{c}(x - x', u) \operatorname{grad} u(x', t) \; \mathrm{d}x'.$$

En une dimension, en supposant que $\tilde{c}$ soit indépendant de la température, on obtiendrait :

$$\frac{\partial u}{\partial t} = \frac{\partial}{\partial x} \left(\int_V \tilde{c}(x - x') \frac{\partial u}{\partial x}(x', t) \; \mathrm{d}x' \right),$$

ce qui introduit la notion de produit de convolution de deux fonctions.

Pour deux fonctions à valeurs réelles f et g, suffisamment régulières, on définit le produit de convolution de f par g comme :

$$(f * g)(x) = \int f(x - y) g(y) \; \mathrm{d}y.$$

Remarque 4. L'analogie entre l'équation de la chaleur et l'équation de diffusion n'a rien de fortuit. Le même mécanisme est sous-jacent à ces deux phénomènes : la marche aléatoire. La théorie quantique du solide va d'ailleurs jusqu'à identifier des quasi-particules d'énergie thermique, les phonons. Les phonons sont à l'énergie thermique ce que les photons sont à l'énergie électromagnétique. La diffusion des phonons dans un milieu obéit formellement à l'équation de diffusion. Il est quelquefois commode de penser la propagation de l'énergie thermique en termes de phonons.

4.2. Irréversibilité : contenu physique et traduction mathématique

Une propriété importante de l'équation de la chaleur est que, à la différence des équations de propagation du son ou du rayonnement électromagnétique, elle décrit un phénomène irréversible. La substitution $t \mapsto -t$ change la forme de l'équation (IV.10). La nouvelle forme est :

$$\frac{\partial}{\partial t} u(t, x) = -c \Delta u(t, x).$$

Si maintenant l'on considère une densité de sources énergétiques décrite par une fonction f indépendante du temps, on obtient l'équation de la chaleur

$$\frac{\partial}{\partial t} u(t, x) = c \Delta u(t, x) + f(x). \qquad \text{(IV.11)}$$

Cette équation est incomplète si l'on ne précise pas les conditions initiales et éventuellement aux bords. Par conditions initiales, on entend la donnée de la température en tous les points de l'espace à l'instant 0. Par conditions aux bords, on entend la donnée de la température en tous les instants pour les points du « bord » de l'ensemble étudié : si Ω est le domaine ouvert, connexe, de $\mathbb{R}^n$ qui nous intéresse, pour un temps $T > 0$ fixé, on introduit :

$$\Omega_T =]0, T] \times \Omega \text{ et } \Gamma_T = \overline{\Omega_T} - \Omega_T.$$

L'équation de la chaleur non-homogène, avec conditions initiales et aux bords est

$$\begin{aligned} &\frac{\partial}{\partial t}u - \Delta u = f \text{ dans } \Omega_T \\ &u = g \text{ sur } \Omega \times \{t = 0\}. \end{aligned} \tag{IV.12}$$

Le principal défaut de la méthode soulignée dans le texte est que l'on n'est pas certain d'avoir épuisé toutes les solutions de (IV.1) puisque l'on raisonne par conditions suffisantes. Il existe peut-être d'autres solutions qui n'ont pas les propriétés de régularité imposées pour pouvoir mener à bien les calculs. Néanmoins, on a le résultat suivant :

Théorème IV.2. *Soit $\mathcal{C}_1^2$ l'ensemble des fonctions u telles que u, la dérivée partielle première en temps et le Laplacien sont des fonctions continues sur $\overline{\Omega_T}$. Si Ω est un ouvert, borné, de frontière paramétrable par une fonction de classe $\mathcal{C}^1$ alors il existe au plus une solution de (IV.12).*

Preuve. Si u et $\tilde{u}$ sont deux solutions de (IV.12) appartenant à $\mathcal{C}_1^2$, leur différence w est une solution de (IV.12) avec $f \equiv g \equiv 0$. On introduit :

$$e(t) = \int_\Omega w^2(t, x)\, \mathrm{d}x, \qquad 0 \le t \le T.$$

On a, d'après l'équation satisfaite par w et par une intégration par parties,

$$\begin{aligned} \frac{de}{dt}(t) &= 2\int_\Omega w \frac{\partial}{\partial t} w\, \mathrm{d}x \\ &= 2\int_\Omega w \Delta w\, \mathrm{d}x \\ &= -2\int_\Omega |\operatorname{grad} w|^2\, \mathrm{d}x \le 0 \end{aligned}$$

et donc $e(t) \le e(0) = 0$, d'où $e(t) = 0$ et $w = 0$ dans $\overline{\Omega_T}$.

En revanche, si Ω n'est pas borné, il n'y pas nécessairement unicité de la solution.

4.3. Diffusion, régularisation, distributions

Outre son ubiquité en physique, l'équation de la chaleur possède de remarquables propriétés mathématiques dont quelques-unes ont déjà été dévoilées dans le texte. Considérons une autre approche pour trouver la solution de (IV.11). Soit φ la fonction définie par

$$\varphi(t,x) = \begin{cases} \dfrac{1}{\sqrt{4\pi ct}} \exp\left(-\dfrac{\|x\|^2}{4ct}\right) & \text{pour } t > 0, \\ 0 & \text{pour } t < 0. \end{cases} :$$

On vérifie que

$$\int_{\mathbb{R}^n} \varphi(t,x)\,dx = 1.$$

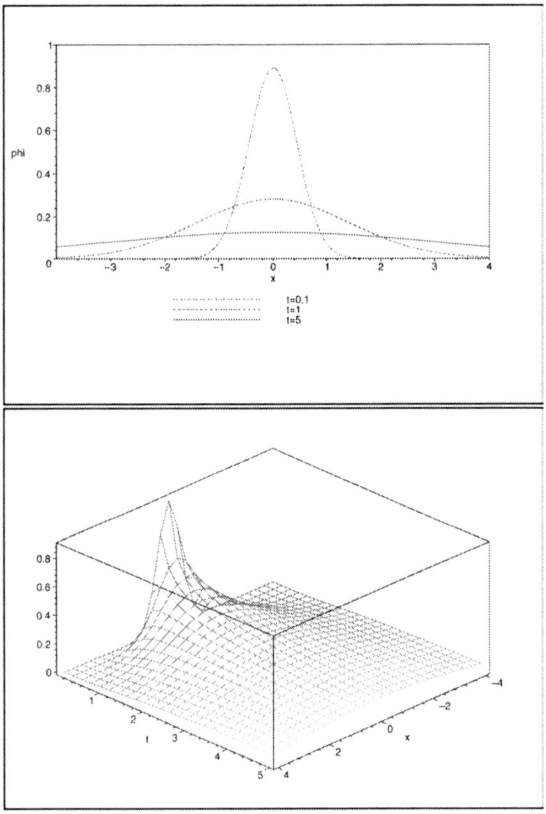

Fig. IV.7. En haut, $\varphi(x,t)$ pour $t = 0{,}1$; 1 *et* 5. En bas, $\varphi(x,t)$ en fonction de x et de t. Le système d'unités est choisi de telle sorte que le coefficient de diffusion, noté c dans ce dossier, soit égal à 1.

Pour $n = 1$, on a représenté l'allure de la courbe de φ aux instants 0,1, 1 et 5. Plus le temps passe, plus la courbe « s'écrase ». La courbe la plus pointue correspond à $t = 0{,}1$. On imagine (comme cela est confirmé par la figure IV.7) que quand $t = 0$, $x \mapsto \varphi(x,t)$ ressemble de plus en plus à une « fonction » nulle partout sauf en 0 où elle serait infinie.

Un tel objet n'existe pas dans l'ensemble des fonctions usuelles mais on peut lui donner un sens dans la théorie des distributions (voir [2]). En revanche, si f est continue et bornée, on peut définir la convolution spatiale de φ et g et la convolution spatio-temporelle de φ et f :

$$u(t,x) = \int_{R^n} \varphi(t, x-y) g(y) \, \mathrm{d}y + \int_0^t \int_{\mathbb{R}^n} \varphi(t-s, x-y) f(s,y) \, \mathrm{d}y \, \mathrm{d}s.$$

La fonction φ est appelé « propagateur » en raison du théorème IV.3 qui stipule que la solution u est obtenue en propageant les conditions initiales et aux bords par une convolution de noyau φ. On montre alors le théorème suivant :

Théorème IV.3. *u ainsi définie est $\mathcal{C}^\infty(]0,+\infty[\times\mathbb{R}^n)$, satisfait l'équation de la chaleur (IV.12) dans le sens où*

$$\frac{\partial}{\partial t} u - \Delta u = f \text{ dans } \Omega_T$$

et

$$\lim_{(x,t)\to(x_0,0)} u(x,t) = g(x_0) \text{ pour tout } x_0 \in \Omega.$$

Les calculs sans être triviaux ne sont pas inabordables (voir [1]).

Remarque 5. La propriété de régularisation, mentionnée dans le texte, trouve ici une belle application. Plaçons-nous en dimension 1, pour $\Omega = \mathbb{R}_+^*$. Considérons la distribution initiale de température, caractérisée par sa discontinuité en $x = 0$:

$$g(x) = \begin{cases} 1 & \text{pour } x > 0, \\ -1 & \text{pour } x < 0. \end{cases}$$

L'application du théorème IV.3 donne

$$u(x,t) = \frac{2}{\sqrt{\pi}} \int_0^{x/4t} \exp(-u^2) \, \mathrm{d}u. \tag{IV.13}$$

Pour $|x| \leq 0{,}1$ et pour $0{,}002 \leq 4t \leq 0{,}003$, la surface associée est représentée figure IV.8.

Remarquons que, la transition entre les valeurs $+1$ et -1 dans la condition initiale se faisant sur un intervalle de distance nul, le problème n'offre aucune échelle caractéristique de distance (pas plus que de temps d'ailleurs).

Au voisinage de l'instant initial, le raccord de température entre les deux régions se fait sur une très petite distance ; au-delà de $|x| = 0{,}05$, dans cet

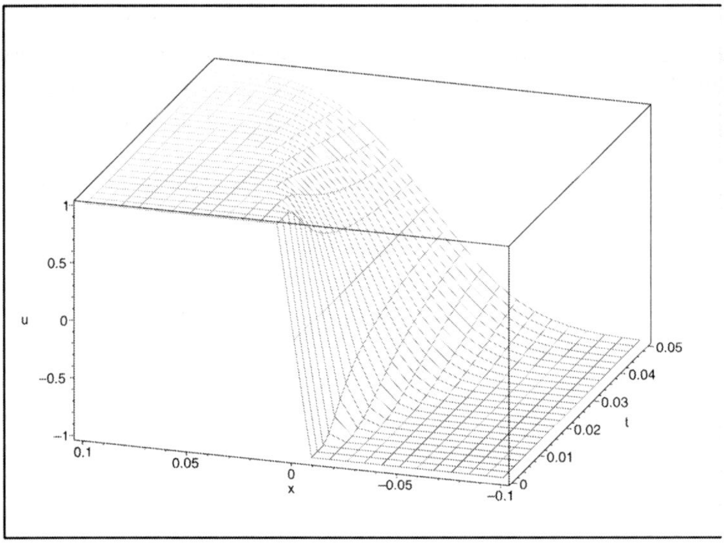

Fig. IV.8. Allure de u donnée par (IV.13) pour $|x| \leq 0{,}1$ et $0{,}002 \leq 4t \leq 0{,}003$.

exemple, les températures sont égales à leurs valeurs initiales respectives, soit ± 1. Au fur et à mesure que le temps s'écoule, la pente à l'origine diminue jusqu'à tendre vers 0 ($\partial u/\partial x = (\pi t)^{-1/2}$ en $x = 0$). Au bout d'un temps infini, la température dans le milieu serait identiquement nulle, l'énergie thermique ayant complètement diffusé, voir figure IV.9.

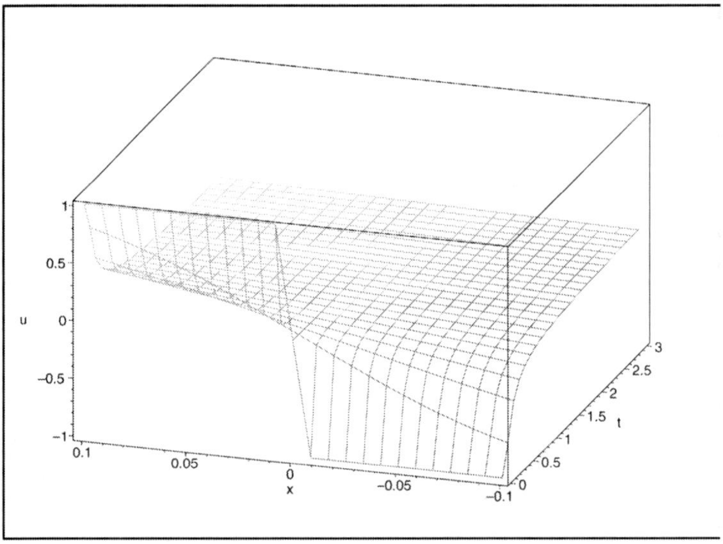

Fig. IV.9. Comportement de la température pour les temps « grands ».

4.4. Un paradoxe. Localité temporelle : contenu physique et traduction mathématique

Les considérations physico-mathématiques qui précèdent dissimulent une difficulté de taille. La voici : connaissant le champ initial de température, on obtient par convolution le champ de température aux instants ultérieurs, c'est-à-dire la température en tout point et à chaque instant. Voilà qui surprend ! Considérons pour le voir un modèle unidimensionnel, la donnée initiale étant $g(x) = g_0$ pour $|x| \leq a$ et 0 partout ailleurs. Selon le modèle développé plus haut, la température calculée serait non nulle, pour $x > a + c_0 t$, où c_0 est la vitesse de la lumière. Le principe de causalité interdit qu'il en soit ainsi. Appliqué aux problèmes de propagation avec conditions au bord, ce principe de causalité s'énoncerait ainsi (problème à la Cauchy) : soit la solution d'une équation de propagation, avec les conditions au bord. Le signal se propage à la vitesse V si $u(t,x) = 0$ dès que x est en dehors du compact $[a - Vt, b + Vt]$. Plus précisément, le domaine de dépendance d'un point est représenté figure IV.10.

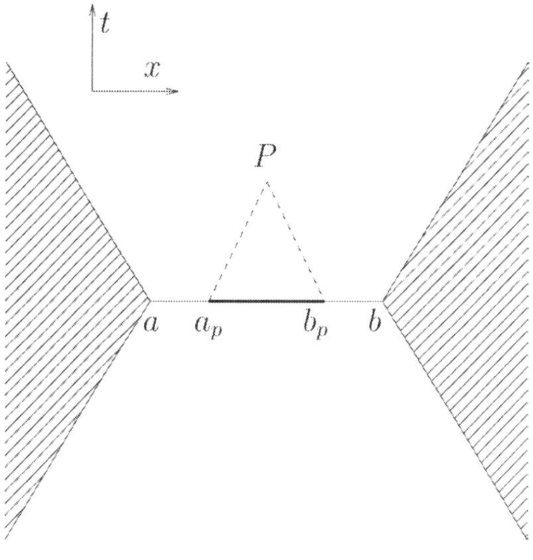

Fig. IV.10. Domaine de dépendance de u point P : l'état de la perturbation u en ce point n'est pas déterminé par l'ensemble des conditions aux bords sur $[a,\ b]$, mais par leur restriction sur $[a_P,\ b_P]$, les pentes des segments en pointillés étant $\pm V$.

Rien de tel ne se produit pour l'équation de la chaleur. La vitesse de propagation du signal est infinie, puisque tout point est « immédiatement informé » de la situation aux bords. En effet, le seul paramètre de ce problème est le coefficient c. Sa dimension[5] est $\mathrm{m}^2.\mathrm{s}^{-1}$, il est impossible d'en déduire une vitesse, dont la dimension est $\mathrm{m}.\mathrm{s}^{-1}$.

Les calculs étant justes, c'est le modèle qui doit être remis en question. Faisons apparaître les éléments suspects, puis tentons de cerner l'origine de la difficulté. Le bilan énergétique (IV.7) ne saurait être remis en cause, la faille vient donc de la relation phénoménologique (IV.9).

Soit une région de l'espace où la température est u et une région voisine où la température est $u - \delta u$, voir figure IV.11.

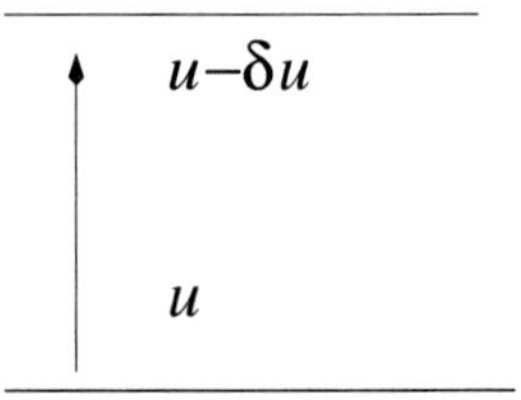

Fig. IV.11. Gradient de température.

En vertu du principe d'évolution vers un état d'équilibre, le flux thermique « vers le haut » sera plus intense que le flux thermique vers le bas. Ce dernier tire son origine de l'agitation thermique. Statistiquement, le flux thermique vers le haut l'emportera ; il est opposé au gradient thermique. Au premier ordre,

$$F = -\lambda \frac{\partial u}{\partial x}.$$

Dans un modèle quasi particulaire, un certain temps s'écoule entre le moment où un phonon part du bas et celui où il atteint la région intermédiaire. Si la température change avec le temps, alors le flux thermique au temps t est déterminé par le gradient thermique à un instant antérieur. En somme, on introduit ici la notion de retard, qui est une non-localité dans le temps (ce qui se passe maintenant est déterminé par ce qui se passait avant). Introduisons un retard unique, τ. Écrivant, au premier ordre pour simplifier,

$$F(t,x) = -\lambda \frac{\partial u}{\partial x}(t-\tau, x) \approx -\lambda \frac{\partial}{\partial x}\left(u(t,x) - \tau \frac{\partial}{\partial t} u(t,x) \right)$$

et tenant compte de l'équation de conservation, on aboutit à l'équation différentielle mixte du troisième ordre, peu engageante en dépit des simplifications qui nous y ont conduits :

[5] Attention ; nous suivons ici la notation du texte. Le physicien aurait sans doute noté ce coefficient D, réservant la notation c à une vitesse.

$$\begin{aligned}\frac{\partial}{\partial t}u &= c\left(\Delta u - \tau\frac{\partial}{\partial t}\right)\Delta u\\ &= c\left(\mathrm{Id} - \tau\frac{\partial}{\partial t}\right)\Delta u.\end{aligned}$$

Dans un cadre fonctionnel adéquat (voir [4]), c'est-à-dire un bon ensemble de fonctions, on peut introduire l'opérateur linéaire $P_t = \mathrm{Id} - \tau\partial_t$. Pour τ suffisamment petit (il est nul dans la théorie standard), on peut espérer pouvoir appliquer les mêmes approximations aux opérateurs qu'aux fonctions, d'où

$$(\mathrm{Id} - \tau\partial_t)^{-1} \approx \mathrm{Id} + \tau\partial_t.$$

Le résultat est l'équation dite des télégraphistes :

$$\tau\frac{\partial^2}{\partial t^2}u + \frac{\partial}{\partial t}u = c\Delta u,$$

qui permet d'exprimer la vitesse caractéristique $V = \sqrt{c\tau^{-1}}$, ainsi que la distance caractéristique $L = \sqrt{c\tau}$, bien connues en théorie de la diffusion. Dans une deuxième tentative de restauration de la causalité, il faut remarquer que la relation phénoménologique de Fourier[6], $F = -\lambda \mathrm{grad}(u)$, est locale dans le temps : la cause (gradient) et l'effet (courant) sont simultanés. Le système réagit instantanément. L'information « gradient » se propage à la vitesse infinie. Il n'en est bien sûr rien dans la réalité. Les praticiens des circuits électriques le savent depuis longtemps.

Considérons en effet la loi d'Ohm généralisée. En notation complexe (et avec des notations qui vont de soi) :

$$\underline{J}(\omega) = \underline{\sigma}(\omega).\underline{E}(\omega) = -\underline{\sigma}(\omega).\ \mathrm{grad}\ \underline{U}(\omega)$$

traduit le fait que, à une fréquence angulaire donnée, le courant et le gradient de potentiel aux bornes d'un dipôle sont proportionnels. Cette relation, écrite pour des grandeurs harmoniques, n'est pas transportable pour des grandeurs temporelles. Elle ne signifie pas $J(t) = -\sigma.\ \mathrm{grad}\ U(t)$, ni même $J(t) = -\sigma(t).\ \mathrm{grad}\ U(t)$. Le produit ordinaire pour des grandeurs harmoniques est équivalent au produit de convolution pour les grandeurs temporelles qui leur sont associées. Le lien entre ces deux représentations se fait par la transformée de Fourier. On obtient, en représentation temporelle,

$$J(t) = \int_0^t \sigma(s)E(t-s)\ \mathrm{d}s.$$

La dernière ligne signifie que le courant à l'instant t est déterminé par le champ (ou le potentiel) à tous les instants antérieurs à t. C'est la causalité,

[6] Le physicien lira : $\mathbf{F} = -\lambda\mathbf{grad}(u)$. Conformément à l'usage courant dans les dossiers de mathématiques, c'est le contexte qui précise la nature algébrique (scalaire ou vecteur) des objets. Nous suivons ici cette convention, qui ne gêne en rien la compréhension du texte.

encore une fois. L'analogie entre la phénoménologie de Fourier et celle d'Ohm est frappante.

Il suffit donc, pour pallier la difficulté, d'écrire la relation de Fourier, non pas en utilisant des variables temporelles, mais en utilisant des variables fréquentielles. Pour finir, considérons l'implication d'une équation de Fourier des télégraphistes, telle que celle que nous proposons :

$$\tau \frac{\partial^2 u}{\partial t^2} + \frac{\partial u}{\partial t} = c \Delta u.$$

L'analyse en ondes planes de la solution, $u = u_0 \exp(ikx - i\omega t)$, donne :

$$-\tau\omega^2 - i\omega = -\underline{c}k^2 \Longrightarrow \underline{c}(k,\, \omega) = \frac{i\omega(1 - i\omega\tau)}{k^2}.$$

En l'absence de retard ($\tau = 0$), l'analyse de Fourier donne :

$$-\underline{c_0}k^2 = i\omega \Longrightarrow \underline{c_0} = \frac{i\omega}{k^2}.$$

La combinaison de ces deux résultats introduit un filtre passe-bas supplémentaire :

$$\underline{c}(\tau) = (1 - i\omega\tau)\underline{c}(0) \approx \frac{\underline{c}(0)}{1 + i\omega\tau}.$$

Ces problèmes de dépendance temporelle étant désormais délaissés, il demeure que le domaine d'applicabilité de l'équation de la chaleur est celui où les variations de température sont suffisamment petites pour que l'on puisse tenir pour constants les paramètres physiques décrivant le milieu. Ces paramètres incluent la chaleur massique c, la masse volumique μ et la conductibilité thermique λ.

4.5. Une équation sans solution stationnaire

En présence de sources énergétiques de densité volumique $s(x, t, u)$, l'équation de la chaleur, dans un milieu homogène et isotrope, est (observer le signe du terme de droite !) :

$$\mu(u)c(u)\frac{\partial u}{\partial t} + \lambda(u)\frac{\partial^2 u}{\partial x^2} = -s(x,\, t,\, u). \qquad \text{(IV.14)}$$

Cette équation n'est pas linéaire (le principe de superposition ne lui est pas applicable). L'existence de solutions est soumise à des conditions complexes. Considérons la situation suivante, qui pourrait décrire un réacteur chimique unidimensionnel, siège de réactions exothermiques thermiquement activées :

- le milieu est illimité selon les variables cartésiennes y et z ;
- les parois ($x = \pm L$) sont maintenues à la température u_p ;
- il y a production d'énergie, de densité volumique $s = s_0 \exp(a(u - u_p))$;

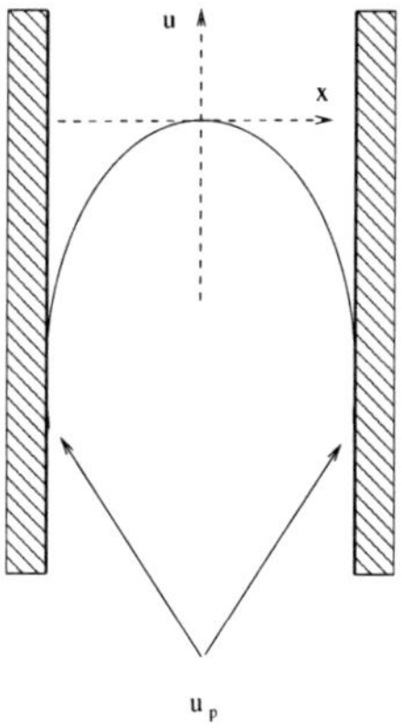

Fig. IV.12. Allure de la solution de (IV.14).

– les phénomènes sont stationnaires et ne dépendent que de x ;
– les propriétés du milieu ne dépendent pas de la température.
L'allure de la solution vraisemblable de l'équation de la chaleur dans ce cas est donnée figure IV.12.

Les parois sont supposées « froides », la symétrie est évidente. Il s'agit de déterminer l'équation de ce profil, $u(x)$, sachant que[7] :

$$\lambda\frac{\partial^2 u}{\partial x^2} = -s_0 \exp\big(a(u - u_p)\big).$$

Les substitutions par les grandeurs réduites :

$$\theta = \alpha(u - u_p) \text{ et } x = \left(\frac{\lambda}{2as_0}\right) v,$$

puis la multiplication par $d\theta/dv$ donne :

$$\left(\frac{d\theta}{dv}\right)^2 = -\exp(\theta) + \text{constante}.$$

La constante est telle que, au centre du réacteur, $\theta = \theta_c$ et

$$\left(\frac{d\theta}{dv}\right)_{\theta=\theta_c=0}.$$

On obtient donc :

$$\left(\frac{d\theta}{dv}\right)^2 = \exp(\theta_c) - \exp(\theta).$$

[7] La forme qui vient surprendra les lecteurs habitués à la relation thermodynamique $s = a_0 \exp(-H/kT)$, où k est la constante de Boltzmann et H une certaine fonction thermodynamique. Au voisinage d'une température u_0, un développement au premier ordre par rapport à $u - u_0$ donne bien la forme donnée.

Par intégration entre le centre et la paroi du réacteur, on établit la relation :

$$I(\theta_c) = \int_0^{\theta_c} \frac{\mathrm{d}\theta}{\sqrt{\exp(\theta_c) - \exp(\theta)}} = \left(\frac{2as_0L^2}{\lambda}\right)^{1/2}.$$

L'intégrale est calculable, non sans peine :

$$I(\theta_c) = 2\exp(-\frac{1}{2}\theta_c).\mathrm{argtanh}\left(\sqrt{1-\exp(-\theta_c)}\right). \qquad \text{(IV.15)}$$

La constante d'intégration est déterminée par

$$I(\theta_c) = \sqrt{\frac{2as_0L^2}{\lambda}}.$$

La fonction $I(\theta_c)$ s'annule pour $\theta_c = 0$ et pour θ_c infini. Elle est bornée, et passe donc par un maximum, I_{max}. La courbe IV.13 précise des valeurs numériques ($\theta_c \approx 1{,}187$, $I_{max} \approx 1{,}325$).

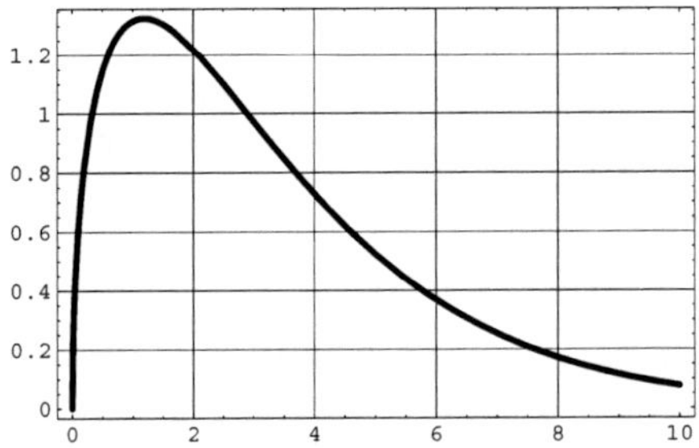

Fig. IV.13. Allure de la courbe représentative de la relation IV.15.

L'étude est maintenant conclue : si $2as_0L^2\lambda^{-1} > I_{max}^2$, c'est-à-dire si le taux d'activation a, ou le taux de production s_0, ou la taille du réacteur L ou la résistivité thermique λ^{-1} sont trop importants, l'évacuation de l'énergie thermique est insuffisante, la réaction s'emballe... c'est l'explosion ! Mathématiquement, et de façon moins dramatique, l'équation stationnaire n'a pas de solution.

Ainsi que cela est dit dans le texte pour la dimension 1, la solution de (IV.12) vérifie le *principe du maximum* : le maximum de u est atteint « aux bords ». En dimension supérieure, cela reste vrai et s'écrit :

$$\max_{(t,x)\in\Omega_T} u = \max_{(t,x)\in\Gamma_T} u,$$

pour tout $T > 0$. Physiquement, cela signifie que la température ne peut pas être plus élevée à l'intérieur que sur les bords.

Ce principe induit lui aussi un paradoxe. Si l'on considère u la solution de

$$\begin{cases} \frac{\partial}{\partial t}u - \Delta u = 0 & \text{dans } \Omega_T, \\ u = 0 & \text{sur } \partial\Omega \times [0, T], \\ u = g & \text{dans } \Omega \times \{t = 0\}, \end{cases}$$

avec g positive alors u est positive sur tout Ω_T. Il suffit que g soit strictement positive en un endroit de Ω pour que u le soit partout et pour tous les temps strictement positifs. C'est une nouvelle illustration de ce que « l'information » se propage à une vitesse infinie dans le cadre de ce modèle.

4.6. Barre de longueur finie et d'aire non nulle

C'est ici un au-delà du modèle, qui considérait un fil illimité.

Un barreau cylindrique de rayon R et de longueur L est en contact thermique, par son extrémité gauche, avec une enceinte maintenue à la température T_0. La température de l'air ambiant est notée T_a. Le rayon du barreau est suffisamment petit devant sa longueur pour que l'on puisse négliger les variations de température avec la coordonnée radiale r. La température ne dépend donc que de la variable longitudinale x et du temps t.

Le bilan thermique d'une tranche de barreau de longueur dx fait intervenir la conduction à travers les sections droites d'abscisses respectives x et $x + dx$ et la convection à travers la surface latérale. La puissance cédée à l'extérieur par l'unité de surface du barreau est notée $\phi(x) = h(T(x) - T_a)$. On établit classiquement que, si D est la diffusivité du matériau constituant le barreau et λ sa conductivité thermique, l'équation de la chaleur s'écrit[8]

$$\frac{\partial^2 T}{\partial x^2} - \frac{1}{D}\frac{\partial T}{\partial t} - 2\frac{h}{\lambda R}(T(x,t) - T_a) = 0.$$

La solution en régime permanent fait intervenir deux constantes d'intégration. L'une d'entre elles exprime la condition $T(0) = T_0$. L'autre exprime la nullité du flux thermique en $x = L$, soit $h(T(L) - T_a) + \lambda dT/dz = 0$. Tout calcul fait, on trouve, en posant $q = \sqrt{2h/\lambda R}$:

$$T(x) = T_a + (T_0 - T_a)\frac{(h + \lambda q)\exp[q(L - x)] - (h - \lambda q)\exp[-q(L - x)]}{(h + \lambda q)\exp(qL) - (h - \lambda q)\exp(-qL)}.$$

À l'extrémité droite de l'ailette la température est

$$T(L) = T_a + (T_0 - T_a)\frac{2\lambda q}{(h + \lambda q)\exp(qL) - (h - \lambda q)\exp(-qL)}.$$

Cette température n'est égale à celle de l'air ambiant que dans la limite d'un barreau infini. Introduisons les grandeurs normalisées

[8] Nous reprenons à partir d'ici les notation usuelles pour la température et pour la diffusivité.

$$\theta = \frac{T - T_a}{T_0 - T_a} \text{ et } X = \frac{x}{L}.$$

La figure IV.14 donne la représentation de θ en fonction de X pour deux longueurs (normalisées) de barreau : $L = 5$, en trait plein et $L = 0{,}4$, en pointillés. On constate que la température de l'extrémité libre du barreau long est pratiquement égale à la température ambiante. Dans ces deux figures, $\lambda q = 0{,}5h$.

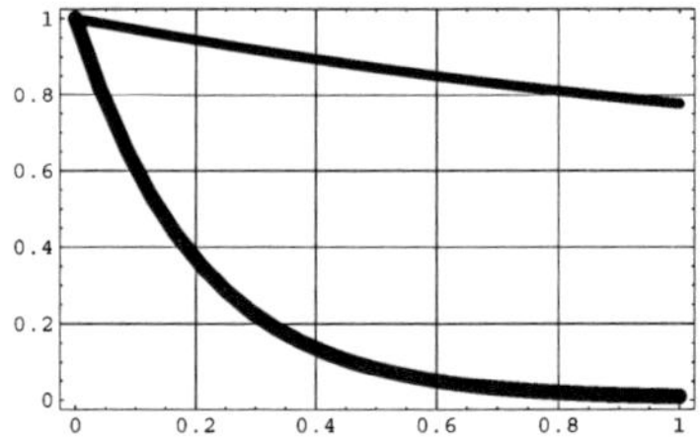

Fig. IV.14. Profil de la température normalisée le long du barreau.

La figure IV.14 est légèrement trompeuse en ceci que l'abscisse normalisée $x = 1$ correspond à deux longueurs différentes. Sur la figure IV.15, on représente, avec les mêmes abscisses, le profil de température des deux barreaux précédents. On constate que le refroidissement est plus efficace avec le barreau long : à la même distance de l'objet à refroidir, la température y est plus basse.

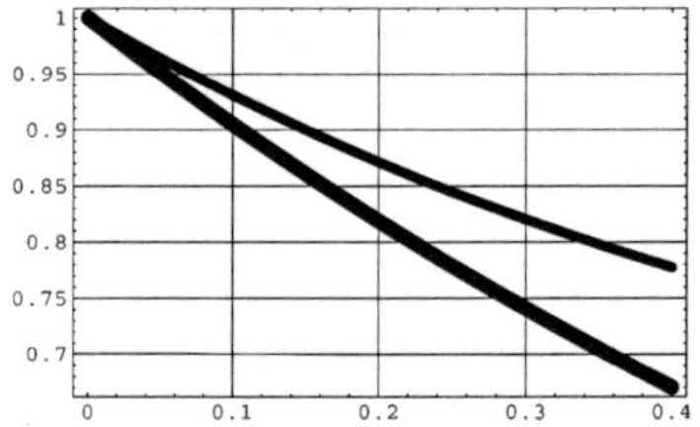

Fig. IV.15. Profil de température avec les mêmes abscisses.

Un tel barreau est nommé *ailette de refroidissement*. L'efficacité de l'ailette, η, est définie comme le rapport entre le flux thermique surfacique qu'elle évacue, $\Phi_{ail} = -\lambda T'(0)$ et le flux thermique qui serait évacué sans elle, $\Phi_h = h(T_0 - T_a)$. Dans le cas d'une ailette de longueur infinie, $\eta = \lambda q/h$.

Bibliographie

1. L. C. Evans, *Partial differential equations*, Graduate Studies in Mathematics, vol. 19, American Mathematical Society, Providence, RI, 1998.
2. L. Schwartz, *Méthodes mathématiques pour les sciences physiques*, Hermann, 1980.
3. L. Schwartz, *Un mathématicien aux prises avec le siècle*, Odile Jacob, 1997.
4. K. Yosida, *Functional analysis*, Classics in Mathematics, Springer-Verlag, Berlin, 1995, Reprint of the sixth (1980) edition.

Sujet V

Tomographie vectorielle

Texte

Filière : MP

Travail suggéré : *faire une synthèse du document. On s'attachera à mettre en évidence les caractéristiques communes et les principales différences entre la tomographie classique et la tomographie vectorielle.*

§1. Tomographie classique

La tomographie, du grec tomos « coupe », est une technique d'imagerie bien connue dans le monde de la santé. Elle permet de produire la reconstruction d'une coupe du corps humain, et donc de visualiser les organes selon un plan de coupe. Cette reconstruction s'opère à partir de mesures d'atténuation de rayons X qui traversent le patient suivant des droites de ce plan. Mathématiquement, le problème à résoudre est celui de l'identification d'une fonction du plan (de coupe) connaissant l'intégrale sur les droites du plan (en pratique, on ne connaît qu'un nombre fini de mesures, c'est-à-dire l'atténuation sur un échantillon des droites du plan). Ce procédé d'imagerie est plus connu sous le nom de scanner médical. Un scanner se présente sous la forme d'un tube ou d'un anneau dans lequel on positionne le patient : un générateur de rayons X et une couronne de détecteurs tournent alors autour du patient afin de mesurer l'atténuation des rayons X suivant de nombreuses droites d'un plan. Ses principaux inventeurs, Cormack et Hounsfield, furent couronnés à la fin des années 1970 par le prix Nobel de Médecine. Le principe de fonctionnement d'un scanner[1] est basé sur l'atténuation des rayons X lorsqu'ils traversent la matière. Soit $x \in \mathbb{R}^2$ un point du plan, notons f la fonction qui à x associe le coefficient d'atténuation $f(x)$ caractéristique de la matière traversée par des rayons X. Nous supposerons que le support de cette fonction est borné (c'est le cas de toute section d'un individu !) et contenu dans le disque unité noté $\Omega = \{x \in \mathbb{R}^2; (x_1^2 + x_2^2) < 1\}$. En pratique on normalise le problème en choisissant comme unité une grandeur légèrement supérieure au demi diamètre de la section d'un individu. Donc nous ferons l'hypothèse que

$$x \notin \Omega \Longrightarrow f(x) = 0.$$

L'axe de rotation du scanner passe par O, le centre du disque. Deux vecteurs canoniques e_1 et e_2 sont choisis pour former un repère orthonormé direct

[1] Voir sujet VI de cet ouvrage pour les principes physiques mis en jeu.

$(O;e_1;e_2)$, (voir la figure V.1). Supposons qu'un faisceau de rayons X traverse cette matière d'un point x_S, la source, à un point x_D, le détecteur, x_S et x_D étant sur le cercle unité. Soit I_S l'intensité du rayonnement émis par la source, I_D l'intensité mesurée sur le détecteur, en faisant l'hypothèse que le rayonnement est monochromatique[2] et que l'atténuation dans l'air est négligeable, on peut modéliser l'atténuation de l'intensité par la loi de Lambert-Beer :

$$I_D = I_S \exp\left(-\int_{x_S}^{x_D} f(x)\,\mathrm{d}x\right).$$

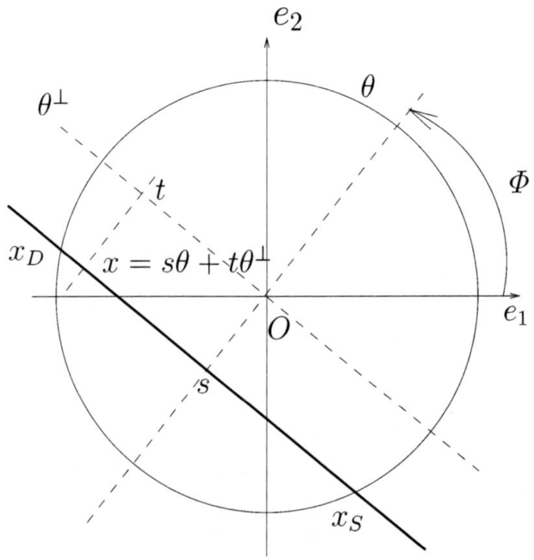

Fig. V.1. Transformée de Radon : notations, signification géométrique des variables et paramètres.

Plus précisément (voir la figure V.1), notons $\theta^\perp = (-\sin\phi, \cos\phi)^t$, le vecteur directeur de la droite (x_S, x_D), $\theta = (\cos\phi, \sin\phi)^t$ et s l'abscisse de x_S (ou de x_D) sur l'axe (O,θ), c'est-à-dire $s = x_S.\theta$ où $y.z = \sum_{j=1}^n y_j z_j$ désigne le produit scalaire euclidien de deux vecteurs y et z de $\mathbb{R}^n$, $n \in \mathbb{N}$, (ici $n = 2$). La droite (x_S, x_D) est l'ensemble des points $\{s\theta + t\theta^\perp,\ t \in \mathbb{R}\}$. En remarquant que si $|t| \geq \sqrt{1-s^2}$, alors $f(s\theta + t\theta^\perp) = 0$, nous avons :

[2] La fonction f dépend aussi de la longueur d'onde du rayonnement incident, ce que nous négligeons en faisant cette hypothèse car les sources de rayons X utilisées en pratique ne sont pas strictement monochromatiques en général. Cette hypothèse est d'autant mieux vérifiée que la largeur de bande des X utilisée est petite.

$$\begin{aligned} I_D &= I_S \exp(-\int_{x_S}^{x_D} f(x)\,\mathrm{d}x) \\ &= I_S \exp(-\int_{-\sqrt{1-s^2}}^{\sqrt{1-s^2}} f(s\theta + t\theta^\perp)\,\mathrm{d}t). \end{aligned}$$

Comme la fonction f est nulle en dehors du disque unité Ω, nous avons :

$$I_D = I_S \exp(-\int_{-\infty}^{\infty} f(s\theta + t\theta^\perp)\,\mathrm{d}t).$$

Connaissant I_S et mesurant I_D, nous pouvons former le rapport $-\ln(I_D/I_S)$, qui dépend linéairement de f.

Ainsi, en considérant l'atténuation suivant toutes les droites du plan, c'est-à-dire suivant tous les ensembles $L_{\phi,s} = \{x \in \mathbb{R}^2,\ x.\theta = s\}$ pour tout $s \in \mathbb{R}$ et tout ϕ dans $[0, 2\pi[$, (θ est une fonction de ϕ), nous pouvons définir la transformée de Radon de f :

$$\mathcal{R}f(\phi, s) := \int_{-\infty}^{\infty} f(s\theta + t\theta^\perp)\,\mathrm{d}t \left[= -\ln\Big(\frac{I_D}{I_S}\Big)\right].$$

Pour la même raison de nullité de f en dehors du disque unité Ω, nous avons :

$$\begin{aligned} \mathcal{R}f(\phi, s) &= \int_{-\sqrt{1-s^2}}^{\sqrt{1-s^2}} f(s\theta + t\theta^\perp)\,\mathrm{d}t \quad \text{si } |s| \leq 1 \\ &= 0 \qquad\qquad\qquad\qquad\qquad\qquad \text{si } |s| > 1. \end{aligned}$$

Dans les scanners médicaux de la première génération, on utilisait un échantillonnage parallèle de l'ensemble des droites du plan (voir la figure V.2).

L'échantillonnage parallèle est réalisé par la translation régulière d'un système composé d'une source de rayons X et d'un monodétecteur (échantillonnage en s), suivant plusieurs positions angulaires ϕ équiréparties sur $[0, \pi[$ (échantillonnage en ϕ). Dans un scanner médical moderne, on utilise un échantillonnage régulier de l'ensemble des droites du plan suivant une géométrie en éventail (voir la figure V.3).

Pour réaliser cet échantillonnage, on dispose un ensemble de détecteurs suivant l'arc d'un cercle de rayon plus grand que l'unité et face à cet éventail de détecteurs on dispose la source. Puis, on fait tourner cet ensemble autour du patient. Ainsi, on réalise un échantillonnage de l'ensemble des droites du plan d'autant plus riche que le nombre de détecteurs suivant l'arc de cercle et que le nombre de positions angulaires autour du patient sont grands.

Le problème mathématique à résoudre est alors celui de l'inversion de $\mathcal{R}$: en effet, connaissant $\mathcal{R}f$, on souhaite estimer f. Pour cela nous disposons d'un premier théorème qui établit le lien entre la transformée de Fourier de la transformée de Radon $\mathcal{R}f$ et la transformée de Fourier de la fonction f : il s'agit du théorème de « coupe-projection ». Pour le formuler, nous utilisons la

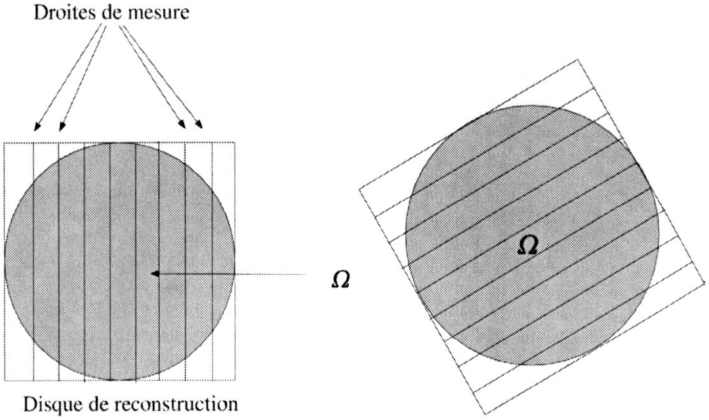

Fig. V.2. Première géométrie d'acquisition parallèle dans un scanner médical : nous représentons, à gauche et à droite, les droites d'intégration pour deux positions angulaires du système de mesure.

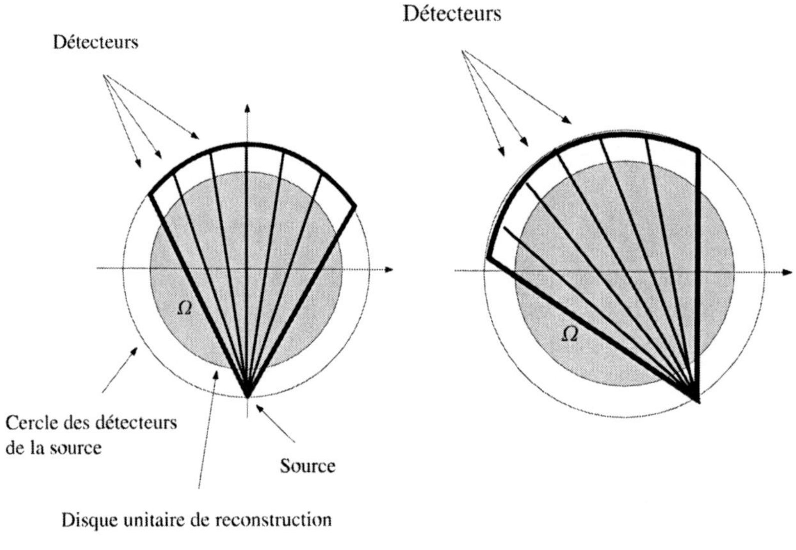

Fig. V.3. Les scanners modernes intègrent une géométrie en éventail.

définition suivante de la transformée de Fourier d'une fonction $h(x)$ intégrable sur $\mathbb{R}^n$ ($x \in \mathbb{R}^n$) :

$$\widehat{h}(\xi) = (2\pi)^{-n/2} \int_{\mathbb{R}^n} h(x) e^{-ix.\xi} \, \mathrm{d}x_1 \ldots \, \mathrm{d}x_n, \text{ pour tout } \xi \in \mathbb{R}^n \tag{V.1}$$

et la transformée de Fourier inverse (pour h suffisamment régulière) :

$$h(x) = (2\pi)^{-n/2} \int_{\mathbb{R}^n} \widehat{h}(\xi) e^{ix.\xi} \, \mathrm{d}\xi_1 \ldots \, \mathrm{d}\xi_n, \text{ pour tout } x \in \mathbb{R}^n.$$

Par ailleurs, la transformée de Fourier de la transformée de Radon est définie par rapport à la variable scalaire (la seconde variable) à ϕ fixé :

$$\widehat{\mathcal{R}f}(\phi, \sigma) = \frac{1}{\sqrt{2\pi}} \int_{-\infty}^{+\infty} \mathcal{R}f(\phi, s) e^{-is\sigma} \, \mathrm{d}s = \frac{1}{\sqrt{2\pi}} \int_{-1}^{1} \mathcal{R}f(\phi, s) e^{-is\sigma} \, \mathrm{d}s.$$

Théorème V.1 (Théorème de coupe-projection). *Soit f une fonction intégrable sur $\mathbb{R}^2$, alors :*

$$\widehat{\mathcal{R}f}(\phi, \sigma) = \sqrt{2\pi} \widehat{f}(\sigma\theta).$$

Preuve.

$$\begin{aligned}\widehat{\mathcal{R}f}(\phi, \sigma) &= \frac{1}{\sqrt{2\pi}} \int_{-1}^{1} \mathcal{R}f(\phi, s) e^{-is\sigma} \, \mathrm{d}s \\ &= \frac{1}{\sqrt{2\pi}} \int_{-1}^{1} \int_{-\sqrt{1-s^2}}^{\sqrt{1-s^2}} f(s\theta + t\theta^{\perp}) e^{-i\sigma s} \, \mathrm{d}t \, \mathrm{d}s.\end{aligned}$$

En introduisant le changement de variable $x = s\theta + t\theta^{\perp}$, c'est-à-dire en remplaçant le couple (s, t) par le couple (x_1, x_2), nous obtenons :

$$\begin{aligned}\widehat{\mathcal{R}f}(\phi, \sigma) &= \frac{1}{\sqrt{2\pi}} \int_{\Omega} f(x_1, x_2) e^{-i\sigma\theta.x} \, \mathrm{d}x_1 \, \mathrm{d}x_2 \\ &= \frac{1}{\sqrt{2\pi}} \int_{\mathbb{R}^2} f(x_1, x_2) e^{-i\sigma\theta.x} \, \mathrm{d}x_1 \, \mathrm{d}x_2.\end{aligned} \tag{V.2}$$

En effet, le changement de variable étant une rotation, son jacobien vaut 1 (valeur absolue du déterminant de la matrice jacobienne) et donc nous avons (formellement) $\mathrm{d}s \, \mathrm{d}t = \mathrm{d}x_1 \, \mathrm{d}x_2$. D'autre part $x = s\theta + t\theta^{\perp}$ d'où $x.\theta = s$. Nous obtenons le théorème par identification du second membre de (V.2) avec la définition de la transformée de Fourier (V.1).

Grâce au théorème de coupe-projection, nous disposons d'algorithmes qui nous permettent d'inverser la transformée de Radon : pour chaque direction de projection θ, c'est-à-dire pour chaque angle ϕ, nous calculons $\widehat{\mathcal{R}f}(\phi, \sigma)$. Nous obtenons ainsi la transformée de Fourier de f suivant un échantillonnage polaire. Une première famille d'algorithmes consiste à interpoler la transformée de Fourier de f sur une grille cartésienne à partir d'une grille polaire pour le calcul d'une transformée de Fourier discrète inverse rapide. En pratique, cette opération est délicate et coûteuse. Une alternative consiste à inverser la transformée de Fourier de f selon la démarche suivante :

$$f(x) = \frac{1}{\sqrt{2\pi}^2} \int_{\mathbb{R}^2} \widehat{f}(\xi) e^{ix.\xi} \, \mathrm{d}\xi.$$

On effectue le changement de variable polaire, $\xi = \sigma\theta = (\sigma \cos\phi, \sigma \sin\phi)^t$ pour obtenir

$$f(x) = \frac{1}{2\pi} \int_0^{2\pi} \int_0^{+\infty} \widehat{f}(\sigma\theta) e^{i\sigma x.\theta}\, \sigma \, \mathrm{d}\sigma \, \mathrm{d}\phi,$$

soit, en utilisant le théorème de coupe-projection :

$$f(x) = \frac{1}{\sqrt{2\pi}^3} \int_0^{2\pi} \int_0^{+\infty} \widehat{\mathcal{R}f}(\phi, \sigma) e^{i\sigma x.\theta}\, \sigma \, \mathrm{d}\sigma \, \mathrm{d}\phi. \tag{V.3}$$

En remarquant que θ est une fonction de ϕ et que $\theta(\phi+\pi) = -\theta(\phi)$, on vérifiera la relation de symétrie de la transformée de Radon $\mathcal{R}f(\phi+\pi, s) = \mathcal{R}f(\phi, -s)$. Cette relation entraîne que $\widehat{\mathcal{R}f}(\phi+\pi, \sigma) = \widehat{\mathcal{R}f}(\phi, -\sigma)$. Le lecteur pourra alors vérifier sans peine que

$$\int_\pi^{2\pi} \int_0^{+\infty} \widehat{\mathcal{R}f}(\phi, \sigma) e^{i\sigma x.\theta}\, \sigma \, \mathrm{d}\sigma \, \mathrm{d}\phi = \int_0^{\pi} \int_{-\infty}^{0} \widehat{\mathcal{R}f}(\phi, \sigma) e^{i\sigma x.\theta}\, (-\sigma) \, \mathrm{d}\sigma \, \mathrm{d}\phi.$$

L'équation (V.3) se transforme donc en :

$$f(x) = \frac{1}{\sqrt{2\pi}^3} \int_0^{\pi} \int_{-\infty}^{+\infty} \widehat{\mathcal{R}f}(\phi, \sigma) e^{i\sigma x.\theta}\, |\sigma| \, \mathrm{d}\sigma \, \mathrm{d}\phi. \tag{V.4}$$

La discrétisation de cette dernière équation (V.4) est à la base des méthodes numériques généralement employées dans les scanners médicaux, connues sous le nom de « rétroprojection filtrée ».

§2. Tomographie vectorielle

La tomographie vectorielle consiste à reconstruire un champ de vecteurs, par exemple un champ de vitesses, à partir des mesures de l'intégrale sur des droites du produit scalaire de ce champ de vecteurs avec une direction de test ω. Ce problème apparaît par exemple en océanographie, lorsqu'on cherche à mesurer la vitesse des courants marins avec des ultrasons. Nous allons considérer ce problème en dimension 2.

Supposons que des émetteurs et des récepteurs d'ultrasons soient placés le long d'un cercle unitaire entourant un domaine (le disque unité) que nous souhaitons étudier. Notons $c(x)$ la célérité du milieu en x (vitesse de propagation de l'onde ultra-sonore) et $v(x)$ la vitesse du fluide dans le plan contenant le cercle unité sur lequel nous déplaçons des sources et des détecteurs d'ultrason. Supposons qu'une source d'ultrasons soit située en x_S et qu'un détecteur soit en x_D comme dans la figure V.1, et supposons que l'onde ultra-sonore se propage en ligne droite entre x_S et x_D (voir la figure V.4), alors la vitesse de propagation dans la direction $\theta^\perp$ en un point $x(t) = s\theta + t\theta^\perp$ de cette droite est donnée par :

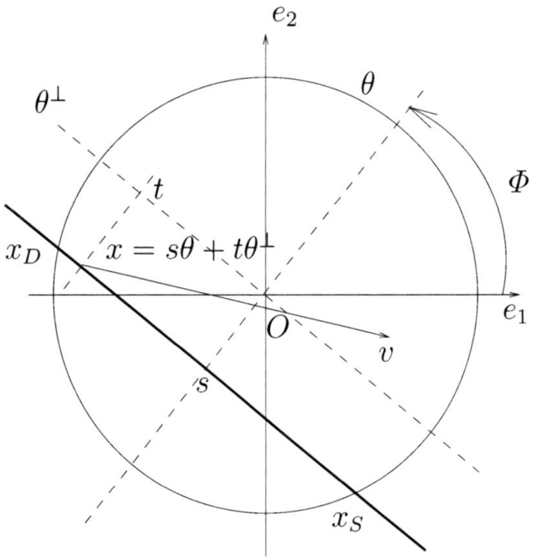

Fig. V.4. Transformée de Radon vectorielle longitudinale : notations et signification géométrique des variables et paramètres.

$$(c(x(t)) + v(x(t)).\theta^\perp)\theta^\perp$$

et donc le temps de propagation $T(x_S, x_D)$ de x_S à x_D est donné par

$$T(x_S, x_D) = \int_{x_S}^{x_D} \frac{\mathrm{d}t}{c(x(t)) + v(x(t)).\theta^\perp}.$$

Lorsqu'on inverse les rôles (le récepteur est placé en x_S et la source en x_D), la vitesse de propagation est donnée par $(c(x(t)) - v(x(t)).\theta^\perp)(-\theta^\perp)$. Donc

$$T(x_D, x_S) = \int_{x_D}^{x_S} \frac{-\,\mathrm{d}t}{c(x(t)) - v(x(t)).\theta^\perp} = \int_{x_S}^{x_D} \frac{dt}{c(x(t)) - v(x(t)).\theta^\perp}.$$

Si nous faisons l'hypothèse que la célérité est très supérieure à la vitesse du fluide (pour tout $x \in \Omega$, $|c(x)| \gg |v(x)|$), alors nous avons :

$$\frac{1}{c(x)\left(1 + \dfrac{v(x)}{c(x)}.\theta^\perp\right)} \approx \frac{1}{c(x)}\left(1 - \frac{v(x)}{c(x)}.\theta^\perp\right)$$

et donc

$$T(x_S, x_D) \approx \int_{x_S}^{x_D} \frac{dt}{c(x(t))} - \int_{x_S}^{x_D} \frac{v(x(t)).\theta^\perp}{c^2(x(t))}\,\mathrm{d}t$$
$$T(x_D, x_S) \approx \int_{x_S}^{x_D} \frac{dt}{c(x(t))} + \int_{x_S}^{x_D} \frac{v(x(t)).\theta^\perp}{c^2(x(t))}\,\mathrm{d}t.$$

Nous en déduisons

$$T(x_S, x_D) + T(x_D, x_S) \approx 2\int_{x_S}^{x_D} \frac{dt}{c(x(t))} \tag{V.5}$$

$$T(x_S, x_D) - T(x_D, x_S) \approx 2\int_{x_S}^{x_D} \frac{v(x(t)).\theta^\perp}{c^2(x(t))}\, dt. \tag{V.6}$$

Introduisons maintenant la notation $v^c(x) := v(x)/c^2(x)$ et considérons la définition suivante :

Définition V.1. *On appelle transformée de Radon vectorielle dans la direction ω l'opérateur $\mathcal{R}^\omega$ défini par :*

$$\mathcal{R}^\omega(u)(\phi, s) := \int_{-\sqrt{1-s^2}}^{\sqrt{1-s^2}} u(s\theta + t\theta^\perp).\omega \ dt,$$

pour tout vecteur ω (dépendant éventuellement de ϕ ou de s) et tout champ de vecteurs u.

La transformée de Radon vectorielle de direction $\theta^\perp$ qui apparaît dans (V.6) est appelée transformée vectorielle longitudinale. Nous pouvons réécrire maintenant les équations (V.5) et (V.6) sous la forme

$$T(x_S, x_D) + T(x_D, x_S) \approx 2\int_{x_S}^{x_D} \frac{dt}{c(s\theta + t\theta^\perp)} = \mathcal{R}(1/c)(\phi, s) \tag{V.7}$$

$$T(x_S, x_D) - T(x_D, x_S) \approx 2\int_{x_S}^{x_D} v^c(s\theta + t\theta^\perp).\theta^\perp \ \mathrm{dt} = \mathcal{R}^{\theta^\perp} v^c(\phi, s) dt. \tag{V.8}$$

Clairement, d'après la première partie, l'équation (V.7) permet d'estimer $1/c(x)$ donc $c(x)$. L'équation (V.8) permet-elle d'estimer v^c (et donc v connaissant c) ?

Pour répondre à cette question nous allons d'abord établir un théorème de coupe-projection pour la transformation de Radon vectorielle longitudinale (V.8). Pour cela, nous définissons la transformée de Radon vectorielle $\mathcal{R}(u)$ d'un champ de vecteurs $u(x)$ par la transformée de Radon de chacune de ses composantes :

$$\mathcal{R}(u)(\phi, s) := (\mathcal{R}(u_1)(\phi, s),\ \mathcal{R}(u_2)(\phi, s))^t.$$

Ainsi, nous remarquons que :

$$\mathcal{R}^{\theta^\perp} v^c(\phi, s) = \mathcal{R}(v^c)(\phi, s).\theta^\perp.$$

De même, nous définissons la transformée de Fourier d'un champ de vecteurs $u(x)$ à partir de la transformée de Fourier de chacune de ses composantes :

$$\widehat{u}(\xi) := (\widehat{u_1}(\xi), \widehat{u_2}(\xi))^t.$$

En définissant la transformée de Fourier de $\mathcal{R}^{\theta^\perp} v^c$ par rapport à la seconde variable (variable scalaire s, c'est-à-dire à ϕ fixé) et en appliquant le théorème de coupe-projection pour une fonction à valeur dans $\mathbb{R}$ nous pouvons donc écrire :

$$\begin{aligned}\widehat{\mathcal{R}^{\theta^\perp} v^c}(\phi,\sigma) &= \widehat{\mathcal{R}v^c}(\phi,\sigma).\,\theta^\perp \\ &= \left(\widehat{\mathcal{R}v_1^c}(\phi,\sigma), \widehat{\mathcal{R}v_2^c}(\phi,\sigma)\right)^t.\,\theta^\perp \\ &= \sqrt{2\pi}\left(\widehat{v_1^c}(\sigma\theta), \widehat{v_2^c}(\sigma\theta)\right)^t.\,\theta^\perp \\ &= \sqrt{2\pi}\left(\widehat{v^c}(\sigma\theta)\right).\,\theta^\perp.\end{aligned}$$

Nous admettrons le théorème d'Helmholtz de décomposition des champs de vecteurs suffisamment réguliers. Ce théorème stipule que le champ v^c dérive d'un potentiel scalaire $q(x)$ et d'un potentiel vecteur $w(x)e_3$ (où $e_3 = (0,0,1)^t$) sous la forme :

$$v^c(x) = \nabla q(x) + \nabla \times w(x)e_3 = \begin{pmatrix} \dfrac{\partial q}{\partial x_1}(x) \\ \\ \dfrac{\partial q}{\partial x_2}(x) \end{pmatrix} + \begin{pmatrix} \dfrac{\partial w}{\partial x_2}(x) \\ \\ -\dfrac{\partial w}{\partial x_1}(x) \end{pmatrix}. \tag{V.9}$$

Nous déduisons de (V.9) :

$$\widehat{v^c}(\xi) = i\left(\widehat{q}(\xi)\begin{pmatrix}\xi_1\\ \xi_2\end{pmatrix} + \widehat{w}(\xi)\begin{pmatrix}\xi_2\\ -\xi_1\end{pmatrix}\right),$$

donc avec $\xi = \sigma\theta$:

$$\widehat{v^c}(\sigma\theta) = i(\widehat{q}(\sigma\theta)\sigma\theta - \widehat{w}(\sigma\theta)\sigma\theta^\perp). \tag{V.10}$$

À partir ce cette dernière équation et de (V.9), nous pouvons énoncer le théorème de coupe-projection pour la transformée de Radon vectorielle longitudinale :

Théorème V.2 (Théorème de coupe-projection en tomographie vectorielle).

$$\widehat{\mathcal{R}^{\theta^\perp} v^c}(\phi,\sigma) = \sqrt{2\pi}\,\widehat{v^c}(\sigma\theta).\theta^\perp = -i\sqrt{2\pi}\,\sigma\,\widehat{w}(\sigma\theta).$$

Comme en tomographie médicale, le théorème de coupe-projection de la tomographie vectorielle permet de fournir une formule d'inversion et donc une méthode de reconstruction d'un champ de vecteurs à partir de $\mathcal{R}^{\theta^\perp} v^c(\phi, s)$.

À partir ce cette dernière équation et de (V.10), nous pouvons énoncer le théorème de coupe-projection pour la transformée de Radon vectorielle longitudinale :

Théorème V.3 (Théorème de coupe-projection en tomographie vectorielle).

$$\widehat{\mathcal{R}^{\theta^\perp} v^c}(\phi, \sigma) = \sqrt{2\pi}\widehat{v^c}(\sigma\theta).\theta^\perp = -i\sqrt{2\pi}\,\sigma\,\widehat{w}(\sigma\theta).$$

Afin de définir plus précisément la méthode de reconstruction, le lecteur remarquera que la transformée de Radon vectorielle longitudinale possède une propriété de symétrie : pour tout champ de vecteurs u,

$$\mathcal{R}^{\theta^\perp} u(\phi + \pi, s) = -\mathcal{R}^{\theta^\perp} u(\phi, -s).$$

Pour l'établir, on remarquera que θ et $\theta^\perp$ sont des fonctions de ϕ : en particulier, $\theta(\phi + \pi) = \theta(\phi)$ et $\theta^\perp(\phi + \pi) = -\theta^\perp(\phi)$. On en déduit facilement que :

$$\widehat{\mathcal{R}^{\theta^\perp} u}(\phi + \pi, \sigma) = -\widehat{\mathcal{R}^{\theta^\perp} u}(\phi, -\sigma).$$

Notre objectif est d'obtenir une reconstruction de $\nabla \times w(x)e_3$:

$$\begin{aligned}\nabla \times w(x)e_3 &= \frac{1}{2\pi}\int_{\mathbb{R}^2} \widehat{\nabla \times w(x)}e_3(\xi)e^{ix.\xi}\, \mathrm{d}\xi \\ &= \frac{1}{2\pi}\int_{\mathbb{R}^2} i\widehat{w}(\xi)\begin{pmatrix}\xi_2\\ -\xi_1\end{pmatrix} e^{ix.\xi}\, \mathrm{d}\xi.\end{aligned}$$

Après un changement de variable en polaire, nous obtenons

$$\nabla \times w(x)e_3 = \frac{1}{2\pi}\int_0^{2\pi}\int_0^{+\infty} -i\widehat{w}(\sigma\theta)\sigma\theta^\perp e^{i\sigma x.\theta}\sigma\, \mathrm{d}\sigma\, \mathrm{d}\phi.$$

Le théorème de coupe-projection de tomographie vectorielle longitudinale nous permet d'écrire :

$$\nabla \times w(x)e_3 = \frac{1}{\sqrt{2\pi}^3}\int_0^{2\pi}\int_0^{+\infty} \widehat{\mathcal{R}^{\theta^\perp} v^c}(\phi, \sigma)e^{i\sigma x.\theta}\sigma\theta^\perp\, \mathrm{d}\sigma\, \mathrm{d}\phi. \tag{V.11}$$

Par ailleurs, avec le changement de variable $\psi = \phi + \pi$ et $u = -\sigma$, nous avons

$$\begin{aligned}&\int_\pi^{2\pi}\int_0^{+\infty} \widehat{\mathcal{R}^{\theta^\perp} v^c}(\phi, \sigma)e^{i\sigma x.\theta}\sigma\theta^\perp\, \mathrm{d}\sigma\, \mathrm{d}\phi \\ &\qquad = \int_0^{\pi}\int_{-\infty}^{0} \widehat{\mathcal{R}^{\theta^\perp} v^c}(\psi, u)e^{iux.\theta}|u|\theta^\perp\, \mathrm{d}u\, \mathrm{d}\psi. \end{aligned}\tag{V.12}$$

En utilisant (V.12) dans (V.11) nous obtenons la formule de rétroprojection filtrée pour la transformée de Radon vectorielle longitudinale

$$\nabla \times w(x)e_3 = \frac{1}{\sqrt{2\pi}^3}\int_0^{\pi}\int_{-\infty}^{+\infty} \widehat{\mathcal{R}^{\theta^\perp} v^c}(\phi, \sigma)e^{i\sigma x.\theta}|\sigma|\theta^\perp\, \mathrm{d}\sigma\, \mathrm{d}\phi. \tag{V.13}$$

Comme en tomographie médicale, le théorème de coupe-projection de la tomographie vectorielle permet de fournir une formule d'inversion et donc une méthode de reconstruction d'un champ de vecteurs à partir de $\mathcal{R}^{\theta^\perp} v^c(\phi, s)$. Mais en tomographie vectorielle, seule la composante $\nabla \times w(x)e_3$ peut être reconstruite. En pratique, cette information peut être très intéressante. En effet, dans certaines applications, on sait que $q(x) = 0$. Pour les autres, des types de mesures différents sont nécessaires pour estimer $q(x)$ et donc v^c.

§3. Une application numérique

Les méthodes de reconstruction issues du théorème de coupe-projection sont nécessairement discrétisées. Elles conduisent à des algorithmes que nous illustrons par une application numérique présentée dans l'ensemble des figures du tableau 2. L'algorithme est basé sur une discrétisation de (V.13). Cette modélisation numérique a été mise en place pour une application industrielle dans laquelle on cherche à reconstruire le champ des vecteurs vitesse $v(x)$ d'un fluide dans la section d'un tuyau, dans un écoulement établi en régime permanent et qu'on suppose indépendant de x_3 (direction de l'axe du tuyau, perpendiculaire au plan de coupe considéré). La célérité du milieu homogène est supposée constante et q est supposé nul pour des raisons physiques.

Ces résultats permettent aussi d'estimer la possibilité d'utiliser la technique de tomographie vectorielle longitudinale pour la mesure de courants marins.

§4. Annexe : formule de changement de variables dans $\mathbb{R}^n$

Théorème V.4. *Soit T un C^1 difféomorphisme d'un ouvert A de $\mathbb{R}^n$ dans un ouvert D de $\mathbb{R}^n$. Soit J_T sa matrice jacobienne :*

$$J_T(x) = \left(\frac{\partial T_i}{\partial x_j}(x) \right).$$

On a :

$$\int_A f(Tx)\ dx = \int_D f(x) \frac{1}{|det\ J_T(T^{-1}(x))|}\ dx.$$

On se souviendra que lorsque T est une application linéaire, on a $dT(x) = T$. En conséquence, si T est une rotation, en particulier $\det T = 1$, on obtient

$$\int_A f(Tx)\ \mathrm{d}x = \int_{T(A)} f(x)\ \mathrm{d}x.$$

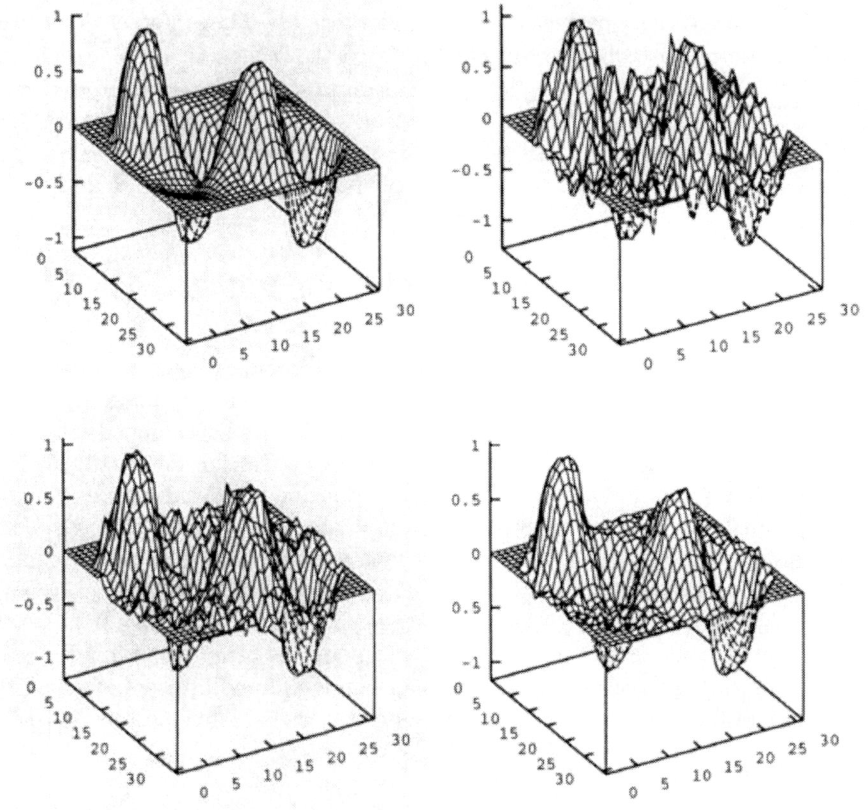

Tableau 2. Une application numérique d'un algorithme issu du théorème de coupe-projection pour la transformée de Radon vectorielle d'un champ de vecteurs. En haut à gauche est représentée la composante suivant e_1 d'un champ $r \times w(x)e3$. En haut à droite, nous présentons une reconstruction de la première composante de $r \times w(x)e_3$ à partir de 14 projections (c'est-à-dire 14 positions angulaires Φ) équiréparties sur $[0; 2\pi[$ et 8 translations (c'est-à-dire, 8 positions en s) équiréparties sur $]-1; 1[$, soit un échantillonnage de 14×8 droites du plan. En bas à gauche, nous présentons une reconstruction à partir de 19 projections de 12 translations. En bas à droite, nous présentons une reconstruction à partir de 35 projections de 22 translations.

Présentation et questions

§1. Remarques générales

La géométrie, notamment à travers ses relations avec l'informatique (CAO, modélisation géométrique), a donné à l'épreuve quelques uns de ses sujets les plus originaux. Dans ce texte, l'analyse de Fourier se marie harmonieusement avec le traitement d'images dans une théorie aux multiples applications. On traite ici le cas de la tomographie par rayons X, dite tomographie par absorption et celui de la tomographie par ultrasons. Le substrat mathématique des autres types de tomographie (tomographie par émission, par réflexion, *etc.*) est le même que celui exposé ici.

§2. Pistes de questions

1) Quels sont les espaces de départ et d'arrivée des fonctions f de la première partie et de la fonction v de la deuxième partie ?
2) Expliquer le changement de variable dans la démonstration du théorème coupe-projection.
3) Dans la tomographie vectorielle, connaît-on la célérité ?
4) Expliquer géométriquement les relations de symétrie de la transformée de Radon classique $\mathcal{R}f(\phi+\pi, s) = \mathcal{R}f(\phi, -s)$ et de la transformée de Radon vectorielle longitudinale $\mathcal{R}^{\theta^\perp}u(\phi+\pi, s) = -\mathcal{R}^{\theta^\perp}u(\phi, -s)$.
5) Calculer la transformée de Radon d'une bande très fine symétrique autour de l'axe des abscisses.
6) Compte-tenu de la question précédente, comment utiliser la transformation de Radon pour détecter des lignes droites dans une image ?
7) Commenter la figure 2.
8) Supposons connu $\widehat{\mathcal{R}f}$, à partir de (V.4), donner un algorithme de reconstruction de f.
9) Détailler le passage de (V.11) à (V.13).
10) Que serait la transformation de Radon d'une fonction de $\mathbb{R}^3$ à valeurs dans $\mathbb{R}$?

Commentaires

§1. Réponses aux questions

1) *Quels sont les espaces de départ et d'arrivée des fonctions f de la première partie et de la fonction v de la deuxième partie ?*

   f part de $\mathbb{R}^2$ et prend des valeurs réelles, v est définie sur $\mathbb{R}^2$ et prend des valeurs dans $\mathbb{R}^2$.

2) *Expliquer le changement de variable dans la démonstration du théorème coupe-projection.*

   Voir commentaire.

3) *Dans la tomographie vectorielle, connaît-on la célérité ?*

   On suppose seulement qu'elle est grande devant la vitesse du fluide. Ce qui est vrai puisque la célérité d'une onde ultra-sonore est, usuellement, de l'ordre de mille mètres par seconde (mille cinq cents m.s$^-1$ pour une onde de fréquence 4 MHz dans les os du corps humain, par exemple) tandis que la vitesse d'un fluide est au maximum de quelques mètres par seconde (2,6 m.s^{-1} pour le sang dans une artère de rayon 2mm).

   On évite le problème parce que l'on ne cherche pas v proprement dit mais v/c. Notons au passage, que c est un scalaire parce que l'on a supposé que l'onde ultra-sonore se déplaçait en ligne droite. On a donc identifié un vecteur vitesse et sa norme puisque la direction est constante.

4) *Expliquer géométriquement les relations de symétrie de la transformée de Radon classique $\mathcal{R}f(\phi+\pi,s) = \mathcal{R}f(\phi,-s)$ et de la transformée de Radon vectorielle longitudinale $\mathcal{R}^{\theta^\perp}u(\phi+\pi,s) = -\mathcal{R}^{\theta^\perp}u(\phi,-s)$.*

   La droite $\{x, x.\theta(\phi) = s\}$ est la même que la droite $\{x, x.\theta(\phi+\pi) = s\}$ car $\theta(\phi+\pi) = -\theta(\phi)$, d'où la symétrie de la transformée de Radon classique. Pour la transformée de Radon vectorielle longitudinale, $\mathcal{R}^{\theta^\perp}u(\phi,s) = \mathcal{R}u(\phi,s).\theta^\perp$. Or $\mathcal{R}u$ possède la même symétrie que $\mathcal{R}f$ alors $\theta^\perp(\phi+\pi) = -\theta^\perp(\phi)$ (le sens de parcours de l'onde sonore induit un signe sur l'effet Doppler).

5) *Calculer la transformée de Radon d'une bande très fine symétrique autour de l'axe des abscisses.*

   Voir commentaire.

6) *Compte-tenu de la question précédente, comment utiliser la transformation de Radon pour détecter des lignes droites dans une image ?*

   Dans le présent texte, on applique la transformation de Radon à une fonction f qui vaut 0 ou 1. On peut sans changement, appliquer la même théorie à n'importe quelle fonction, en particulier à une fonction f qui au point (x, y) associe la « valeur » (0 ou 1 en noir et blanc, de 0 à 255 en niveaux de gris, de 0 à 65535 si on a une image en 65536 couleurs, par exemple) du pixel associé. Une « droite » dans ce cadre est un ensemble de pixels alignés, ayant tous la même valeur, cette valeur étant significativement différente des valeurs des pixels qui les entourent. Compte-tenu de la question précédente, la transformée de Radon de f présentera un maximum d'intensité locale au point (ϕ, s) avec ϕ l'angle entre la droite en question et l'axe des abscisses, s son ordonnée à l'origine.

7) *Commenter la figure 2.*

Avec l'échantillonnage selon 112 droites, l'allure générale est grossièrement respectée. Avec 19×12 projections, l'allure générale (les 2 bosses et les 2 creux) est précise mais « la plaine » est encore perturbée. Pour avoir un résultat satisfaisant, il faut les $35 \times 22 = 770$ échantillons.

Il importe de comprendre que les seules « erreurs » proviennent des calculs numériques des intégrales de (V.13) et non de la méthode elle-même. Le calcul exact de l'erreur d'approximation dépend donc de la méthode de quadrature choisie, voir ci-dessous.

8) *Supposons connu $\widehat{\mathcal{R}f}$, à partir de (V.4), donner un algorithme de reconstruction de f.*

Voir commentaire.

9) *Détailler le passage de (V.11) à (V.13).*

Voir texte.

10) *Que serait la transformation de Radon d'une fonction de $\mathbb{R}^3$ à valeurs dans $\mathbb{R}$?*

Voir fin de la partie « Au-delà du texte ».

§2. Suggestion de plan

I – Principes physiques des mesures.

Dans le premier cas on mesure l'atténuation du signal, dans le deuxième des temps de transmission.

II – Formalisation mathématique.

L'objet à identifier est représenté par une fonction de $\mathbb{R}^2$ dans $\{0,1\}$ dans le premier cas, de $\mathbb{R}^2$ dans $\mathbb{R}$ dans le deuxième cas. L'observation détermine non pas cette fonction directement mais une transformée de cette fonction, appelée transformée de Radon.

III – Résolution théorique de l'équation.

Dans les deux cas, le résultat principal est le théorème de coupe-projection. On calcule le lien entre la transformée de Fourier de la transformée de Radon et la transformée de Fourier de la fonction inconnue.

IV – Méthodes numériques.

Compte-tenu du caractère involutif de la transformée de Fourier, on peut exprimer la fonction inconnue comme une intégrale des mesures. On pourra alors utilement développer les problèmes à résoudre pour l'approximation numérique de cet objet : les fonctions à intégrer sont a priori régulières mais l'intégrale est prise sur un domaine non borné de dimension 2. Les méthodes numériques pouvant être utilisées n'étant pas précisées dans le texte, on fera le lien avec les connaissances du cours sur les méthodes des rectangles et des trapèzes.

§3. À propos du texte

Le texte est clairement décomposé en deux parties. Dans un premier temps, on s'intéresse à l'atténuation d'intensité des rayons X, lors de la traversée du corps étudié. En déplaçant la source des rayons émis tout autour de l'obstacle, on obtient une famille de nombres grâce auxquels on peut déduire une description bidimensionnelle de l'objet.

Dans un deuxième temps, on utilise l'interaction du milieu liquide et des ultrasons. En mesurant les temps de propagation dans un sens et dans l'autre, on obtient une série de mesures qui permet de déterminer, au moins partiellement, l'allure du champ de vitesse dans la zone étudiée.

Dans les deux cas, ce sont les lois physiques qui déterminent la façon dont sont transformés les signaux d'origine. Dans le premier cas, on fait un modèle de l'atténuation de l'intensité des rayons. Dans le deuxième cas, on exprime de manière simple le temps de propagation en fonction de la quantité à déterminer. Il est remarquable que dans ces deux cas, *a priori* très différents, les mesures s'expriment formellement de manière identique en fonction des mesures. On notera toutefois que dans le cas vectoriel, on n'a accès qu'à l'une des composantes du champ de vecteur inconnu.

La transformation de Radon, qui est mise en œuvre ici, possède deux propriétés essentielles. Elle est linéaire et la transformée de Fourier, par rapport à l'une des variables, de la transformée de Radon de f se calcule aisément en fonction de la transformée de Fourier de la fonction f. Compte-tenu du caractère involutif de la transformée de Fourier, cela permet de reconstruire simplement, du moins mathématiquement, la fonction f à partir de sa transformée de Radon.

On remarquera que dans la première partie, le changement de variable $x = s\theta + t\theta^{\perp}$ revient à se placer dans le repère où l'axe des abscisses est l'axe θ et l'axe des ordonnées, la droite de direction $\theta^{\perp}$ passant par l'origine. En d'autres termes, c'est une rotation d'angle ϕ. Il est donc plus clair de réécrire la formule (V.2) en introduisant l'opérateur R_ϕ qui correspond à la rotation d'angle ϕ. On a alors $x = R_\phi \begin{pmatrix} t \\ s \end{pmatrix}$. Dans ces conditions, il est clair que s est la deuxième composante de $R_{-\phi}(x)$. Cette composante s'obtient en prenant le produit scalaire de $R_{-\phi}(x)$ avec le vecteur $R_{-\phi}e_2$, qui n'est autre que θ donc $s = x.\theta$. Par ailleurs, le déterminant d'une rotation est toujours égal à 1 et la différentielle d'une application linéaire est elle-même, donc det $J_{R_\phi} = 1$.

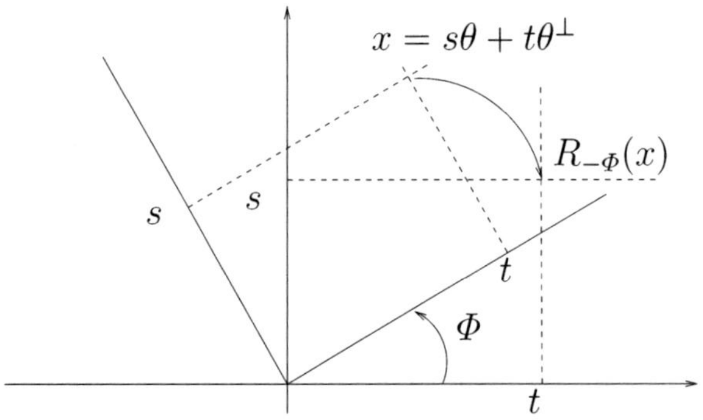

Fig. V.5. Interprétation géométrique du changement de variables $x = s\theta + t\theta^\perp$.

L'équation (V.2) se réécrit alors de façon plus compacte et plus explicite de la manière suivante :

$$\widehat{\mathcal{R}f}(\phi,\sigma) = \frac{1}{\sqrt{2\pi}} \int_\Omega f(R_\phi \begin{pmatrix} t \\ s \end{pmatrix})\ \mathrm{d}t\ \mathrm{d}s$$
$$= \frac{1}{\sqrt{2\pi}} \int_\Omega f(x) e^{-i\sigma\theta.x}\ \mathrm{d}x.$$

§4. Au-delà du texte

Pour reconstituer f à partir des théorèmes de coupe-projection, il faut calculer une intégrale double. L'intégrale en ϕ est prise sur un intervalle borné, l'autre en σ est prise sur $\mathbb{R}$ tout entier. Si l'on connaît la valeur de l'intégrale en σ pour autant de valeurs de ϕ que l'on veut, l'intégrale en ϕ peut se calculer en utilisant la méthode des trapèzes.

L'intégrale en σ est une intégrale sur $\mathbb{R}$, qui est un domaine non borné. Pour s'affranchir de cette difficulté, on essaie de se ramener à un intervalle compact. Pour contrôler l'erreur de troncature, il faut connaître le taux de décroissance à l'infini de $\widehat{\mathcal{R}f}(\phi,\sigma)$. Cette décroissance à l'infini est déterminée par la régularité de f, par exemple si f est k fois continûment différentiable à support compact, alors $\widehat{f}$ décroît comme $|\xi|^{-k}$ à l'infini, voir [4] et [6]). Si cette régularité n'est pas connue, on peut utiliser la méthode de quadrature de Gauss (voir [1] et [2]). On peut aussi utiliser pour l'intégrale double des méthodes de type Monte-Carlo : on tire des points au hasard dans $[0, \pi] \times \mathbb{R}$ et on effectue la moyenne de $\widehat{\mathcal{R}f}(\phi, \sigma) e^{i\sigma x.\theta} \, |\sigma|$ en ces points, voir [5].

On peut énumérer d'autres propriétés intéressantes de la transformée de Radon.

Théorème V.5. *Soit* $\tau_a f(x) = f(x - a)$, *alors :*

$$\mathcal{R}(\tau_a f)(\phi, s) = \mathcal{R}f(\phi, s - a.\theta)$$

Preuve. En effet,

$$\begin{aligned}\mathcal{R}(\tau_a f)(\phi, s) &= \int f(s\theta + t\theta^\perp - a) \, dt \\ &= \int f((s - a.\theta)\theta + (t - a.\theta^\perp)\theta^\perp) \, \mathrm{d}t.\end{aligned}$$

Le changement de variables $v = t - a.\theta$ conduit à :

$$\mathcal{R}\tau_a f(\phi, s) = \int f((s - a.\theta)\theta + v\theta^\perp) \, \mathrm{d}v = \mathcal{R}f(\phi, s - a.\theta).$$

Translater l'objet ne modifie donc pas l'allure globale de la transformation de Radon dans le plan (ϕ, s). À angle de visée fixé ϕ, la transformée de Radon de l'objet bougé de a est juste décalée par rapport à celle de l'objet originel.

Théorème V.6. *Soit* $R_\psi f(x) = f(R_\psi x)$, *alors :*

$$\mathcal{R}(R_\psi f)(\phi, s) = \mathcal{R}f(\phi + \psi, s).$$

Preuve. En effet, on observe que :

$$\begin{aligned}\mathcal{R}(R_\psi f)(\phi, s) &= \int f(R_\psi R_\phi \begin{pmatrix} t \\ s \end{pmatrix}) \, \mathrm{d}s \\ &= \int f(R_{\psi+\phi} \begin{pmatrix} t \\ s \end{pmatrix}) \, \mathrm{d}s \\ &= \mathcal{R}f(\phi + \psi, s).\end{aligned}$$

D'autre part, si l'objet est une droite de vecteur directeur a, la fonction f correspondante est invariante par toute translation d'un multiple de a : $\tau_{\lambda a} f = f$ pour tout réel λ. Dans ce cas, on est tenté de dire que :

$$\mathcal{R}f(\phi, s) = \mathcal{R}f(\phi, s - \lambda a.\theta),$$

ce qui signifie qu'à ϕ fixé, $\mathcal{R}f(\phi, s)$ est une fonction constante de s. En toute rigueur, ce qui est écrit ci-dessus ne s'applique pas à une droite car la transformée de Radon d'une droite est la fonction nulle : pour (ϕ, s) fixé, ϕ angle autre que celui de a, vecteur directeur de la droite considérée, il n'y a qu'une

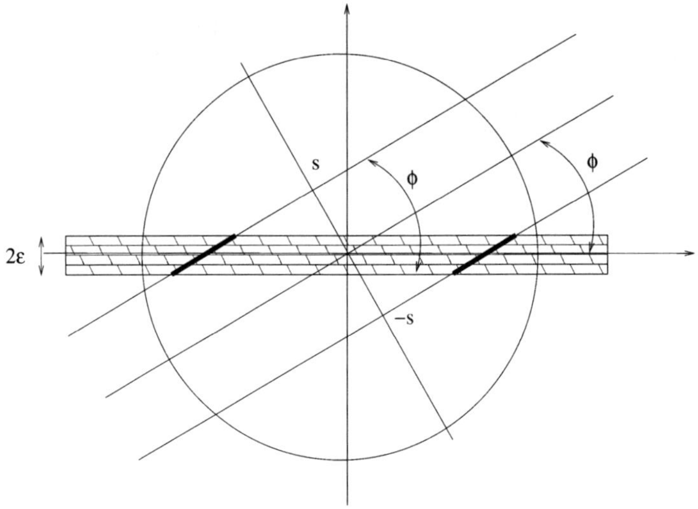

Fig. V.6. La bande B_ε.

seule valeur de t telle que $s\theta + t\theta^\perp$ soit dans la droite. Mais en traitements d'images, une droite n'est jamais infiniment fine puisqu'elle a l'épaisseur d'un pixel. On peut représenter cette situation en remplaçant une droite « théorique » infiniment fine par une « bande », B_ε, symétrique de part et d'autre de l'axe des abscisses, d'épaisseur 2ε.

En vertu du théorème V.5, on peut toujours supposer que la bande contient l'origine ; en vertu du théorème V.6, on peut toujours supposer qu'elle est dirigée le long de l'axe des abscisses. Pour une direction d'analyse ϕ donnée, on se convainc aisément sur la figure précédente que $\mathcal{R}f(\phi, s)$ est une fonction paire, décroissante pour les $s > 0$, donc son maximum est atteint en $s = 0$. Le calcul montre que :

$$\begin{aligned} \mathcal{R}f(\phi, 0) &= 2 \qquad \text{si } |\phi| \leq \arcsin \varepsilon, \\ &= \frac{2\varepsilon}{\sin \phi} \quad \text{si } |\phi| > \arcsin \varepsilon. \end{aligned}$$

Si l'on convient de représenter dans le plan (ϕ, s) la valeur de $\mathcal{R}f(\phi, s)$ par un pixel de niveau de gris d'autant plus clair que $\mathcal{R}f(\phi, s)$ est élevée, on conclut des calculs précédents que l'image d'une bande B_ε présentera un pic de luminosité centré autour de $(0, 0)$. À la limite, quand ε est de l'ordre de la taille d'un pixel, on aura un point blanc à l'origine.

Cette propriété peut aussi servir à identifier des droites dans des images complexes en cherchant les maxima locaux $\mathcal{R}f(\phi, s)$ dans le plan (ϕ, s).

Par conséquent, si f présente des invariances par rotation, c'est-à-dire s'il existe ψ_0 tel que $f(R_{\psi_0}x) = f(x)$, cela se traduit dans le plan (ϕ, s) de la transformée de Radon par une périodicité le long de l'axe des ϕ de période ψ_0.

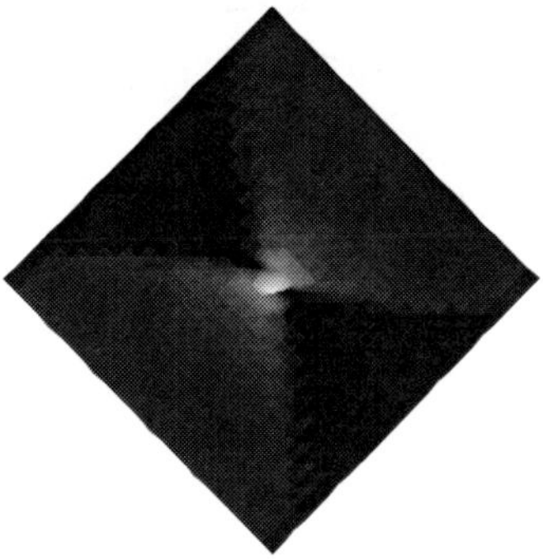

Fig. V.7. Transformée de la bande $B_{0.05}$.

Pourquoi le théorème de coupe-projection donne-t-il une relation aussi simple entre $\widehat{\mathcal{R}f}$ et $\widehat{f}$? Cette simplicité tire son origine d'une propriété de la transformation de Fourier *qui transforme un produit de convolution en un produit ordinaire.* Plus précisément, pour deux fonctions à valeurs réelles f et g, suffisamment régulières, on définit le produit de convolution de f par g comme :

$$(f * g)(x) = \int f(x-y)g(y)\,\mathrm{d}y.$$

On montre de la même manière que dans le document :

$$\widehat{f * g} \equiv \widehat{f}\,\widehat{g}.$$

À un changement affine de variables près, on se retrouve, ici, avec une expression du même genre puisque l'on a :

$$\mathcal{R}f(\phi, s) := \int_{-\infty}^{\infty} f(s\theta + t\theta^{\perp})\,dt.$$

Le facteur σ qui apparaît dans le théorème de coupe-projection est dû au facteur multiplicatif θ qui est devant s.

La transformation de Radon est connue en fait depuis 1917 dans le cadre de $\mathbb{R}^3$. Pour être précis, et suivant en cela ce qui est indiqué dans [3], tout plan de $\mathbb{R}^3$ s'écrit comme l'ensemble des points qui satisfont une relation du type $x.\omega = p$, où ω est un vecteur unitaire, orthogonal au plan et p une constante qui représente la distance du plan à l'origine. Les plans de $\mathbb{R}^3$ sont alors indexés par les couples (ω, p) avec $\omega \in S^2$ (la sphère de $\mathbb{R}^3$) et p dans $\mathbb{R}$. Si ω n'est pas nul, nécessairement l'une de ses composantes est différente de 0, disons que c'est ω_3. La relation $x.\omega = p$ équivaut alors à

$$x_3 = \frac{p - (x_1\omega_1 + x_2\omega_2)}{\omega_3}.$$

On définit alors la transformée de Radon de f par :

$$\mathcal{R}f(\omega, p) = \iint_{\mathbb{R}^2} f\left(x_1, x_2, \frac{p - (x_1\omega_1 + x_2\omega_2)}{\omega_3}\right) \mathrm{d}x_1 \, \mathrm{d}x_2.$$

Tout point ω de S^2 peut se représenter en coordonnées sphériques par un couple $(\theta, \phi) \in [0, 2\pi]^2$:

$$\omega_1 = \sin(\theta)\sin(\varphi),\ \omega_2 = \sin(\theta)\cos(\varphi),\ \omega_3 = \cos(\theta).$$

Radon a montré que :

$$f(x) = -\frac{1}{8\pi^2}\Delta\left(\int_0^{2\pi}\int_0^{2\pi} \mathcal{R}f(\omega(\theta,\varphi), x.\omega(\theta,\varphi)) \, \mathrm{d}\theta \, \mathrm{d}\varphi\right),$$

où Δ est le Laplacien de $\mathbb{R}^3$. Cette formule se déduit du théorème de coupe-projection par inversion de la transformée de Fourier. Elle prend un aspect nettement plus compliqué en dimension supérieure car intervient alors une puissance non entière de l'opérateur Laplacien, voir [3, page 110].

Bibliographie

1. P.G. Ciarlet (ed.), *Introduction à l'analyse numérique matricielle et à l'optimisation*, Mathématiques appliquées pour la maîtrise, Masson, 1988.
2. M. Crouzeix and A. Mignot, *Analyse numérique des équations différentielles*, Collection Mathématiques Appliquées pour la Maîtrise. [Collection of Applied Mathematics for the Master's Degree], Masson, 1984.
3. S. Helgason, *Groups and geometric analysis*, Mathematical Surveys and Monographs, vol. 83, American Mathematical Society, Providence, RI, 2000.
4. L. Hörmander, *The analysis of linear partial differential operators. I*, Classics in Mathematics, Springer-Verlag, 2003, Distribution theory and Fourier analysis, Reprint of the second (1990) edition [Springer, Berlin].
5. C. Robert and G. Casella, *Monte Carlo statistical methods*, Springer Texts in Statistics, Springer-Verlag, New York, 1999.
6. L. Schwartz, *Méthodes mathématiques pour les sciences physiques*, Hermann, 1980.

Sujet VI

Résonance magnétique nucléaire

Texte

Filière : toutes filières.

Travail suggéré : *le candidat pourrait focaliser son exposé soit sur la méthode de l'écho de spin soit sur le contraste en IRM. Il pourrait aussi, en restant plus qualitatif, reconstruire la présentation en l'axant sur l'obtention de l'image (contraste ET localisation spatiale). Il pourrait aussi bien présenter les grandes lignes relatives à la construction des images par Résonance Magnétique Nucléaire. L'important sera de dégager les points forts et les points faibles de la technique dans ses applications médicales.*

§1. Introduction

Le diagnostic médical est certainement plus fiable lorsque le médecin peut réaliser directement des observations à l'intérieur du corps de son patient. Sur ce plan-là, il dispose, depuis plusieurs années, de techniques de radiographie fondées sur les différences d'absorption des rayons X par les tissus. La radiographie présente cependant des inconvénients et des limites, comme toute technique d'ailleurs. En particulier, elle ne permet pas de distinguer des structures superposées le long de la direction d'observation. On a remédié à cette limite par la mise au point de la tomographie par rayons X, une technique qui consiste à enregistrer les absorptions selon un grand nombre de directions différentes, et à reconstruire mathématiquement des coupes de régions données de n'importe quelle partie du corps humain[1]. Le *scanner* (scannographe), appareillage utilisé en tomographie, est devenu un outil de diagnostic extrêmement utile mais, malheureusement, l'information qu'il délivre, essentiellement de nature anatomique, n'apporte que peu de renseignements sur l'état fonctionnel ou physiologique des organes internes. En outre, dans certaines lésions pathologiques, les tissus affectés absorbent les rayons X presque autant que les tissus sains environnants. La tomographie par rayons X ne permet pas alors d'observer ces lésions, à moins qu'elles ne modifient la taille et la forme de l'organe atteint. Enfin, même à faibles doses, les rayons X présentent un certain risque physiologique.

Ces inconvénients et ces limites ont stimulé, en quelque sorte, les recherches afin de mettre au point une nouvelle technique permettant d'observer des

[1] Voir sujet V, page 107 de cet ouvrage pour un exposé détaillé de cette méthode.

coupes du corps humain sans exposer le patient à des rayonnements ionisants. C'est ainsi qu'est apparue la résonance magnétique nucléaire (RMN) dans les années 1980. La RMN fournit non seulement des informations anatomiques très comparables à celles qui sont obtenues par tomographie des rayons X, mais encore elle permet de distinguer, avec une plus grande sensibilité, les tissus sains des tissus malades, comme nous allons le mettre en évidence dans ce dossier.

§2. Un peu d'histoire et quelques aspects généraux

Félix Bloch et Edward Purcell reçurent le prix Nobel en 1952 pour la découverte des principes expérimentaux de la spectroscopie par RMN. On savait, depuis 1920 environ, que de nombreux noyaux d'atomes possèdent un moment cinétique. De nature quantique, ce moment est quelquefois présenté comme résultant de la rotation intrinsèque des noyaux. Cette représentation est approximative ; on imagine mal, d'ailleurs, ce que pourrait être la rotation intrinsèque de particules considérées autrement comme ponctuelles. Ce moment cinétique est représenté au moyen d'un nombre quantique appelé spin. Comme les noyaux sont électriquement chargés, le spin se représente souvent par un courant électrique circulant autour de l'axe de rotation, courant qui engendre donc un faible champ magnétique. Ainsi, tous les noyaux qui possèdent un spin ont aussi un moment magnétique μ_n. Seuls les noyaux constitués d'un nombre de nucléons (protons et neutrons) pair-pair n'ont pas de moment et ne se prêtent pas à la spectroscopie par RMN.

En général, les moments magnétiques libres des noyaux de spin non nul sont orientés au hasard. En revanche, lorsqu'on place ces noyaux dans un champ magnétique, ils s'orientent suivant les lignes de champ, tangentes en tout point au champ magnétique. Pour le noyau d'hydrogène ^{1}H, pour lequel le spin vaut conventionnellement 1 ($= \hbar/2$), la projection du moment magnétique de spin suivant l'axe du champ appliqué ne peut prendre que deux valeurs, l'une positive (spin parallèle), l'autre négative (spin antiparallèle). Pour ces deux orientations du spin, les énergies du noyau sont légèrement différentes et l'on désigne la différence d'énergie $2\mu_n B_0$ entre ces deux états par le terme d'écart entre sous-niveaux Zeeman. Cette différence d'énergie est très faible, de l'ordre du millième de degré Kelvin dans un champ de 1 Tesla. Ainsi, pour un ensemble de protons placés dans un champ magnétique $\mathbf{B}_0$, le nombre de protons de spin parallèle est-il, selon la statistique de Maxwell - Boltzmann, très légèrement supérieur au nombre de protons de spin antiparallèle.

§3. La précession de Larmor

On décrit globalement le comportement magnétique d'un ensemble de noyaux à l'aide d'un moment magnétique macroscopique **M**, qui représente l'effet global de tous les moments magnétiques nucléaires pour un type de noyau donné dans l'échantillon de matériau analysé. En l'absence de champ magnétique extérieur, l'aimantation totale est nulle. Par contre, lorsqu'on applique un champ magnétique $\mathbf{B}_0$ à un échantillon, les moments magnétiques de spin nucléaires s'orientent et produisent une aimantation macroscopique d'équilibre, orientée parallèlement au champ appliqué $\mathbf{B}_0$. Cette direction définit, par convention, l'axe z. Les noyaux en rotation se comportent comme de minuscules toupies, ou gyroscopes, décrivant un mouvement appelé précession : si l'on écarte leur axe de rotation par rapport à sa direction initiale, disons la verticale z, cet axe se met lui-même à tourner, décrivant ainsi un cône d'axe z afin d'assurer la conservation du moment cinétique.

De la même façon, si l'on écarte de la direction z le vecteur d'aimantation macroscopique **M** correspondant à un ensemble de noyaux en rotation placés dans un champ magnétique $\mathbf{B}_0$ orienté selon z, l'aimantation **M** effectuera une précession autour de l'axe z. En pratique, on écarte l'aimantation **M** de la direction z du champ magnétique $\mathbf{B}_0$ en appliquant un champ magnétique $\mathbf{B}_1$ plus faible, tournant dans le plan xy, perpendiculaire au premier champ statique $\mathbf{B}_0$ et donc à l'axe z. On procède au moyen d'une bobine entourant l'échantillon, bobine reliée à une source de courant électrique de fréquence radio. Pour écarter le moment magnétique macroscopique de l'axe z, il faut ajuster la fréquence du rayonnement électromagnétique appliqué à la fréquence propre de précession des noyaux ; à cette fréquence, les noyaux « résonnent ».

Cette résonance s'explique, en termes simples, par le fait que, lorsque la vitesse angulaire du champ tournant $\mathbf{B}_1$ égale la vitesse angulaire de précession des noyaux, ceux-ci le voient comme statique. La fréquence angulaire de résonance d'une espèce nucléaire, appelée aussi « fréquence de Larmor » et notée ω_L, est proportionnelle à l'intensité du champ magnétique constant appliqué B_0 : $\omega_L = \gamma_n B_0$, où γ_n est le rapport gyromagnétique, caractéristique de chacune des espèces nucléaires de spin non nul. Dans le cas de noyaux d'hydrogène (protons) placés dans un champ magnétique statique B_0 d'un Tesla, la fréquence de résonance est égale à 42,57 Mégahertz. Pour les noyaux de l'isotope 31 du phosphore (^{31}P) placés dans le même champ, la fréquence de résonance est de 17,24 MHz ; pour les noyaux du sodium 23 (^{23}Na) cette fréquence vaut 11,26 MHz. Ces fréquences, situées dans la bande radio du spectre électromagnétique, sont très inférieures à celles des rayons X ou même à celles de la lumière visible : leur énergie est trop faible pour endommager les molécules du corps humain.

Du point de vue de la mécanique quantique, le fait d'écarter le vecteur d'aimantation macroscopique de sa position d'équilibre revient à imposer des transitions entre un niveau d'énergie donné et un niveau d'énergie supérieure ;

cette transition n'a lieu que lorsque l'énergie $h\nu$ des quanta du champ de radio-fréquence (photons) est exactement égale à la différence d'énergie magnétique $2\mu_n B_0$ entre les deux états d'énergie, c'est-à-dire à la résonance. En appliquant un champ magnétique de fréquence convenable, on peut donc faire résonner une espèce nucléaire donnée et n'observer que sa réponse spécifique. Jusqu'à présent, dans le domaine du diagnostic médical, on réalise des images par RMN très majoritairement avec la résonance des protons : d'une part les autres noyaux résonnent moins bien, d'autre part leur concentration est beaucoup plus faible dans les tissus biologiques. En effet, l'organisme contient environ 75 % d'eau, chaque molécule d'eau contenant deux noyaux d'hydrogène. Par ailleurs, la répartition de l'eau, ainsi que celle de diverses autres petites molécules riches en hydrogène (comme les lipides), est modifiée par de nombreuses maladies.

§4. Les deux constantes de temps intrinsèques : T_1 et T_2

Comme il a été dit plus haut, les noyaux voient le champ $\mathbf{B}_1$ comme statique à la résonance et ils précessent donc autour de lui durant le temps d'application de ce champ. Ainsi, le vecteur d'aimantation macroscopique nucléaire $\mathbf{M}$ va-t-il progressivement s'écarter de la direction z du champ magnétique constant $\mathbf{B}_0$ (Figure VI.1) avec une vitesse angulaire proportionnelle à l'amplitude de $\mathbf{B}_1$ ($\omega_1 = \gamma_n B_1$). On appelle impulsion à 90 degrés l'application du champ tournant $\mathbf{B}_1$ pendant une durée τ telle que $\mathbf{M}$ aura tourné de sa position initiale le long de l'axe z jusque dans le plan xy (Voir figure VI.1). Immédiatement après l'application d'une impulsion à 90 degrés, le vecteur d'aimantation $\mathbf{M}$, amené dans le plan xy, tourne librement dans ce plan. Il crée ainsi une petite force électromotrice dans la bobine qui a transmis l'impulsion d'excitation (ou dans une bobine réceptrice distincte). Cette force électromotrice constitue le signal RMN, appelé précession libre ; il est maximum, bien sûr, pour une impulsion de 90 degrés et proportionnel à l'aimantation, donc au nombre des noyaux résonant à la fréquence de $\mathbf{B}_1$. Le fait que la composante M_z de l'aimantation macroscopique soit nulle après une impulsion de 90° signifie que les deux populations de spin, parallèle et antiparallèle à $\mathbf{B}_0$, sont égales ; en termes de thermodynamique statistique, la température du système de spins serait alors infinie.

Le signal ainsi obtenu va donc progressivement décroître en raison du retour des noyaux de l'état d'énergie excité vers leur état d'équilibre, hors champ radio-fréquence, d'énergie inférieure. Ainsi, après l'impulsion d'excitation, le vecteur d'aimantation $\mathbf{M}$ des noyaux revient progressivement à sa position initiale, le long de l'axe z. Ce retour à l'équilibre est caractérisé par une augmentation exponentielle de l'aimantation suivant l'axe z avec une constante de temps T_1 et par une décroissance exponentielle de l'aimantation dans le plan xy avec une constante de temps T_2 (Voir figure VI.2). On appelle T_2

temps de relaxation transverse ou temps de relaxation « spin - spin ». Il représente le temps pendant lequel les différentes composantes de l'aimantation dans le plan xy restent plus ou moins en phase. En effet, après l'impulsion d'excitation, les noyaux ne subissent plus que l'influence du champ magnétique statique $\mathbf{B}_0$, ainsi que celle des champs magnétiques locaux créés par les noyaux voisins. Selon l'orientation, parallèle ou antiparallèle, de leurs spins voisins les différents noyaux ont donc des fréquences de précession légèrement différentes et les signaux de précession libre ne restent pas en phase.

Dans un liquide, les atomes et leurs noyaux sont en mouvement aléatoire, les champs magnétiques entre noyaux, responsables de la relaxation transverse, ont donc une valeur moyenne pratiquement nulle et le signal décroît assez lentement : dans un liquide, T_2 atteint parfois plusieurs secondes pour la RMN des protons. En revanche, dans un solide, il ne dépasse pas la centaine de microsecondes; la décroissance est alors tellement rapide qu'il est parfois difficile de la détecter. Le temps de relaxation longitudinal ou « spin - réseau » T_1 est toujours long, de l'ordre de la seconde ou même la dizaine de secondes car, pour revenir selon la direction z les noyaux excités doivent céder leur énergie magnétique au milieu environnant (le réseau) et les interactions magnétiques qui assurent le contact thermique entre les noyaux et le reste de la matière sont faibles.

§5. Séquences et images en IRM

En imagerie médicale, on cherche à différencier les tissus. Il faut pour cela obtenir un signal différent suivant la nature du tissu et permettant d'obtenir une image contrastée. On exploite à cette fin la forte dépendance des temps de relaxation par rapport à l'environnement microscopique dans lequel se trouvent les noyaux émettant le signal. Par le choix de séquences appropriées pour la production (basculement) et l'enregistrement des signaux, l'opérateur peut obtenir des images dont le contraste dépend essentiellement de l'un des deux temps de relaxation, T_1 ou T_2.

Par exemple, pour obtenir un contraste en fonction de T_2, on provoque un basculement à 90 degrés puis on détecte l'amplitude des signaux à un instant τ après la fin du basculement. Pour les tissus ayant un temps de relaxation T_2 grand par rapport à τ, le signal détecté aura une grande amplitude, tandis que pour les tissus dont le temps de relaxation T_2 est petit par rapport à τ, l'amplitude du signal sera faible. Afin de s'affranchir au mieux de l'influence de T_1, on adopte une période de répétition de la mesure longue devant tous les T_1, de sorte que tous les noyaux sont revenus à l'équilibre avant chaque mesure. Pour obtenir une image contrastée en T_1, on provoque aussi un basculement à 90 degrés, mais on réalise la mesure très près de l'impulsion afin de s'affranchir de l'effet de T_2. Avec une période donnée T de répétition des mesures, les tissus ayant un temps de relaxation T_1 grand par rapport à T n'ont pas le temps de revenir à l'équilibre et leur signal est de faible amplitude ; pour les tissus dont le temps de relaxation T_1 est petit par rapport à T l'amplitude du signal sera grande. Dans la pratique, comme on peut aisément l'imaginer, les séquences d'impulsions d'excitation sont beaucoup plus sophistiquées (méthode d'échos de spin, ...). Nous ne les aborderons pas ici car elles sortent du cadre et de l'esprit du dossier.

§6. Les systèmes d'imagerie

La résonance magnétique nucléaire est par nature un phénomène tridimensionnel. Comme les signaux de RMN proviennent généralement du volume total du matériau compris entre les bobines d'excitation et de réception, il est, a priori, difficile de séparer les signaux émis par des points, des lignes ou des plans bien définis.

Dans la plupart des méthodes bi- ou tri-dimensionnelles, on utilise donc un gradient linéaire de champ magnétique pour « coder » les points de l'espace dans une direction donnée. On sépare alors les points dans la seconde et troisième dimension en appliquant des gradients de champs[2], modifiés en amplitude ou en direction dont les valeurs sont connues à chaque mesure. C'est en 1973 que des chercheurs de l'Université New York ont réalisé la première image par RMN : dans un article de cette année-là, ils présentaient des images de deux tubes capillaires remplis d'eau, images obtenues avec un spectromètre RMN modifié. Pour construire leurs images, ils empruntaient à la tomographie les algorithmes informatiques de reconstruction d'images. Quand on place un échantillon d'eau dans un champ magnétique uniforme, le spectre de fréquences de RMN des noyaux d'hydrogène des molécules d'eau se limite à une seule raie fine. Si le champ magnétique est parfaitement uniforme, la forme de la raie ne dépend pas de la géométrie de l'échantillon. Si l'on superpose un gradient linéaire de champ magnétique, les noyaux qui se trouvent à une extrémité de l'échantillon sont plongés dans un champ plus faible que ceux qui se trouvent à l'autre bout : on observe donc une distribution linéaire de fréquences de Larmor le long de l'échantillon.

La transformée de Fourier (extension aux signaux non périodiques de l'analyse harmonique) du signal de précession libre permet, à partir de l'évolution du signal en fonction du temps, d'obtenir le spectre du signal en fonction de la fréquence. Ainsi, à partir du signal enregistré avec un gradient linéaire de champ magnétique, on obtient un spectre de fréquence élargi correspondant

[2] Formulation de praticien ! Comment, en effet, appliquer dans l'espace un opérateur vectoriel ? On nomme ici *gradient de champ* un champ dont l'intensité varie de manière affine selon une coordonnée cartésienne d'espace. Les formulations du style « Il faut appliquer un gradient parallèle à l'axe du corp du patient » ne sont pas, de ce point de vue, exceptionnelles. On trouvera dans le dossier consacré à l'effet MÃűssbauer une définition plus formelle du gradient de champ.

à la distribution d'intensité du signal RMN projetée sur la direction du gradient. En faisant tourner le gradient de champ magnétique (Figure VI.4), on obtient alors une projection suivant un angle différent. Les analyses par ordinateur de nombreuses projections de ce genre permettent alors de retrouver la géométrie de l'échantillon.

Une autre méthode, l'irradiation sélective, consiste à appliquer une impulsion qui contient toutes les fréquences comprises dans un intervalle étroit de radio-fréquences ; seuls les noyaux correspondant à une fine tranche, perpendiculaire à la direction du gradient de champ, résonnent à des fréquences comprises dans celles de l'impulsion appliquée et seule une tranche mince de matériau émet un signal en retour. On fait alors varier la position du plan en modifiant la fréquence centrale du spectre d'irradiation.

Une troisième méthode, conçue par des chercheurs de l'Université de Nottingham, utilise un champ magnétique oscillant pour sélectionner un plan particulier ; dans cette méthode, on inverse périodiquement la direction du gradient permettant la sélection d'un plan : le champ n'est alors indépendant du temps que pour un seul plan et les signaux ne provenant pas de ce plan ont une valeur moyenne nulle. Il existe de nombreuses autres méthodes pour sélectionner des plans. Les méthodes qui prennent simultanément en compte tous les noyaux de l'échantillon (méthodes utilisant la transformée de Fourier) présentent des avantages mais sont difficiles à mettre en œuvre.

Pour traiter le très grand nombre de données recueillies, on doit utiliser un ordinateur ayant des capacités de calcul et de stockage importantes. Par exemple, pour une image tridimensionnelle donnant 256 points dans chaque dimension avec 256 niveaux d'intensité de signal (une information codée par huit bits) par point, le système de traitement doit pouvoir accommoder plus de 134 millions de bits de mémoire ($256^3 \times 8$). En outre, pour définir tous les points de cette matrice de données tridimensionnelles, il faut appliquer de nombreuses séquences d'amplitude ou de gradient de champ. Le temps de mesure s'en trouve augmenté, surtout pour la construction de cartes pondérées en T_1. Aussi est-il parfois plus intéressant de ne réaliser, à titre exploratoire, qu'un petit nombre d'images bi-dimensionnelles. Notons d'ailleurs que les images tridimensionnelles peuvent être réalisées par tranches dont le temps de pose par plan est alors considérablement réduit. Il reste que, si l'on dispose des données en trois dimensions, il est possible de déterminer mathématiquement certaines surfaces, ce qui permet aux chirurgiens de déterminer le volume des organes ou des lésions pathologiques. Pour les applications médicales, le choix d'une méthode d'imagerie par RMN dépend de nombreux facteurs, en particulier de l'échelle de temps des mouvements involontaires du tissu étudié ; la tête, par exemple, se prête particulièrement bien à l'imagerie en trois dimensions car on peut la maintenir immobile pendant toute la durée du balayage. En revanche, pour observer le cœur qui bat en permanence, on doit utiliser une méthode plus rapide ou synchroniser la prise de données avec le rythme cardiaque.

§7. Médecine et interprétation des images

Afin d'accroître le rapport du signal sur le bruit d'une image obtenue par RMN, on doit augmenter l'intensité du champ magnétique constant $\mathbf{B}_0$ de l'appareil, ce qui augmente la polarisation magnétique des noyaux et donc le flux magnétique dans la bobine réceptrice. De plus, quand on augmente ce champ, la fréquence de précession des noyaux de l'échantillon examiné augmente proportionnellement et l'induction dans la bobine réceptrice augmente de même. Le signal reçu est donc proportionnel au carré du champ $\mathbf{B}_0$ ou de la fréquence de Larmor. Malheureusement, les signaux transmis et émis sont plus fortement absorbés quand la fréquence augmente. Pour la réalisation d'images du corps humain en entier, cette absorption devient un facteur limitant pour les fréquences supérieures à 15 Mégahertz, ce qui, pour l'imagerie en RMN des protons, correspond à un champ magnétique de 0,35 Tesla. Comparée aux champs de 10 T (et plus) utilisés en spectroscopie RMN d'analyse chimique, cette valeur peut paraître faible. Pourtant il a fallu mettre au point, pour l'imagerie par RMN, des aimants spéciaux car le volume de travail où le champ magnétique doit être uniforme est beaucoup plus important.

La résolution spatiale d'une image RMN ne dépend pas de la longueur d'onde du rayonnement avec lequel on forme l'image, comme c'est le cas dans la plupart des systèmes d'imagerie, mais elle dépend de manière critique de l'uniformité du champ magnétique constant $\mathbf{B}_0$ et de l'intensité des gradients de champ.

Les deux types d'aimants les plus utilisés sont les aimants à température ambiante à quatre bobines à air et les aimants supra-conducteurs refroidis à l'hélium. Les systèmes de RMN à aimants classiques non supra-conducteurs sont moins chers et tout à fait satisfaisants pour l'analyse par RMN des protons du corps humain en entier, avec des intensités de champ inférieures à 0,2 Tesla ; la puissance consommée est alors de l'ordre de 50 kilowatts et les contraintes de refroidissement ne sont pas prohibitives. Les aimants supra-conducteurs nécessitent au départ un investissement plus élevé, mais les frais de fonctionnement sont ensuite plus faibles ; de plus, ils créent des champs plus intenses et plus stables que ceux qui sont obtenus avec des aimants classiques. On utilise donc de préférence les aimants supra-conducteurs pour l'imagerie d'autres noyaux que celui de l'hydrogène, pour lesquels on a besoin de champs magnétiques plus intenses : par exemple, pour observer le phosphore 31 à 15 Mégahertz, le champ doit être de 0,87 Tesla. Enfin, pour les systèmes d'imagerie RMN, il faut aussi utiliser des bobines auxiliaires pour créer des gradients linéaires de champ dont l'amplitude doit parfois varier très rapidement. La nécessité pour ces gradients de présenter une grande amplitude et des temps de commutation rapides a conduit à de nombreuses conceptions originales.

§8. Conclusion

Les applications biomédicales de la RMN ont connu, au cours des vingt dernières années, des développements spectaculaires, en particulier en imagerie du proton. Les résultats obtenus, d'un point de vue clinique, et leurs comparaisons, souvent favorables, avec les autres techniques d'imagerie médicale, permettent de prévoir une poursuite de leur développement dans les années à venir. L'un des principaux avantages de la RMN est certainement d'offrir une méthode d'imagerie sans rayonnement ionisant. Il ne faut cependant pas sous-estimer d'éventuels risques potentiels de la RMN qui pourraient résulter d'effets biologiques liés à l'utilisation de champs magnétique statiques, de la commutation rapide des champs magnétiques et des champs radio-fréquences.

L'inexistence totale d'effets nocifs pour le corps humain n'est pas encore établie avec certitude. Néanmoins, on peut admettre, en l'état actuel des connaissances, et en se fondant sur les valeurs utilisées pour les différentes grandeurs, que l'imagerie RMN est sans danger pour le corps humain.

§9. Figures

En présence d'un champ magnétostatique, la trajectoire de l'extrémité du vecteur aimantation se déplace sur la courbe représentée figure VI.1 gauche. La relaxation vers 0 de la composante transverse est beaucoup plus rapide que la relaxation de la composante longitudinale vers sa valeur d'équilibre. La fréquence angulaire de rotation autour de l'axe du champ est nommée fréquence de Larmor. L'application d'un champ tournant transverse perturbe cette trajectoire simple. L'angle de précession augmente tant qu'on applique le champ magnétique tournant $\mathbf{B}_1$. La fréquence de précession, en revanche, reste constante car elle ne dépend que des propriétés intrinsèques des noyaux et de l'intensité du champ magnétique constant $\mathbf{B}_0$. On appelle impulsion à θ degrés, l'impulsion de radio-fréquence qui permet d'écarter d'un angle de θ degrés le vecteur du moment magnétique macroscopique $\mathbf{M}_z$. Les impulsions à 90 et à 180 degrés provoquent des augmentations correspondantes de l'angle de précession. Pour un observateur qui tournerait autour de l'axe z à la fréquence de Larmor, l'augmentation de l'angle de précession semblerait être une simple rotation de $\mathbf{M}$ autour du champ magnétique $\mathbf{B}_1$ qui apparaîtrait fixe (en réalité, rappelons-le, le champ $\mathbf{B}_1$ est un champ tournant). Quand le moment magnétique macroscopique $\mathbf{M}$ possède une composante non nulle dans le plan xy, on détecte une force électromotrice dans la bobine entourant l'échantillon ; cette force électromotrice est à l'origine du signal de RMN.

Lors d'une expérience de RMN à impulsions, on observe le signal quand on arrête d'exciter le système avec l'onde de radio-fréquence. Dans la figure VI.2, on suppose que le repère tourne à la fréquence de Larmor moyenne.

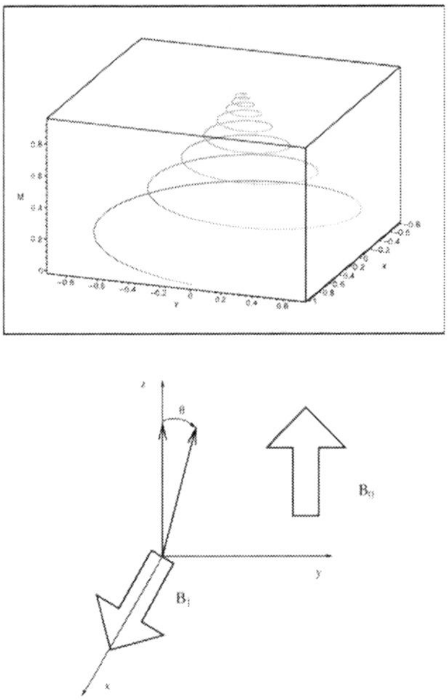

Fig. VI.1. Rotation de **M**, dans le référentiel tournant avec $\mathbf{B}_1$

Quand, en $t = 0$, l'impulsion de radio-fréquence écarte le vecteur de moment magnétique (ou aimantation) macroscopique **M** d'un angle de $\pi/2$ par rapport à l'axe z, on peut mesurer une composante de **M** dans le plan xy. Pendant un bref instant, le signal de RMN est maximal. Les noyaux précessent dans le plan xy à des vitesses légèrement différentes à cause des interactions magnétiques entre noyaux et des légères inhomogénéités du champ magnétique constant $\mathbf{B}_0$. La composante de l'aimantation macroscopique **M** dans le plan xy diminue et l'amplitude du signal décroît exponentiellement avec une constante de temps T_2^*. Si le champ magnétique constant $\mathbf{B}_0$ est parfaitement homogène, le temps de décroissance du signal est plus long et la constante de temps est T_2 : c'est le temps de relaxation spin-spin. Simultanément, la composante longitudinale d'aimantation augmente tandis que **M** tend à reprendre sa position d'équilibre, parallèle à l'axe z. Cette relaxation, caractérisée par la constante T_1 (temps de relaxation spin-réseau), varie selon le temps qu'il faut au système de spins pour revenir à l'équilibre thermodynamique. Dans ces diagrammes, dans un système d'unités conventionnel et pour des raisons de visibilité, $T_1 = 9$, $T_2 = 7$ et $\omega_0 = 2$.

Pour construire une image RMN, on utilise un « codage » spatial du signal de RMN. La figure VI.3 illustre le principe de base. Deux volumes, V_1 et V_2, de protons identiques sont situés aux cotes respectives z_1 et z_2. Résonant l'un et l'autre à la même fréquence, ils produisent le signal RMN, en pointillé. L'analyse de Fourier de ce signal (un procédé mathématique transformant

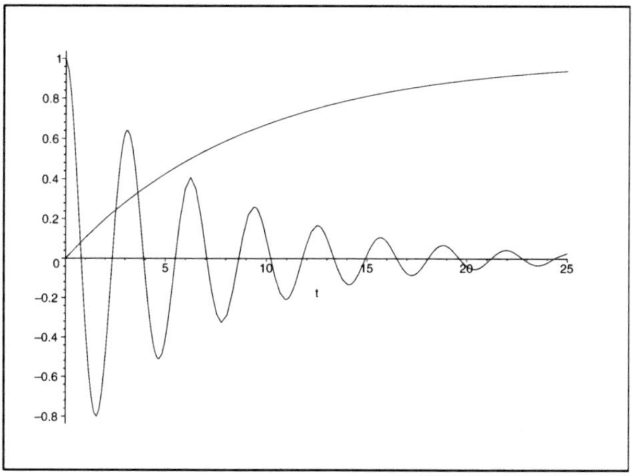

Fig. VI.2. Évolutions en fonction du temps de l'aimantation transverse M_T et de l'aimantation longitudinale M_L.

une courbe représentant l'intensité du signal en fonction du temps en une courbe représentant l'amplitude du signal en fonction de la fréquence) ferait apparaître une fréquence angulaire unique, la fréquence de Larmor ω_0. Si l'on ajoute un « gradient linéaire de champ magnétique » (formulation consacrée) au champ magnétique constant $\mathbf{B}_0$, de telle sorte que $B(z) = B_0 + g_z z$, le signal de RMN (trait gras de la figure VI.3), après transformation de Fourier, fera apparaître deux pics, centrés respectivement sur les fréquences de Larmor correspondant respectivement à $B(z_1)$ et $B(z_2)$. Ce stratagème permet de discriminer les contributions des deux volumes. Dans le cas de la figure VI.3, $\omega_0 = 2$, $\omega_1 = 1{,}8$ et $\omega_2 = 2{,}2$; $V_1 = 0{,}7$ et $V_2 = 0{,}3$ (le tout en unités arbitraires). La surface comprise entre l'axe horizontal et les courbes représente le nombre total de protons dans l'échantillon et elle est donc la même dans les deux cas. Historiquement, l'échantillon était de l'eau placée dans deux tubes cylindriques parallèles.

En reconstruction d'images par projection, on fait tourner un gradient de champ magnétique afin d'obtenir des « instantanés » de l'échantillon sous un grand nombre d'angles différents couvrant un arc d'au moins 180 degrés. Cette méthode est analogue à celle utilisée en tomographie par rayons X.

Le développement du matériel entraîne l'apparition de nouvelles techniques (séquences) plus fréquentes et plus précises.

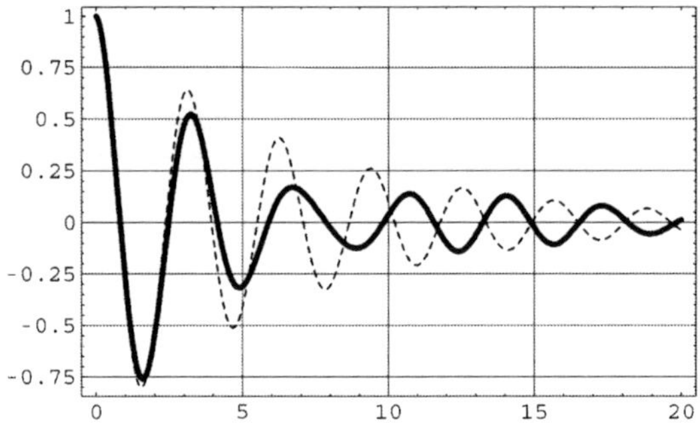

Fig. VI.3. Principe de la séparation par gradient de champ : la courbe en traits pointillés représente le signal RMN produit par deux échantillons de cotes z différentes et soumis au même champ magnétique $\mathbf{B}$. Son analyse de Fourier ferait apparaître une fréquence unique de résonance. La courbe en trait gras représente le signal produit par les mêmes échantillons, soumis au champ $\mathbf{B}(z) = \mathbf{B_0} + g_z z \mathbf{u}_z$. Son analyse de Fourier ferait apparaître deux fréquences de résonance.

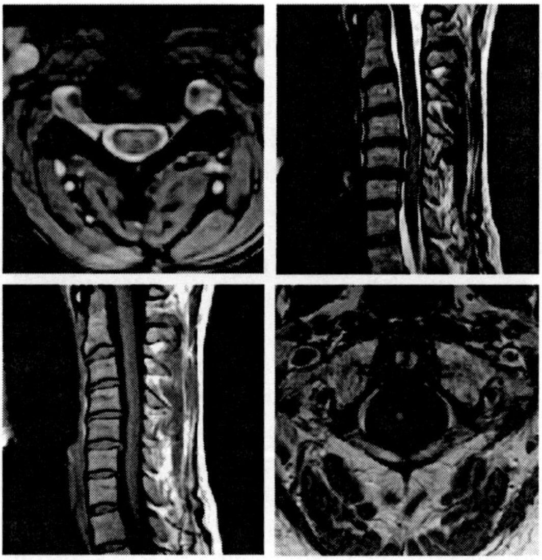

Fig. VI.4. Quatre images médicales, obtenues par quatre séquences différentes d'échos. Les deux images du haut sont « contrastées en T_2 » et les deux images du bas sont « contrastées en T_1 ». En haut à gauche, séquence dite T_2 GRE, en haut à droite T_2 FRFSE, en bas à gauche T_1 FLAIR et en bas à droite T_1 FSE ... Les progrès des technologies et les avancées des recherches font que le nombre et la complexité des séquences ne cessent d'augmenter.

Présentation et questions

§1. Remarques générales

Le dossier est abordé d'un point de vue totalement descriptif, en excluant tout aspect théorique, quantique ou non quantique. En outre, il a volontairement privilégié l'imagerie médicale. Il s'agit donc surtout de comprendre les principes de base. Les légendes des figures doivent suffire à la compréhension, sans un recours minutieux au texte. De ce point de vue, une grande liberté est laissée aux candidats, pour vérifier telle ou telle affirmation du texte, ou préciser le contenu de ce dernier.

§2. Pistes de questions

1) Pourquoi les spins s'alignent-ils en présence du champ magnétique $\mathbf{B}_0$? Quelle en est la conséquence ?
2) L'allure des figures données dans le texte est-elle réaliste ?
3) Pourquoi le nombre de noyaux se trouvant dans l'état de spin parallèle à $\mathbf{B}_0$ est-il légèrement plus élevé que celui des noyaux se trouvant dans l'état de spin antiparallèle ?
4) L'aimantation longitudinale est-elle mesurable directement ?
5) Pourquoi applique-t-on un champ magnétique tournant $\mathbf{B}_1$?
6) Quelles sont les principales grandeurs dans la construction des images RMN ?
7) Mettre des nombres sur la localisation spatiale.
8) Pourquoi les noyaux d'hydrogène sont-ils particulièrement bien adaptés à l'imagerie RMN du corps humain ?
9) Comment parler d'une température infinie pour les spins ?
10) Pourquoi, en l'état actuel des connaissances, la RMN est-elle considérée comme inoffensive pour le corps humain ?
11) Comment mesurer les composantes de l'aimantation ?
12) Commenter les clichés.
13) Y a-t-il lieu de distinguer les RMN en phase solide et en phase liquide[1] ?
14) Pourquoi, au paragraphe 2, est-il affirmé que le champ magnétique produit par un spin est *faible* ?
15) Y a-t-il une influence de l'environnement sur les fréquences de résonance ?
16) Comment les spins se couplent-ils entre eux ?

---

[1] Question difficile.

Commentaires

§1. Réponses aux questions

1) *Pourquoi les spins s'alignent-ils en présence du champ magnétique* $\mathbf{B}_0$ *? Quelle en est la conséquence ?*

   Un ensemble de particules chargées portant un moment cinétique d'ensemble non nul porte aussi un moment magnétique, proportionnel à ce moment cinétique. Le système cherche naturellement à minimiser son énergie magnétique d'interaction avec $\mathbf{B}_0$. Cette propriété est classique et quasi évidente en physique non quantique. Elle reste vraie en physique quantique, mais la représentation des phénomènes est trompeuse ; en particulier des particules dites ponctuelles peuvent présenter les propriétés « moment magnétique » et « moment cinétique ». Il en résulte une aimantation macroscopique $\mathbf{M}$.

2) *L'allure des figures données dans le texte est-elle réaliste ?*

   Absolument pas ! Lorsque l'aimantation longitudinale atteint des valeurs observables, l'aimantation transverse est nulle depuis longtemps ; il y a eu un nombre élevé de rotations autour de l'axe z ($\omega T_1 \simeq 230 \times 10^6$).

3) *Pourquoi le nombre de noyaux se trouvant dans l'état de spin parallèle à* $\mathbf{B}_0$ *est-il légèrement plus élevé que celui des noyaux se trouvant dans l'état de spin antiparallèle ?*

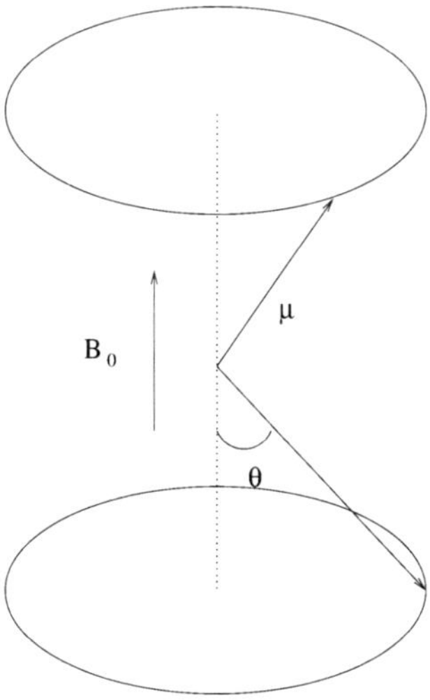

Fig. VI.5. Orientation d'un champ magnétique dans un champ magnétostatique.

Leur énergie magnétique dans cet état est plus faible. Dans une approche semi-classique (illustrée en figure VI.5), on peut considérer que, placés dans un champ magnétique $\mathbf{B}_0$, les moments des différents protons s'orientent selon l'un des deux angles θ ou $\pi - \theta$ de telle façon que la composante de $\boldsymbol{\mu}$ selon l'axe $\mathbf{B}_0$ soit égale à $\pm\hbar\gamma$ selon que μ est orienté dans le sens de $\mathbf{B}_0$ ou dans le sens contraire de $\mathbf{B}_0$. L'énergie d'interaction entre le champ et le moment peut alors prendre deux valeurs, $E_1 = (-1/2)\hbar\gamma B_0$, position stable de basse énergie et $E_2 = (1/2)\hbar\gamma B_0$, position instable d'énergie élevée. La différence d'énergie entre les deux états est $\Delta E = \hbar\gamma B_0$. La répartition des moments microscopiques en deux populations n_1 et n_2 selon les deux angles précédents peut être décrite, selon la thermodynamique de Boltzmann, par la relation

$$\frac{n_1}{n_2} = \exp\left(-\frac{\Delta E}{kT}\right),$$

où k représente la constante de Boltzmann et T la température. À température ambiante, $\Delta E \ll kT$ et la différence $(n_1 - n_2)/n_1$ est voisine de 10^{-6}, ce qui a pour conséquence que la somme $\mathbf{M}$ pour un volume élémentaire de moments répartis μ sur les deux cônes de la figure VI.5, si elle est orientée dans la direction et le sens de $\mathbf{B}_0$, reste elle aussi très faible. La différence $n_1 - n_2$ et donc $\mathbf{M}$ augmentent avec ΔE et l'on a, par conséquent, intérêt à utiliser un champ magnétique élevé. Les signaux que la RMN est susceptible de fournir nécessitent donc une amplification importante. En RMN conventionnelle, on peut aussi abaisser la température jusqu'à des valeurs proches du zéro, ce qui augmente fortement $\mathbf{M}$. Cette méthode est, évidemment, inapplicable en IRM.

4) *L'aimantation longitudinale est-elle mesurable directement ?*
Non, elle est bien trop faible. Toutes les mesures concernent le plan transverse.

5) *Pourquoi applique-t-on un champ magnétique tournant* $\mathbf{B}_1$ *?*
C'est la base de la RMN : il s'agit d'écarter l'aimantation nucléaire de sa position d'équilibre et, en contrôlant le mouvement des spins, d'obtenir un signal RMN.

6) *Quelles sont les principales grandeurs dans la construction des images RMN ?*
Il s'agit évidemment des constantes de temps intrinsèques T_1 et T_2. La relaxation longitudinale implique des échanges d'énergie entre les noyaux et le reste du monde alors que la relaxation spin-spin n'implique que des échanges à l'intérieur du système de spin (les rotations/déphasages dans le plan xy ne changent pas l'énergie globale du système de spin). Toute la suite repose pour l'essentiel sur l'exploitation de ces deux constantes.

7) *Mettre des nombres sur la localisation spatiale.*
La localisation du lieu d'émission du signal, c'est-à-dire la représentation d'un petit élément de volume de l'organe étudié, implique un codage sur

les trois dimensions de l'espace. Le codage de l'espace s'effectue par l'intermédiaire de la pulsation de résonance : pendant l'impulsion d'excitation de 90° on ajoute au champ principal $\mathbf{B}_0$ un champ parallèle à $\mathbf{B}_0$ mais dont l'intensité augmente proportionnellement à la distance. Une onde radiofréquence de largeur spectrale $\Delta\omega$, centrée sur la fréquence de Larmor ω_0, crée un signal de résonance comportant différentes composantes. L'épaisseur de la zone explorée est proportionnelle à la largeur de la bande de fréquence de l'impulsion et inversement proportionnelle au gradient. Ainsi autour de la fréquence de Larmor de l'hydrogène qui est de 42,57 MHz pour un champ de 1 T, il est possible d'attribuer une variation de 100 Hz par millimètre. Pour ce faire, il suffit de faire varier le champ de 2,3 T/mm.

8) *Pourquoi les noyaux d'hydrogène sont-ils particulièrement bien adaptés à l'imagerie RMN du corps humain ?*

   Pour (au moins) deux raisons : d'une part ils résonnent à une fréquence relativement élevée (42,57 mégahertz) par rapport à celles d'autres noyaux, d'autre part le corps humain étant constitué d'environ 75% d'eau, les concentrations en noyaux d'hydrogène ne constituent pas une limite.

9) *Comment parler d'une température infinie pour les spins ?*

   La relation de Boltzmann :

$$\frac{n_1}{n_2} = \exp(-\frac{\Delta E}{kT}) = \exp(-\beta \Delta E)$$

   donne $n_1 = n_2$ pour $\beta = 1/kT = 0$.

10) *Pourquoi, en l'état actuel des connaissances, la RMN est-elle considérée comme inoffensive pour le corps humain ?*

    La fréquence de résonance utilisée, de 42,57 MHz est beaucoup trop faible pour, semble-t-il, présenter un danger pour le corps humain[1].

11) *Comment mesurer les composantes de l'aimantation ?*

    Il n'est guère possible de mesurer la composante M_z car la valeur de $\mathbf{B}_0$, considérable par rapport au signal, masque l'aimantation. En revanche on peut très bien suivre l'évolution d'une composante transversale : on place une bobine constituée de N spires d'aire S autour de l'échantillon afin qu'elle ait pour axe Ox. La bobine subit l'action d'un champ de la forme KM_x où K est une constante numérique dépendant de la géométrie du système. Il apparaît aux bornes de la bobine une tension électrique alternative e donnée par la loi de Lenz,

$$e = -\frac{d\varphi}{dt} - NSK\omega_0 \frac{dM_x}{dt}.$$

    Puisque $\cos(\omega_0 t)$ varie beaucoup plus vite que $\exp(-t/T_2)$,

[1] Les fréquences utilisées en téléphonie mobile s'étendent de 900 à 1800 MHz ; les champs électromagnétiques sont d'amplitudes voisines de celles des champs radiofréquences utilisés en IRM.

$$e \simeq -KSK\omega_0 M_0 \exp(-t/T_2)\sin(\omega_0 t).$$

La rotation et la relaxation du moment magnétique transversal M_{xy} font donc apparaître aux bornes de cette bobine un signal électrique de même fréquence que la précession et d'amplitude décroissante. Dans la réalisation d'une image, c'est ce signal que l'on enregistre et ce sont les paramètres définissant son évolution temporelle qui déterminent la représentation graphique.

12) *Commenter les clichés.*

Ces images[2] mettent en évidence la possibilité de réaliser effectivement des clichés d'un excellent contraste sur des tissus mous très étendus, immobiles comme la tête en entier[3].

13) *Y a-t-il lieu de distinguer les RMN en phase solide et en phase liquide[4] ?*

Dans un liquide, le mouvement erratique[5] des molécules fait que seule est observable une sorte de valeur moyenne de leurs interactions mutuelles (la « valeur isotrope » des interactions électrostatiques). Au contraire, les techniques développées en RMN du solide permettent d'isoler, de corréler ou de moyenner sélectivement les interactions présentes et ainsi d'analyser toutes les informations qu'elles contiennent.

14) *Pourquoi, au paragraphe 2, est-il affirmé que le champ magnétique produit par un spin est faible ?*

Le mot *faible*, employé tout seul, n'a guère de sens en physique. La petitesse est une propriété de couple et non pas d'objet unique. Il est vain de tenter d'imaginer un modèle classique du spin ; tout ce qui compte, c'est de savoir qu'un électron (par exemple) se comporte comme une boucle de courant du point de vue suivant : il produit un champ magnétique, essentiellement dipolaire. Le moment magnétique électronique est

$$\mu_{el} = e\hbar/2m_e \approx 0{,}93 \times 10^{-23}\ J.T^{-1}.$$

En ordre de grandeur, l'intensité du champ **B** produit à la distance r par un moment magnétique d'intensité μ est $B = (\mu_0/4\pi) \times (\mu/r^3)$. Numériquement, pour un électron : $B \approx (10^{-10}/r)^3$. Considérant qu'il y a quelques 10^{26} électrons par kilogramme de matière condensée, on trouve que, si tous

[2] Certains candidats pourraient reconnaître plusieurs vues d'un rachis cervical.

[3] On ne saurait demander d'aller au-delà de cette réponse. Voici quelques compléments, « au-delà du questionnement ». La technique d'imagerie RMN permet également d'observer des lésions non visibles par d'autres techniques. Ces résultats ne sont pas acquis sans vaincre un certain nombre de difficultés. Outre la lourdeur des informations à recueillir et à traiter (mais cela n'est pas spécifique à la RMN) afin de parvenir à une interprétation la plus fiable possible des images, on peut citer quelques difficultés d'ordre technique, en particulier la nécessité de disposer d'aimants de la meilleure qualité possible.

[4] Question difficile.

[5] Pour les experts : brownien.

les spins étaient alignés, le champ produit par les électrons contenus dans un kilogramme de matière serait, exprimé en Tesla, voisin de $3 \times 10^{-4}/r^3$. Le fait que l'on ait affaire à des noyaux ($M_{\text{noyau}} \gg m_{\text{électron}}$) et surtout le fait que seule une très faible fraction des spins est alignée justifie que le champ produit par les noyaux soit très faible devant les champs usuellement produits par des aimants[6].

15) *Y a-t-il une influence de l'environnement sur les fréquences de résonance ?*
Tous les protons libres résonnent à une seule et même fréquence. Sous l'influence du champ $\mathbf{B}_0$ (orienté selon un axe z), les électrons présents dans une molécule génèrent des champs locaux qui écrantent le champ principal au niveau des noyaux [7].

16) *Comment les spins se couplent-ils entre eux ?*
L'interaction de deux moments magnétiques et à travers l'espace conduit à un couplage dipolaire qui s'exprime sous la forme :

$$E_D = \frac{\mu_0 \hbar \gamma_1 \gamma_2}{4\pi} \left[\boldsymbol{I}_1.\boldsymbol{I}_2 - \frac{3(\boldsymbol{I}_1.\boldsymbol{r}_1)(\boldsymbol{I}_2.\boldsymbol{r}_2)}{r_{12}^2} \right].$$

L'énergie est exprimée directement en Hz par la correspondance[8] $E = h\nu$.

§2. Suggestion de plan

Le plan du dossier est simple et clair : énoncé des principes et description d'une mise en œuvre. Une reconstruction possible, si on la souhaite, est la suivante :

[6] Le moment magnétique de spin correspond à un courant de 1 mA circulant sur une spire de rayon égal à l'orbite de Bohr, $a_0 \approx 0{,}53 \times 10^{-10}$ m, ce qui correspondrait à une densité de courant gigantesque.

[7] On ne saurait demander d'aller au-delà de cette réponse. Voici quelques compléments, « au-delà du questionnement ». Ces champs locaux peuvent être représentés par une résultante (champ effectif), qui est, au premier ordre, une forme linéaire du champ $\mathbf{B}_0$. On note ce champ effectif $\sigma\mathbf{B}_0$, où σ est un objet ressemblant, par sa structure et ses règles de calcul, à une matrice : on le nomme tenseur. Ce tenseur σ appelé « déplacement chimique » est caractéristique de la structure électronique locale, différente pour chaque noyau :

$$E_\sigma = \gamma \boldsymbol{I} \sigma \mathbf{B}_0.$$

Les champs locaux générés sont généralement très faibles par rapport à $\mathbf{B}_0$: de l'ordre de quelques parties par million, soit de l'ordre de 10^{-6} B_0 pour ^{1}H.

[8] Le couplage spin-spin est un phénomène, totalement quantique. Les énergies mises en jeu sont de l'ordre de quelques Hertz. Ce couplage reste donc dominé en RMN du solide par l'interaction dipolaire. En RMN des liquides, l'analyse de ces couplages est par contre utilisée en routine pour la détermination de structures et de connectivités des atomes dans les molécules en chimie organique.

- on commencerait par affirmer le but poursuivi : obtenir, par une méthode non invasive, des renseignements sur la structure de tel ou tel organe. On se donne une résolution spatiale a priori (millimétrique, submillimétrique *etc.*) ;
- on expliquerait ensuite en quoi le phénomène de résonance est sélectif (facteur de qualité). On détaillerait la résonance magnétique, en spécifiant les applications numériques aux molécules biologiques (milieu solide, ou milieu mou) ;
- la nature vectorielle des objets résonants autorise une discrimination spatiale. On tire profit de ce fait en structurant le champ excitateur : $\mathbf{B} = \mathbf{B}_{\text{longitudinal}} + \mathbf{B}_{\text{transverse}}$;
- cela ne suffit pas : il faut structurer l'excitation dans le temps, d'où les séquences ;
- la conclusion serait dévolue à la considération d'aspects pratiques.

§3. À propos du texte

L'intérêt de ce texte est multiple. Les éléments historiques présentent un exemple du développement d'une idée physique et soulignent une articulation entre les descriptions quantique et non quantique du même phénomène. Ils montrent l'importance de l'appareillage dans la mise au point d'une théorie. Ils décrivent enfin un exemple du chemin, qui peut être long, entre une idée et son application.

Depuis la proposition de ce texte à l'épreuve de TIPE, deux nouveaux prix Nobel sont venus récompenser les travaux fondateurs de l'imagerie par résonance magnétique : Paul LAUTERBUR, chimiste américain, avait découvert, au début des années 70 le principe des gradients de champ pour la production d'image bidimensionnelle. Peter MANSFIELD, physicien britannique, a mis au point des méthodes mathématiques permettant l'analyse des données d'imagerie. Ces méthodes ont accru significativement la précision et la vitesse des traitements[9].

L'histoire ne s'arrête pas là. Le médecin américain Raymond DAMADIAN avait, dès 1969, proposé la détection de tumeurs cancéreuses par IRM. Bravant le scepticisme de la communauté devant une idée aussi audacieuse, il avait entrepris la réalisation d'un aimant supraconducteur. C'est en 1977 qu'il obtint sa première application pratique, des images d'un thorax humain. Un an auparavant, LAUTERBUR et MANSFIELD avaient montré leurs propres images

[9] Depuis longtemps, les praticiens ne se posent plus la question de la pluridisciplinarité. Nous observons ici qu'une idée« physique » est proposée par un chercheur étiqueté « chimiste », que des idées « mathématiques » sont proposées par un chercheur étiqueté « physicien », cependant que le mathématicien et l'informaticien sont omniprésents dans ces travaux

de petits objets. On imagine les aigreurs et la polémique que cette situation engendra.

Il est indispensable de bien comprendre la différence entre les deux temps de relaxation, T_1 et T_2, faute de quoi, l'exposé serait vide. Le dossier fait appel, au moins implicitement, aux théorèmes généraux de la mécanique du solide et l'utilisation qui en est faite est, conceptuellement, élémentaire : il ne s'agit de rien d'autre que du théorème du moment cinétique, appliqué à des moments localisés. En revanche, la mise en œuvre pratique est difficile : il existe plusieurs séquences différentes d'échos de spins (et bien d'autres encore sont à prévoir), dont la compréhension, sans être réellement difficile, exige de la concentration, c'est-à-dire du temps. Certaines méthodes ne sont proposables qu'en raison des possibilités ouvertes par le développement des techniques et des matériaux ; elles seraient restées lettre morte autrement.

Il est également important de bien comprendre la sélectivité spatiale de la méthode. Cette sélectivité s'obtient par un mélange subtil d'évolutions, spontanées, ou recalées, des spins. D'une part les calculs sont accessibles à qui les entreprend, d'autre part une description qualitative est suffisante pour dégager l'essence des phénomènes. Le texte proposé illustre, encore une fois, le fait que cette description qualitative n'est possible qu'au prix d'une compréhension profonde des phénomènes sous-jacents. Une caractéristique importante de la technique expérimentale est que le déclin de spins n'est pas mesuré directement, mais qu'il est déduit de la mesure d'un effet induit (*cf.* les antennes de mesure). On ne manquera pas, enfin, d'insister sur la nécessité d'un appareillage de qualité. L'application considérée donne à cette nécessité un caractère qui peut être vital.

§4. Au-delà du texte

4.1. Retour sur le phénomène de relaxation

Pour que, en IRM, la fréquence de précession soit bien définie, le champ principal $\mathbf{B}_0$ doit présenter une homogénéité spatiale relative de l'ordre de 10^{-5} sur des distances correspondant aux dimensions des régions anatomiques à étudier. Le phénomène de relaxation correspond à la restitution de l'énergie apportée par l'impulsion radio-fréquence[10]. Quand l'impulsion est interrompue, le retour progressif de l'aimantation à son état initial selon la direction de $\mathbf{B}_0$ est observé *via* l'évolution temporelle de la composante « verticale » de $\mathbf{M}$. D'un point de vue microscopique, l'apport d'énergie se fait (dans le cas d'une impulsion à 90°) en rendant anti-parallèles quelques protons de façon à annuler l'aimantation longitudinale M_z.

[10] En empêchant cette relaxation, on peut obtenir des températures extrêmement basses.

À l'inverse, quand le signal radio-fréquence cesse, la restitution d'énergie réduit progressivement le nombre de moments anti-parallèles par rapport au champ au profit des moments parallèles. L'aimantation longitudinale M_z revient donc progressivement à sa valeur initiale après sa destruction par l'impulsion. On nomme relaxation longitudinale ce retour à l'équilibre de la composante M_z. À l'équilibre, la composante transverse M_{xy} est nulle car toutes les orientations possibles des moments dans le plan xy correspondent à la même énergie et sont donc équiprobables. En revanche, après une impulsion à 90°, M_{xy} n'est pas nulle ce qui correspond à une situation hors équilibre aussi du point de vue des composantes transverses ; une relaxation transverse va donc se produire après l'impulsion. Pour décrire comment le moment macroscopique $\mathbf{M}$ retourne à sa position d'équilibre, parallèle à $\mathbf{B}_0$, il faut introduire dans les équations du mouvement des spins des termes de relaxation, conduisant aux équations phénoménologiques, dites de Bloch :

$$\frac{dM_z}{dt} = \frac{M_0 - M_z}{T_1},$$
$$\frac{dM_x}{dt} = \frac{M_x}{T_2} + gB_0M_y,$$
$$\frac{dM_y}{dt} = \frac{M_y}{T_2} - gB_0M_x,$$

M_0 est la valeur que prend M_z à l'équilibre thermique dans le champ $\mathbf{B}_0$ porté par $\boldsymbol{u}_z$. Voici quelques valeurs caractéristiques de T_1 et de T_2 dans différents milieux biologiques, soumis à un champ B_0 de 1 T ; il n'y a pas de relation nette entre les temps de relaxation.

Tissu	T_1(ms)	T_2 (ms)
Muscle	870	45
Graisse	262	85
Substance grise	920	100
Substance blanche	785	90

La solution du système ci-dessus indique qu'après une impulsion de 90°, la valeur de l'aimantation au temps t après l'arrêt de l'impulsion est décrite par :

$$M_x(t) = iM_y(t) = M_0 \exp\left[-\left(\frac{1}{T_2} + i\omega_0\right)t\right],$$

$$M_z(t) = M_0\left[1 - \exp(-\frac{t}{T_1})\right].$$

L'aimantation transversale M_{xy}, composée de M_x et M_y, tourne donc dans le plan xOy à la vitesse de précession $\omega_0 = \gamma B_0$ en décrivant une spirale convergeant exponentiellement vers le point O avec la constante de temps T_2. L'aimantation longitudinale $M_z(t)$ tend exponentiellement, avec la constante de temps T_1, vers sa valeur asymptotique M_0, voir la figure VI.6.

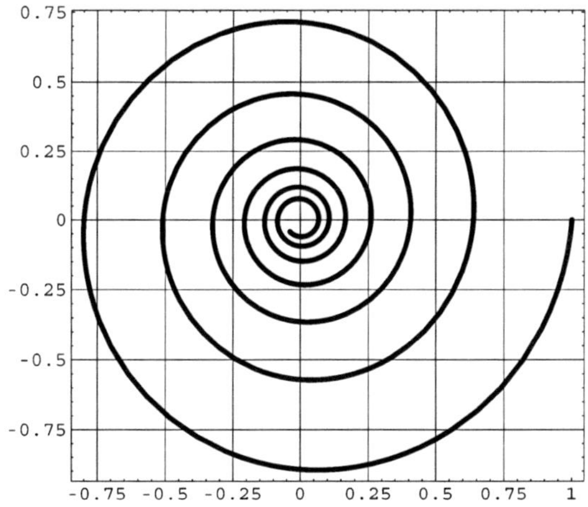

Fig. VI.6. Aimantation longitudinale M_{xy} (en abscisse) en fonction de l'aimantation transverse M_z. (en ordonnée). Ces deux grandeurs sont exprimées l'une et l'autre en unités réduites et normalisées.

4.2. Séquences et contraste en IRM

Décrivons maintenant le principe de mesure élémentaire de T_2 par écho de spin. Les inhomogénéités de champ contribuent à la décroissance de l'aimantation transversale et faussent la mesure de T_2. Si les spins ne sont pas tous dans le même champ, ils précessent à des vitesses angulaires différentes. Cela entraîne un déphasage progressif dans le plan xy et une aimantation transverse qui décroît au cours du temps, même en l'absence de relaxation. Cette inhomogénéité du champ ne peut être évitée en IRM puisque la localisation et la définition d'une tranche nécessitent la présence d'un gradient de champ. Une mesure directe conduit à un temps de relaxation apparent T_2^* beaucoup plus court que T_2, qui seul est représentatif du milieu observé. Typiquement, T_2^* peut s'écrire :

$$\frac{1}{T_2^*} = \frac{1}{T_2} + \frac{1}{2\pi}\gamma \Delta B_0,$$

qui inclut un terme relié aux hétérogénéités, indépendant du temps puisque le champ en un point donné est toujours le même. La technique *écho de spin* permet d'éliminer l'influence des inhomogénéités ΔB_0. Elle consiste à refocaliser les spins, c'est-à-dire à éliminer la dispersion dans le plan transverse due aux différences de vitesses angulaires. À cette fin, on utilise une séquence constituée par (Figure VI.7) :

- une impulsion de 90° destinée à faire basculer l'aimantation longitudinale et à faire apparaître une aimantation transversale,
- une attente d'une durée $T_E/2$, où T_E est le temps d'écho,

- une impulsion de 180° dite de refocalisation,
- une nouvelle attente de $T_E/2$,
- un enregistrement à l'instant $t = T_E$,
- l'ensemble est répété périodiquement avec la période T_R (temps de répétition).

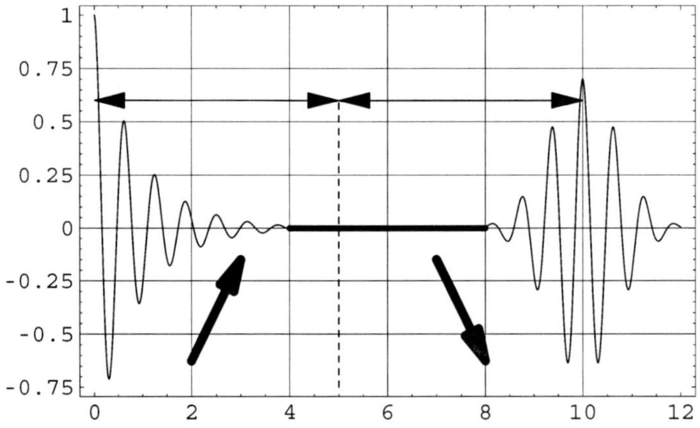

Fig. VI.7. Signal d'aimantation transverse dans une séquence d'écho de spin. L'impulsion à 90 degrés est appliquée au temps $t = 0$. Entre $t = 0$ et $t = T_E/2$, l'aimantation évolue comme indiquée par la flèche en gras à gauche. À l'instant $T_E/2$ (ici, $T_E = 10$), une impulsion à 180 degrés fait basculer les spins et ces derniers évoluent désormais comme indiqué par la flèche en gras à droite. Le motif se répète avec la période T_R.

Soit un milieu avec des T_2 suffisamment longs pour que seules les inhomogénéités de champs ΔB_0 interviennent. Suite à l'impulsion de 90°, $\mathbf{M}$ bascule dans le plan de mesure xOy et tourne autour de $\mathbf{B}_0$. La nouvelle aimantation transversale décroît car les différents moments élémentaires se déphasent lors de leur rotation du fait de ΔB_0. Lors de l'impulsion de 180°, appliquée à l'instant $T_E/2$ après l'impulsion initiale, tous les moments microscopiques et l'aimantation s'inversent tandis que la rotation continue dans le même sens. Les moments microscopiques qui étaient en avance se trouvent alors derrière les plus lents. Étant restés les plus rapides, ils rattrapent ceux qui les précèdent et tous se retrouvent en phase au bout d'un temps égal à celui qui séparait les deux impulsions. Cette mise en phase fait remonter le niveau du signal dû à l'aimantation transversale, d'où la dénomination d'écho. Tous les spins se refocalisent à l'instant T_E. Les deux phénomènes de déphasage et de rephasage se compensent et, si les seules inhomogénéités qui interviennent sont de caractère permanent, le signal remonte à sa valeur initiale. S'il y a d'autres sources d'inhomogénéité, la compensation n'est pas équilibrée et le signal de l'écho remonte à une valeur inférieure à celle de l'origine, diminuée du facteur $\exp(-T_E/T_2)$.

Un dernier avantage de cette technique est qu'elle écarte le signal à mesurer de l'impulsion qui « éblouit » le récepteur, occasionnant un temps mort pendant lequel le signal n'est pas observable.

Séquences

Le paragraphe qui précède montre que c'est ici un sujet complexe et technique ; en voici quelques idées maîtresses :

- on applique un premier gradient selon z : $\mathbf{B}_0(z) = (B_0 + \alpha z)\boldsymbol{u}_z$. La condition de résonance $\omega_1 + \gamma B_0 = \gamma B_1$ entraîne que Ω, fréquence de résonance des spins du plan $z = Z$, est déterminée par la relation
$$Z = \frac{1}{\alpha\gamma(\gamma(B_1 - B_0) - \Omega)}.$$
Il s'agit de coder cette coupe selon les deux autres directions de l'espace. Ce codage s'effectue en appliquant successivement deux autres gradients selon ces directions[11] ;
- on introduit, pendant un certain laps de temps, un deuxième gradient de champ selon y : $\mathbf{B}_0(y) = (B_0 + \beta y)\boldsymbol{u}_z$. Après l'application de ce gradient, les spins reprennent leur mouvement à la pulsation Ω, mais ils ont été déphasés de
$$\Delta\varphi(y) = \Delta\omega(y).\Delta t = \beta\gamma y\Delta t = \text{constante}.y.$$
Les lignes sont ainsi déphasées les unes par rapport aux autres ;
- à la lecture, on introduit un troisième gradient $(B_0 + Gx)\boldsymbol{u}_z$ dont l'effet est que la vitesse de rotation des spins dépend de sa colonne ;
- de la sorte, on a attribué à chaque pixel du plan une phase et une fréquence ;
- reste à récupérer, exploiter et interpréter ce signal. C'est une affaire importante, et qui dépasse significativement le cadre de ce dossier (traitement d'image, transformée de Fourier discrète, ...).

Contrastes en IRM

L'intensité du signal recueilli en IRM donne lieu sur l'écran à une brillance sur une échelle arbitraire de gris. On ne peut pas mesurer le signal dans l'absolu, mais uniquement effectuer des comparaisons dans une même coupe, entre zones blanches où le signal est élevé et zones noires où le signal est faible.

[11] Une lecture attentive signale que, pour un tel champ, $\text{div}(\mathbf{B})$ n'est pas nul. En effet, l'ingénierie de champ consiste à produire un champ aussi voisin que possible de celui-là dans une région limitée de l'espace. On peut s'en approcher en employant une paire de Helmholtz, où le courant dans l'une des bobines aurait été inversé.

En radiologie conventionnelle, le contraste dépend de la densité électronique des tissus traversés par les rayons X et l'image constitue une représentation spatiale de cette densité. Dans le cas de l'IRM, les facteurs conditionnant le signal sont beaucoup plus nombreux, ce qui conduit à une grande richesse d'informations. Le contraste dépend essentiellement de plusieurs paramètres :
- paramètres liés aux propriétés physico-chimiques du tissu étudié, densité de protons et temps de relaxation T_1 et T_2 ;
- nature de la séquence d'acquisition, c'est-à-dire de la combinaison d'impulsions de 90° ou 180°, temps de répétition T_R, temps d'écho T_E.

En particulier, et contrairement aux autres méthodes d'imagerie, l'image obtenue dépend du moment choisi pour effectuer la mesure. Cela peut se comprendre sur la figure VI.8, qui montre, en fonction du temps réduit t, la décroissance de l'aimantation transverse dans deux tissus différents, la substance blanche et la substance grise. Pour une mesure à l'instant $t \approx 0{,}735$, le signal sera très contrasté[12]. À l'inverse, pour une mesure à l'instant $t \approx 2{,}6$, les deux tissus apparaîtront noirs. Le choix d'une séquence particulière et l'observation de l'aimantation en des moments précis permettent de privilégier T_1 ou T_2.

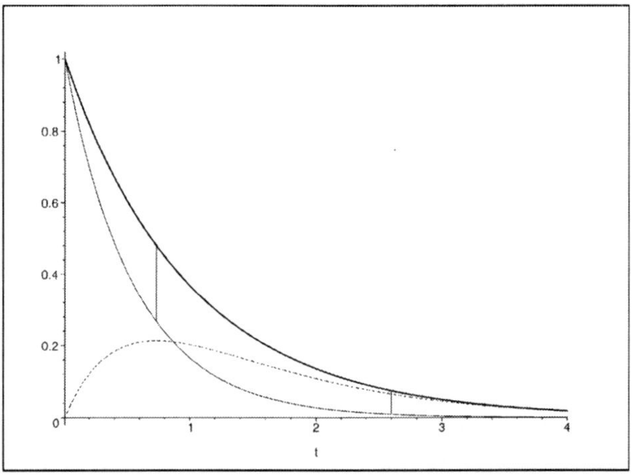

Fig. VI.8. Décroissance de l'aimantation transverse dans la substance blanche (en trait fin) et dans la substance grise (en trait gras). La courbe en pointillés représente la différence entre ces deux signaux.

[12] Le modèle choisi ici est d'une simplicité caricaturale : les déclins sont exponentiels, avec des constantes de temps respectives $T_b = 0{,}55$ et $T_g = 1$, en unités arbitraires. Les amplitudes initiales sont identiques. La différence entre les deux signaux est maximale au temps $\tau = (T_g T_b / T_g - T_b) \ln(T_g / T_b)$

4.3. Mouvement de l'aimantation M dans un champ statique $\mathbf{B}_0$ et dans un champ radio-fréquence $\mathbf{B}_1$: le repère tournant

On considère un repère (R)=(OXYZ) dans lequel le champ statique $\mathbf{B}_0$ est porté par l'axe z. Le vecteur unitaire de cet axe est noté $\mathbf{u}_z$. Le champ radio-fréquence $\mathbf{B}_1$ est un champ tournant autour de $\mathbf{B}_0$ à la vitesse angulaire $\boldsymbol{\omega} = -\omega \mathbf{u}_z$ dans le sens rétrograde. Il est dirigé suivant l'axe OX′ d'un repère tournant (OX′Y′Z′). La formule qui relie les dérivées de $\mathbf{M}$ dans les repères (R) et (R′) d'une part, et le théorème du moment cinétique dans (R) pour l'évolution de $\mathbf{M}$ dans le champ total $\mathbf{B}_0 + \mathbf{B}_1$ d'autre part, donnent :

$$\left(\frac{\mathbf{d}M}{dt}\right)_R = \left(\frac{\mathbf{d}M}{dt}\right)_{R'} + \boldsymbol{\omega} \wedge \mathbf{M} = \gamma \mathbf{M} \wedge (\mathbf{B}_0 + \mathbf{B}_1)$$

$$\left(\frac{\mathbf{d}M}{dt}\right)_{R'} = \gamma \mathbf{M} \wedge (\mathbf{B}_0 + \mathbf{B}_1 + \boldsymbol{\omega}/\gamma)$$

Le terme $\boldsymbol{\omega} \wedge \mathbf{M}$ est le terme de Coriolis résultant du passage du repère galiléen à un repère tournant. Tout se passe dans le référentiel (R') comme si l'aimantation subissait l'action d'un champ unique

$$\mathbf{B}_{eff} = \mathbf{B}_0 + \boldsymbol{\omega}/\gamma + \mathbf{B}_1.$$

Lorsque le nouveau référentiel tourne à la vitesse angulaire de Larmor, le champ effectif se réduit au champ $\mathbf{B}_1$. Si l'impulsion à la résonance est appliquée directement à partir de la position d'équilibre, l'aimantation précesse autour de $\mathbf{B}_1$ en restant dans le plan perpendiculaire à $\mathbf{B}_1$.

Bibliographie

1. D. Canet, J. C. Barbel et E. Canet-Soulas : *La RMN : Concepts, Méthodes et Applications.* Dunod, (2002).
2. J. P. Hornak : *The Basics of NMR.* Disponible Ãă l'adresse `http://www.cis.rit.edu/htbooks/nmr/bnmr.htm`.
3. C. Kittel : *Introduction à la physique de l'état solide.* Wiley, New York (1973).
4. Z. P. Liang and P. C. Lauterbur : *Principles of Magnetic Resonance Imaging.* IEEE Press, New-York, (2000).

On pourra consulter avec profit les sites suivants :
- Sur le site `www.kb.u-psud.fr`, on s'attachera au document `kb/niveau2/enseignements/niveau3/etudmed/cours-irm`
- `www.santemedia.com/mag/5_2000_10/5_irm`
- Sur le site `www.biochimie.univ-montp2.fr`, on s'attachera au document `maitrise/rmn/illustration%20cours%20zanca/illustrations_zanca`

Sujet VII

Effets collectifs dans les milieux granulaires

Texte

Filière : toutes filières.

Travail suggéré : *ce travail montre les apports de la recherche en physique à l'étude des matériaux granulaires. On dégagera les propriétés intrinsèques d'un matériau granulaire. On définira les notions de voûte, de fragilité, on examinera les phénomènes observés dans les tas de sable et dans les silos, et on examinera les fluctuations des contraintes. On s'efforcera de bien voir et décrire les lois physiques utilisées dans le passage d'un milieu continu (solide) à un milieu granulaire.*

§1. Introduction

Quelle différence y a-t-il entre un tas de cailloux et un tas de sel, entre des grains de blé et un tas de noix, entre des boules de pétanque et des oranges ?

Pour le physicien, il n'y en a pas, ou pas beaucoup.

Les graviers, les grains, les graines, les cailloux, les grains de sable, les billes, les boules, les poudres... font tous partie d'une grande famille, celle des matériaux granulaires. Cette famille de matériaux a une grande importance économique, elle est présente dans l'agro-alimentaire, l'industrie du bâtiment (ciments, graviers, sable, remblais, digues...), l'industrie chimique et pharmaceutique. On la retrouve également dans la nature : éboulis, plages, dunes, chaos rocheux. Les activités industrielles courantes impliquent la fabrication, le stockage, le tri, le mélange, le conditionnement... de matériaux granulaires. Une bonne connaissance de leurs comportements, des lois qui les régissent est donc d'une grande importance économique. La difficulté de modéliser le comportement de ces matériaux granulaires est aussi d'un grand intérêt pour les physiciens. C'est à cette approche, celle des physiciens, initiée il y a une vingtaine d'années, que l'on va s'intéresser ici. Dans ce document, on va examiner successivement le tas de sable, le silo, l'archétype du sac de billes, et quelques lois physiques qui les modélisent. On évoquera les phénomènes d'écoulement, plus compliqués. Mais, d'abord, examinons quelques résultats expérimentaux paradoxaux.

§2. Observation de quelques comportements paradoxaux

2.1. Le tas de sable

A priori, un tas de sable est un système physique simple. Le physicien ne devrait avoir aucune difficulté à prévoir son comportement. Et pourtant ! Quand on cherche à modéliser par exemple la manière dont le poids des grains de sable se propage dans le tas ou bien la manière dont s'écoulent les petites avalanches de sable à la surface du tas, on rencontre déjà toutes les difficultés inhérentes à la matière granulaire. Une expérience toute simple amène à se poser quelques questions (figure. VII.1).

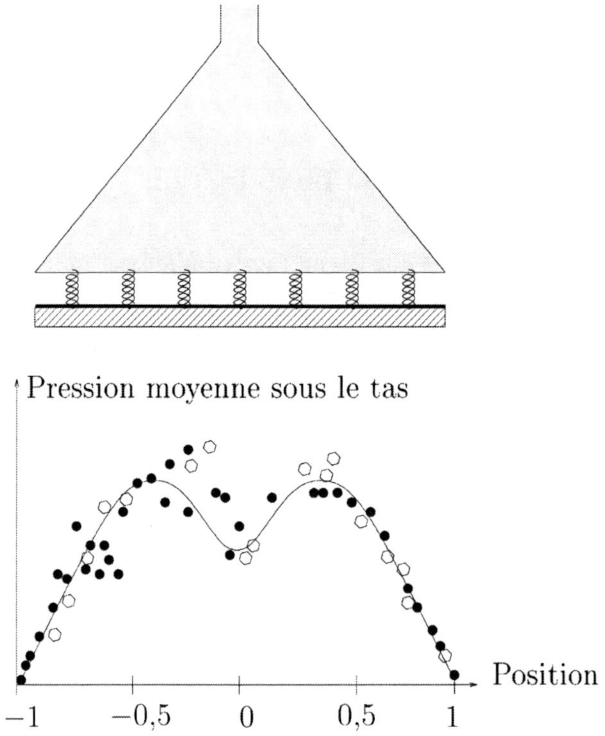

Fig. VII.1. Tas de sable et bosses de chameau.

On construit un tas de sable en versant du sable dans un entonnoir. À la base du tas, on a disposé des petits capteurs de pression, qui mesurent *a priori* le poids de la colonne de sable de section unité, à leur aplomb. On a donc le poids local, la pression locale, sous le tas en fonction de la position. Ce qu'on observe est vraiment surprenant. Intuitivement, on aurait prédit un profil de pression en forme de dos de dromadaire, or on trouve un profil en forme de dos de chameau ! Ce « trou » de pression est la signature de la façon dont se propagent les forces à l'intérieur du tas. Elles ne se propagent pas verticalement, elles suivent au contraire les voûtes (Annexe 1) présentes au sein du tas, qui défléchissent le poids des grains de sable vers l'extérieur du tas. Au centre du tas, la base se trouve ainsi « protégée » et la pression y est moins forte[1], contrairement à l'opinion communément admise. Attention, si ces voûtes marquent une préférence vers l'extérieur du tas, c'est à cause de la manière dont celui-ci a été construit. Les grains, en sortant de l'entonnoir, tombent sur le sommet du tas, puis roulent en pente avant de s'arrêter. Cela a pour effet de créer une structure interne dans le tas. Si l'on avait choisi de construire le tas en répartissant de façon homogène dans le plan horizontal la chute des grains de sable (avec un tamis, au lieu d'un entonnoir, par exemple), on aurait obtenu un profil de pression sans minimum au centre du tas de sable mais avec, au contraire un plateau. Il s'agit donc maintenant de décrire la manière dont les efforts se propagent au sein du tas de sable, question qui n'est absolument pas triviale pour les physiciens.

2.2. Le silo

Le silo, instrument industriel courant, est un autre exemple de système physique simple, même si la présence de parois modifie un peu les choses par rapport au tas de sable. Les physiciens et ingénieurs se sont d'ailleurs intéressés aux silos dès 1895. L'expérience montrant les effets de voûte dans les silos est simple : on verse dans un silo expérimental (un tube vertical solidement fixé surmontant un fond mobile relié à une balance) des grains et l'on mesure deux quantités : la masse des grains versés m_v, et la masse qui pèse sur le fond ou masse apparente m_a. Que se passe-t-il quand on remplit peu à peu le silo ? Là encore une expérience avec un fluide donnerait un résultat simple : on pèserait sur le fond exactement ce qu'on a versé dans le tube. Avec des grains ce n'est pas la même chose (figure VII.2) !

Au début, quand on verse peu de grains dans le tube, m_a reste proportionnelle à m_v. Mais très vite, m_a croît moins vite que m_v, puis finit par saturer, lorsque la hauteur des grains versés devient comparable au diamètre du silo. Autrement dit, on ne mesure sur le fond du silo qu'une fraction (de plus en plus faible) de la masse des grains contenus dans le silo, m_a. Bien entendu aucune masse n'a disparu. La différence entre m_v et m_a est due à l'effet des voûtes qui se créent naturellement dans l'empilement des grains. Le poids des grains ne se propage pas verticalement, il est dévié vers les parois du silo, qui,

[1] Une expérience de pensée (exercice fréquent en physique) consisterait à comparer cette situation à celle d'un « tas de liquide » de la même forme (il faudrait savoir le faire). À l'évidence, la pression locale serait proportionnelle à la hauteur de liquide au-dessus de chaque capteur. La courbe de pression aurait donc la même allure que le profil géométrique du « tas de liquide ».

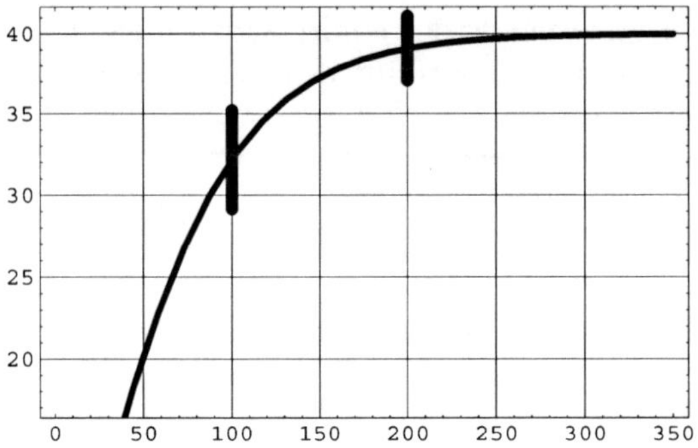

Fig. VII.2. La masse de sable versé (en grammes) est en abscisse. La masse apparente sur le fond du silo est en ordonnée. Masse apparente et masse versée sont différentes !

par friction, en supportent une partie. Ainsi seuls les grains dont le poids n'a pas été écranté par les murs du silo contribuent à la masse apparente. Le fond ne voit que les grains les plus proches (à une hauteur inférieure au diamètre du silo, approximativement).

La friction des murs joue un rôle essentiel et amplifie les effets de voûte : plus celle-ci est forte et plus l'effet d'écrantage est rapide. Toute surcharge en hauteur doit être supportée par les parois. Ces dernières doivent donc être construites pour supporter ces forces. La figure VII.2 appelle encore un commentaire : les barres d'erreur des mesures de m_a sont particulièrement grandes. Ce n'est pas l'instrument de mesure qui est en cause, mais la dispersion des mesures sur un grand nombre d'expériences.

La matière granulaire est très sensible aux perturbations extérieures (mécaniques, thermiques, chimiques). Le chemin précis que prend une voûte dépend fortement des grains sur lesquels elle s'appuie. Qu'un grain « de voûte » vienne à glisser, ou que ses contacts avec les grains voisins changent légèrement, et tout le réseau de voûtes voisin peut en être affecté. Le réarrangement interne est invisible de l'extérieur, sauf dans la dispersion des mesures de m_a, et dans la force exercée sur les parois du silo ; en particulier, plusieurs grosses voûtes [2] peuvent fusionner près de la paroi, imposant à celle-ci une pression très élevée. À l'inverse, dans d'autres parties des parois, la pression sera très réduite.

2.3. Le sac de billes

Si l'on revient, provisoirement, à un modèle idéal, l'exemple le plus simple d'empilement est celui d'un tas de billes (toutes de la même taille). Et pour faire vraiment simple, celui d'un tas de billes sur un plan, ou de disques, projection en 2D des billes. La structure élémentaire d'un empilement est le triangle équilatéral formé par trois disques en contact entre eux (figure VII.3).

[2] Grosses au sens du nombre de grains impliqués.

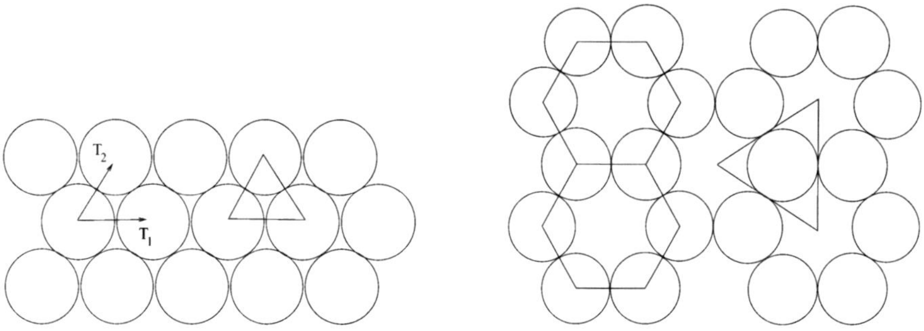

Fig. VII.3. À partir des deux vecteur de base $\mathbf{T}_1$ et $\mathbf{T}_2$, on obtient tous les centres des disques par la relation $\mathbf{OM} = n_1\mathbf{T}_1 + n_2\mathbf{T}_2$, où n_1 et n_2 sont des entiers relatifs. (a) Le réseau des centres des triangles est hexagonal. (b) Le réseau des centres des hexagones est triangulaire.

En plaçant côte à côte sur un plan des disques de même diamètre $2R$, à partir de ce germe initial de trois disques, on réalise l'empilement triangulaire le plus simple. Cet empilement constitue un réseau. À partir de deux vecteurs $\mathbf{T}_1$ et $\mathbf{T}_2$ à 60 degrés l'un de l'autre issus du même centre d'une bille (d'un disque), on a accès au centre de n'importe quel disque par une composition linéaire de ces vecteurs :

$$\mathbf{T} = n_1\mathbf{T}_1 + n_2\mathbf{T}_2.$$

À tout couple de nombres entiers, n_1 et n_2, correspond le centre d'un disque. On dit qu'il y a un ordre à grande distance. On définit la compacité de l'empilement comme la fraction de surface occupée par les cercles en contact. Dans ce cas, la compacité est de 91%[3]. C'est la plus grande compacité que l'on puisse produire sur un plan avec des disques (ou des billes) de même diamètre. La surface des vides résiduels, ou porosité, est de 9% . En plaçant des billes en contact aux sommets d'un carré de côté égal au diamètre $2R$ des billes (figure VII.4), on réalise un empilement carré. Sa compacité est de $\pi/4$, soit 0,79, valeur nettement plus faible que celle obtenue pour le réseau triangulaire[4].

Compacité, porosité et coordinence sont trois notions essentielles pour comprendre les propriétés des matériaux granulaires et le rôle des vides que les grains laissent entre eux, vides qui peuvent être remplis de liquide. Le réseau triangulaire est un réseau « idéal » au sens du remplissage du plan. Dans la pratique, un milieu est fini, borné par des conditions aux limites. Par exemple, si on laisse rouler des billes sur un plateau incliné de forme rectangulaire,

[3] Ou plus précisément, comme on peut le montrer simplement en calculant le rapport de la surface occupée à la surface totale, $\pi/2\sqrt{3}$.

[4] Les billes ainsi positionnées ne demandent d'ailleurs qu'à se déplacer pour augmenter la compacité en se rapprochant du réseau triangulaire. Dans cette opération, le nombre de contacts d'une bille avec ses voisines, ou coordinence, passe de 4 à 6.

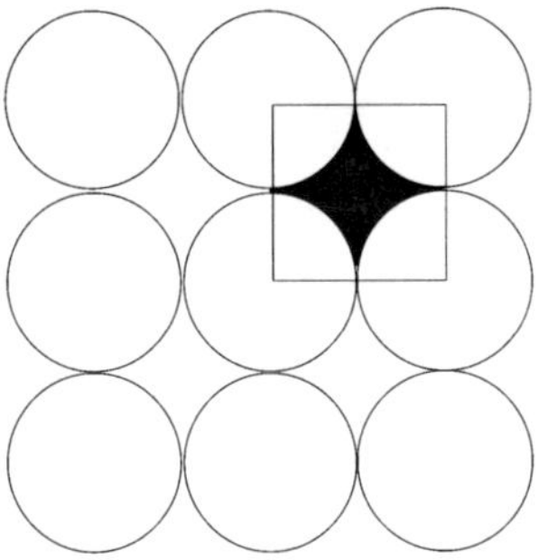

Fig. VII.4. Réseau carré et pavage correspondant. Le réseau carré est moins compact et moins stable que le réseau triangulaire. Un glissement des couches augmente la compacité.

l'empilement va devoir s'ajuster avec, comme conditions aux limites, l'angle droit formé par les bords du plateau. Loin du coin, le réseau triangulaire va l'emporter, mais on va voir apparaître des défauts, qui ne sont rien d'autre que des ajustements d'ordre. Le défaut élémentaire est une dislocation [5], on a perdu l'ordre à grande distance. La compacité de l'alignement est ainsi réduite (figure VII.5).

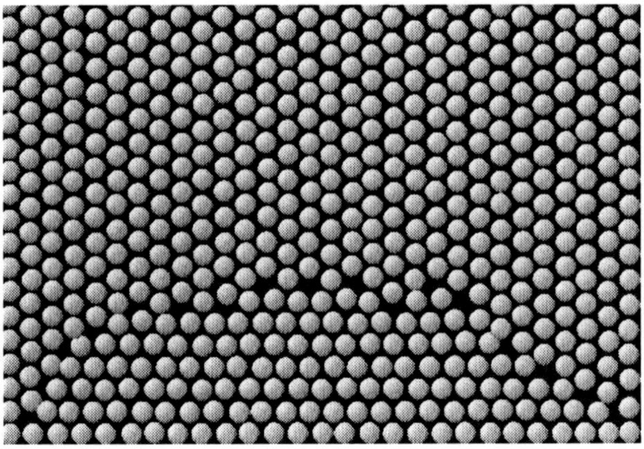

Fig. VII.5. Défaut étendu dans un réseau de sphères dures.

À trois dimensions, on peut examiner les propriétés d'un ensemble de sphères de rayon R en empilant des couches planes de sphères les unes au-dessus des autres. Sur le plan de billes A, on place un plan de billes B, chaque bille B étant en contact avec 3 billes de A. On continue avec un plan C, chaque

[5] Défaut de position dans un empilement périodique.

bille de C étant en contact avec 3 billes de B, *etc.* Pour cette couche C, on a deux possibilités : soit les billes de C sont à la verticale des billes de A, dans un creux sur deux de la seconde couche, on amorce la structure ABAB... d'un cristal hexagonal compact HC ; soit les billes C sont à la verticale des creux de la couche A et l'on a alors la structure ABCABC... d'un cristal cubique faces centrées CFC (figure VII.6).

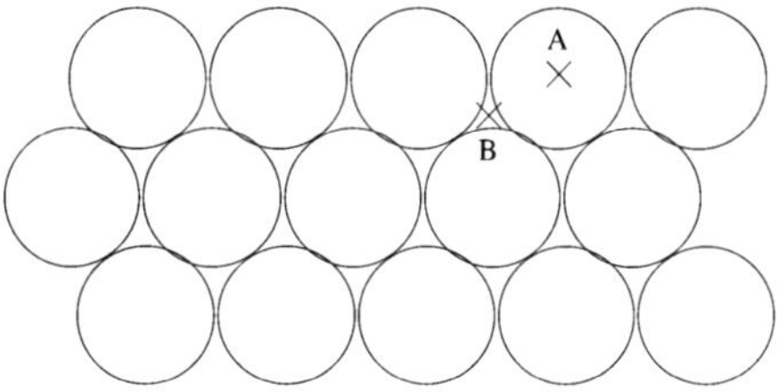

Fig. VII.6. Principe de construction des réseaux cubiques à face centrée. Au-dessus de la première couche (A) de billes en contact, on place une deuxième couche à l'aplomb des creux (B). En utilisant pour la troisième couche la verticale de la couche (A), on obtient la structure périodique (ABAB...) du cubique face centrée.

Dans l'empilement CFC, chaque bille est en contact avec 12 billes, 6 dans son plan, 3 dans le plan supérieur et 3 dans le plan inférieur. La coordinence est de 12. La compacité, c'est-à-dire le pourcentage du volume occupé par les billes est d'un peu plus de 74%. Ces deux valeurs de coordinence et de compacité sont les plus élevées que l'on connaisse pour des empilements de sphères de même diamètre.

Si l'on passe maintenant de l'empilement de billes « construit » au sac de billes « spontané », qu'observe-t-on ? Et d'ailleurs, comment construire un tas de billes « spontané » ? Si on laisse tomber les billes l'une après l'autre, et si ces billes ne bougent pas juste après leur chute (ce que l'on peut obtenir en faisant l'opération à l'intérieur d'un liquide), la compacité est de l'ordre de 60%. On obtient une valeur un peu plus faible, 58 à 60%, mais peu reproductible, en versant en vrac sans précaution, des billes dans un récipient rigide. Le remplissage peut être amélioré en secouant et en faisant vibrer le récipient en même temps que l'on remplit ; il est possible dans ce cas d'atteindre une compacité de 64%. Cette valeur est reconnue, de façon unanime, comme la compacité maximale d'un empilement désordonné de sphères dures identiques. On ne connaît pas de théorie pour justifier cette valeur de 64%.

Que se passe-t-il entre la compacité de 64% et celle d'un arrangement idéal, de compacité égale à 74% ? Pas grand-chose ; entre les deux arrangements sont apparus des poches et des vides, de taille parfois importante, maintenus en place par des voûtes, qui sont le résultat d'équilibres collectifs dans lesquels peuvent être impliqués plusieurs dizaines de billes. Ces voûtes ne sont pas stables dans le cas de sphères très lisses pouvant rouler et glisser facilement les unes sur les autres. Un empilement de sphères peut être compacifié par légère agitation ou vibration[6]. C'est particulièrement vrai si cette vibration se fait pendant le remplissage.

Jusqu'ici on n'a considéré que des billes de même diamètre. Il reste entre ces billes empilées des vides de « diamètre » égal à 0, 225 fois le diamètre des billes. On peut se proposer de changer la compacité et de remplir ces vides avec des billes de plus petit diamètre, et ainsi de suite jusqu'à des billes infiniment petites. Ce problème, soulevé par Apollonios de Perga trois siècles avant notre ère, a une réelle importance pratique puisque l'on peut ainsi réduire la porosité du milieu et, dans le cas des bétons, augmenter leurs propriétés mécaniques (jusqu'à un facteur 10) et leur durée de vie (surfaces libres internes réduites, et donc moins de sensibilité aux réactions chimiques). Du point de vue mathématique, il s'agit d'un problème de géométrie fractale.

§3. De quelques lois physiques et modélisations

En mécanique des milieux continus, les contraintes qui s'exercent sur un élément de volume (figure VII.7, à gauche) forment un tenseur[7] noté σ_{ij}.

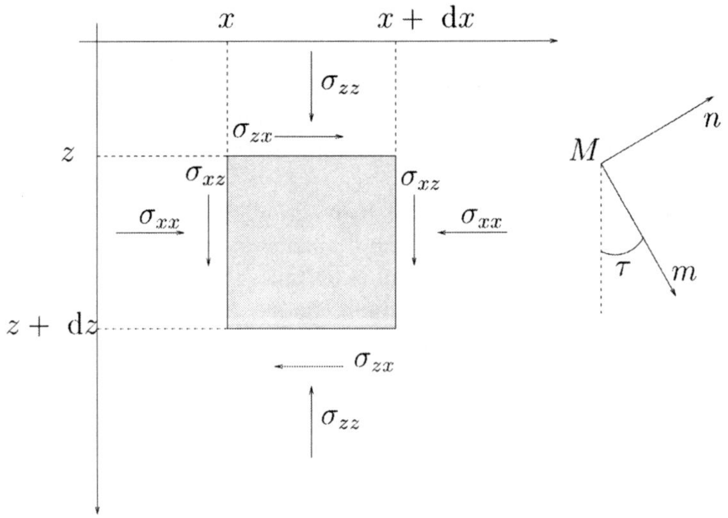

Fig. VII.7. Contraintes sur un élément de volume.

[6] Ceci est connu depuis longtemps ; extrait de l'Évangile selon Saint-Luc, 6, 36 : « Prenez une bonne mesure, bien secouée, bien tassée, car de la façon dont vous donnerez, de la même façon il vous sera rendu ».

[7] Pour une brève introduction à cette notion, voir le compléments physico-mathématique 5.3, en fin de dossier

La composante σ_{ik} du tenseur est la composante numéro i de la force agissant sur l'élément unitaire de surface perpendiculaire à l'axe k. Les éléments diagonaux du tenseur donnent les forces normales et les autres éléments donnent les forces tangentielles. En deux dimensions, ce tenseur a 4 composantes. Les composantes diagonales σ_{xx} et σ_{zz} représentent les pressions le long des axes x et z, respectivement. Les composantes non diagonales σ_{zx} et σ_{xz} sont les cisaillements le long des deux axes. Lorsque le système considéré est à l'équilibre, la résultante des actions, ainsi que la somme des moments doit s'annuler en chaque point. La deuxième condition impose la symétrie du tenseur des contraintes : en deux dimensions $\sigma_{zx} = \sigma_{xz}$. Si le système n'est soumis, en volume, qu'aux forces de pesanteur, l'équilibre des forces s'écrit :

$$\underline{\nabla} \cdot \underline{\sigma} = \rho \mathbf{g}.$$

Ces équations sont au nombre de d (le nombre de dimensions du système). Le nombre d'inconnues (le nombre de composantes indépendantes du tenseur des contraintes symétrique) est $(1/2)d(d+1)$. Pour $d = 2$, il manque une équation. Pour $d = 3$, il en manque trois[8]. À deux dimensions, le système s'écrit :

$$\frac{\partial \sigma_{xx}}{\partial x} + \frac{\partial \sigma_{xz}}{\partial z} = 0$$
$$\frac{\partial \sigma_{xz}}{\partial x} + \frac{\partial \sigma_{zz}}{\partial z} = \rho g,$$

l'axe z étant vertical et le long de $\mathbf{g}$.

Les seules équations d'équilibre ne suffisent pas à déterminer l'état de contrainte (les composantes de σ_{ij}) du système. Il faut donc compléter la description des actions au sein du système. Deux approches sont envisageables :

1. On pourrait imaginer décrire la répartition des contraintes dans le tas de sable en modélisant complètement le flot de grains qui lui a donné naissance (comportement individuel des grains, et collectif : avalanches, *etc.*). C'est évidemment une approche extrêmement compliquée, qui implique un long calcul dynamique, jusqu'à obtention de l'équilibre, lui-même fragile par rapport aux perturbations, comme on l'a vu, pour un simple tas de sable.

2. Une autre approche consiste à considérer une ligne quelconque au sein du matériau granulaire. En chaque point M de cette ligne on définit les vecteurs $\mathbf{n}$ et $\mathbf{m}$ respectivement normal et tangent à cette ligne. On appelle τ l'angle que forment ces vecteurs avec les axes (x, z) (figure VII.7, à droite).

Cette ligne sera une ligne de glissement si le cisaillement σ_{nm} le long de cette ligne excède, en module, $\tan(\varphi)$ fois la pression σ_{nn} normale à cette ligne. Autrement dit, par définition de l'angle de friction φ (tel que défini

[8] Si le système considéré est suffisamment symétrique, cas du silo ou du tas de sable, ce nombre se réduit à 2.

dans l'annexe 2), le point M sera stable si pour tout angle τ le cisaillement en ce point est tel que $\|\sigma_{nm}\| \leqslant \sigma_{nn}(\tan(\varphi))$. On a ainsi défini le critère de Mohr-Coulomb.

Cette inégalité n'est valable que pour un matériau non cohésif. Si au contraire les particules formant ce matériau exercent entre elles des forces attractives[9], on dit que le matériau possède une certaine cohésion c et le critère de Mohr-Coulomb doit être réécrit sous la forme $\|\sigma_{nm}\| \leqslant \sigma_{nn}(\tan(\varphi))+c$. L'angle de friction φ (Annexe 2) et la cohésion c sont ainsi deux paramètres caractéristiques d'un matériau donné et peuvent être mesurés dans une cellule de cisaillement[10]. Pour un sable sec, on trouve que l'angle de friction φ est également l'angle de talus, ou angle d'avalanche de ce sable. Par rotation de l'angle τ on peut exprimer les σ_{nm} et σ_{nn} en fonction de σ_{xx} et σ_{xz}. On montre alors que la condition de Mohr-Coulomb s'écrit :

$$(\sigma_{xx} - \sigma_{zz})^2 + 4\sigma_{xz^2} \leqslant (\sigma_{xx} + \sigma_{zz})^2 \sin^2(\varphi),$$

où l'égalité signifie que le matériau est à la limite du glissement, ou marginalement stable. Une hypothèse implicite est que la tendance à la rupture du matériau peut être considérée comme anisotrope. Dans la pratique l'angle φ peut lui même être fonction de τ.

Une hypothèse courante pour décrire l'état de contrainte d'un matériau granulaire est de supposer qu'en tout point le système est à la limite de la rupture. Un tel matériau est appelé matériau idéal de Coulomb. Dans cette hypothèse, la relation précédente est partout vérifiée sous forme d'égalité. C'est par exemple la situation des glissements de terrain. On a alors $\sigma_{xx}/\sigma_{zz} = f(\sigma_{xz}/\sigma_{zz})$. Une telle relation fournit l'équation manquante aux équations d'équilibre.

En réalité, ce modèle ne convient pas pour décrire la distribution des contraintes dans des systèmes au repos comme les tas de sable ou les silos, car la condition de glissement est bien trop forte pour être réaliste. Pour trouver la ou les relations manquantes décrivant la répartition des contraintes dans un système granulaire au repos, il faut s'approcher de plus près de la structure interne du matériau. Cette structure est très inhomogène : on distingue des chaînes de forces bien marquées sur certains grains, alors que d'autres grains sont comparativement bien moins contraints. La structure interne d'un matériau granulaire particulier dépend de la façon dont celui-ci a été construit et sollicité, c'est-à-dire de son « histoire », et elle se réarrange très facilement

[9] C'est le cas par exemple avec les argiles ou les sables humides, ou bien lorsque les grains sont tellement petits (moins de 100 μm) que les interactions électrostatiques entre grains ne sont plus négligeables.

[10] Par convention, le terme de cohésion n'est pas intégré au tenseur de contraintes lui-même. Cette convention est différente de celle qui est adoptée dans la description d'un fluide : dans ce dernier cas, on inclut dans la pression P la pression cinétique, P_c, et la pression moléculaire, P_m, due aux interactions à la Vander Waals.

lorsqu'on le perturbe, même faiblement. On complète l'analyse précédente en introduisant un « tenseur de texture » :

$$\phi_{ij} = < n_i^\alpha n_j^\alpha >,$$

où $\mathbf{n} = \mathbf{r}^\alpha / r^\alpha$, $\mathbf{r}^\alpha$ étant le vecteur qui joint le barycentre des contacts au sein d'un grain et le contact numéro α avec un des grains contigus (figure VII.8).

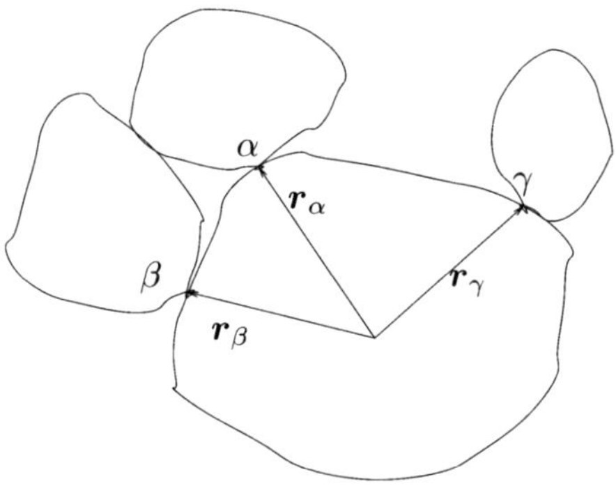

Fig. VII.8. Configuration particulière d'un système de grains.

Les crochets < > désignent une moyenne sur tous les contacts α, β, γ *etc.* Le réseau des contacts entre les grains, et donc le tenseur de texture qui lui est associé, dépend de la manière dont les grains qui roulaient et se cognaient les uns aux autres se sont à un moment donné immobilisés. Le tenseur ϕ_{ij} est diagonalisable. Sa direction principale majeure (mineure) donne en moyenne la direction le long de laquelle les grains ont, en moyenne, le plus grand (petit) nombre de contacts. Physiquement cela signifie que les chaînes de force, ou voûtes, que l'on observe dans les amas granulaires correspondent en moyenne aux directions principales majeures de ϕ_{ij}.

Lorsque l'on construit un tas de sable, ou lorsque l'on remplit un silo, on crée un réseau de contacts, une structure interne de voûtes, dont la géométrie va dépendre du protocole utilisé. Si celui-ci est assez simple, on peut raisonnablement s'attendre à ce que la structure interne correspondante soit elle-même facile à décrire, en moyenne. On peut interpréter ce processus comme un phénomène de « mémoire » : les grains, une fois enterrés, conservent l'orientation de leurs contacts avec leurs voisins qu'ils ont acquise au moment où ils se sont retrouvés à l'équilibre. On peut également dire que la matière a tendance à s'autostructurer en réponse à une sollicitation externe, les avalanches de grains, lorsque le tas grandit.

Imaginons maintenant que l'on sache décrire la géométrie du réseau de voûtes d'un système granulaire. On connaît donc en chaque point les vecteurs **m** et **n**, tangent et normal à la voûte qui passe par ce point. Le vecteur **m** fait un angle τ avec la verticale. L'hypothèse centrale du modèle décrit ici est alors :

$$\sigma_{nm} = \sigma_{nn} \tan(\Psi),$$

relation phénoménologique qui exprime que les voûtes frottent entre elles avec un angle de friction effectif Ψ. Cette relation de friction suppose implicitement que la cohésion[11] du matériau granulaire considéré est négligeable. Le critère de stabilité de Mohr-Coulomb indique que $\|\sigma_{nm}/\sigma_{nn}\| \leqslant \tan(\varphi)$ pour tout angle φ. On doit donc avoir $\|\tan(\Psi)\| \leqslant \tan(\varphi)$.

La relation $\sigma_{nm} = \sigma_{nn} \tan(\Psi)$ peut être interprétée comme un critère de Mohr-Coulomb fortement anisotrope. Elle signifie que, lorsqu'on cisaille un matériau granulaire dans une direction faisant un angle τ avec la verticale, il y aura rupture si ce cisaillement dépasse $\tan(\varphi)$ fois la charge normale à cette direction, sauf si cette direction est la direction des chaînes de force, auquel cas l'angle de friction est Ψ. Cet angle est plus petit que l'angle d'avalanche φ car il est plus facile de faire glisser des voûtes parallèlement les unes aux autres que de les briser en exerçant une contrainte dans une autre direction. Lorsqu'on associe les relations $\sigma_{nm} = \sigma_{nn} \tan(\Psi)$ et la relation d'équilibre $\underline{\nabla} \cdot \underline{\sigma} = \rho \mathbf{g}$, le système que l'on obtient est de type hyperbolique. Les équations prennent une forme propagative particulièrement simple le long de deux courbes (en deux dimensions) appelées « caractéristiques[12] ». Ces courbes caractéristiques ont la propriété de propager les vecteurs, dans notre cas les forces, le long d'elles-mêmes. Ici, l'une de ces courbes caractéristiques est justement la ligne qui porte le vecteur $\mathbf{m}$. La seconde dépend de ce dernier et fait un angle $\tau - \Psi - \frac{\pi}{2}$ avec la verticale. La relation de friction entre chaînes de force, $\sigma_{nm} = \sigma_{nn} \tan(\Psi)$, permet de faire coïncider la structure physique de ces voûtes avec la structure mathématique des caractéristiques mathématiques des équations de propagation des contraintes. Si l'on suppose que les voûtes sont en moyenne des lignes droites, (i.e. $\tau = Cte$), et que le coefficient de frottement entre ces voûtes est également constant, (i.e. $\Psi = Cte$), alors on obtient une expression très simple entre composantes du tenseur des contraintes. Celle-ci s'écrit :

$$\sigma_{xx} = \eta \sigma_{zz} + \mu \sigma_{xz},$$

où les deux coefficients η et μ se déduisent des angles τ et Ψ par les formules :

$$\eta = \tan(\tau) \times \tan(\tau - \Psi - \frac{\pi}{2})$$
$$\mu = \tan(\tau) + \tan(\tau - \Psi - \frac{\pi}{2}).$$

Ce modèle, en supposant en plus τ et Ψ constants, dénommé OSL pour *Oriented Stress Linearity* (model) par son auteur, semble bien adapté aux situations les plus simples, comme les tas de sable ou les silos. Un cas particulier est celui

[11] C'est cette friction qui, par exemple, fait tenir les châteaux de sable humide, c'est dire son importance.

[12] Voir le compléments physico-mathématique en fin de dossier.

où μ est nul. Cela correspond à la situation où le cisaillement n'a pas joué un rôle important dans l'établissement de la structure interne du matériau granulaire. Si on pose alors $c_0^2 = \eta = \tan^2(\tau)$, la relation $\sigma_{xx} = c_0{}^2\sigma_{zz}$ associée aux équations différentielles d'équilibre donne pour chacune des composantes du tenseur des contraintes une « équation d'onde » :

$$(\frac{\partial^2}{\partial z^2} - c_0^2\frac{\partial^2}{\partial z^2})\sigma_{ij} = 0,$$

où z joue le rôle du temps et x est la dimension spatiale. Cette équation d'onde est une équation dite hyperbolique. L'une des caractéristiques est la ligne qui porte le vecteur $\mathbf{m}$, quelle que soit la valeur de Ψ. La seconde fait un angle $\tau - \Psi - \frac{\pi}{2}$ avec la verticale. Dans le cas général, on aura une équation d'onde anisotrope :

$$(\frac{\partial}{dz} + c_+\frac{\partial}{dx})(\frac{\partial}{dz} + c_-\frac{\partial}{dx})\sigma_{ij} = 0,$$

avec :

$$\begin{aligned} c_+ &= \tan(\tau), \\ c_- &= \tan(\tau - \Psi - \frac{\pi}{2}), \\ c_\pm &= \frac{1}{2}(\mu \pm \sqrt{\mu^2 - 4\eta}). \end{aligned}$$

Ce modèle n'impose rien de particulier quant à la direction des axes principaux des σ_{ij} , mais il fait en sorte de faire coïncider la direction des voûtes définies par le biais du tenseur de texture φ_{ij} avec les caractéristiques des équations de propagation.

3.1. Grains durs, grains mous...

Tout cela n'est valable que pour des grains très rigides. Si les grains possèdent une certaine élasticité, ce qui est presque toujours le cas, la question se pose de savoir si l'approximation OSL est toujours bonne. La réponse est que l'angle τ est maintenant remplacé par un intervalle $[\tau - \triangle\tau, \tau + \triangle\tau]$, $\triangle\tau$ étant fonction du module d'Young des grains.

§4. Solution pour un tas de sable

À deux dimensions, le modèle décrit précédemment peut être résolu de façon analytique. À trois dimensions, si le système considéré possède une symétrie cylindrique, le tenseur des contraintes comporte quatre composantes indépendantes. Si z est l'axe vertical, r et χ les deux coordonnées cylindriques, ces quatre composantes sont les trois pressions σ_{zz}, σ_{rr} et $\sigma_{\chi\chi}$ ainsi que le cisaillement σ_{rz}. Ces quatre grandeurs sont indépendantes de χ et sont liées par les deux relations d'équilibre :

$$\frac{\partial \sigma_{rz}}{\partial r} + \frac{\partial \sigma_{rz}}{\partial z} = -\frac{\sigma_{rz} - \sigma_{zr}}{r}$$

$$\frac{\partial \sigma_{rz}}{\partial r} + \frac{\partial \sigma_{zz}}{\partial z} = \rho g - \frac{\sigma_{rz}}{r}.$$

Il faut maintenant deux autres relations pour fermer ce système d'équations. À l'équation :

$$\sigma_{rr} = \eta \sigma_{zz} + \mu \sigma_{rz},$$

déjà vue (en deux dimensions), on ajoute la relation :

$$\sigma_{\chi\chi} = \sigma_{rr}$$

qui traduit de nouveau le structure granulaire du matériau. La figure VII.9 donne la contrainte normalisée σ_{zz} (c'est-à-dire le poids de la colonne verticale locale) en fonction de la distance r au centre du tas. On remarque que

- le maximum de pression est sous-estimé dans le modèle,
- la position de ce maximum est plus près du centre du tas que celui des courbes théoriques. Cela peut dépendre de la façon dont les tas ont été construits, en particulier de la vitesse du grain de sable arrivant sur le tas, en sortant de l'entonnoir, c'est-à-dire de la distance entre l'entonnoir et le tas.

§5. Conclusion

Ces études permettent de rendre compte qualitativement de la variation de pression à la base du tas de sable. Ce profil dépend fortement de la façon dont le tas a été construit, c'est-à-dire de son histoire (strates horizontales avec un tamis, ou point source avec un entonnoir). Les effets observés peuvent s'interpréter en termes de voûtes, qui rejettent le poids des grains vers l'extérieur du tas. Ces structures apparaissent au moment de la construction du tas. Une loi de friction entre ces voûtes conduit à une relation entre les composantes du tenseur des contraintes. Cette relation donne aux équations différentielles régissant le système un caractère hyperbolique (comme les équations d'onde), dont la principale propriété est de posséder des caractéristiques, lignes privilégiées de la propagation de l'information (les contraintes), lesquelles coïncident dans le modèle décrit avec les voûtes. À partir de ce modèle « simple », on peut envisager d'aborder des systèmes et des phénomènes plus complexes : silos, structures granulaires inhomogènes, effets du désordre et des fluctuations, lois de déplacement des milieux granulaires (avalanches, glissement de terrains, déplacement des dunes...).

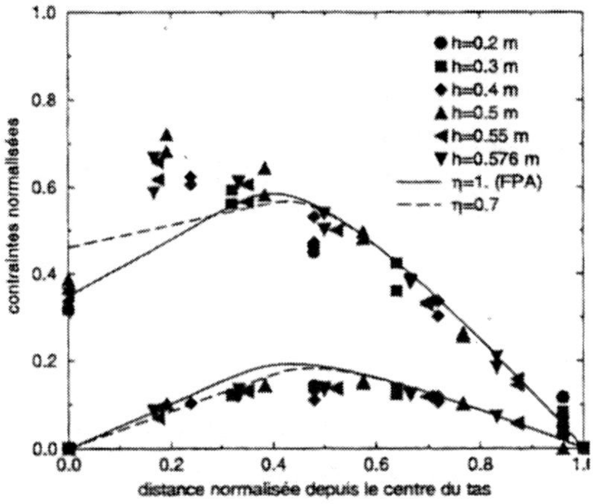

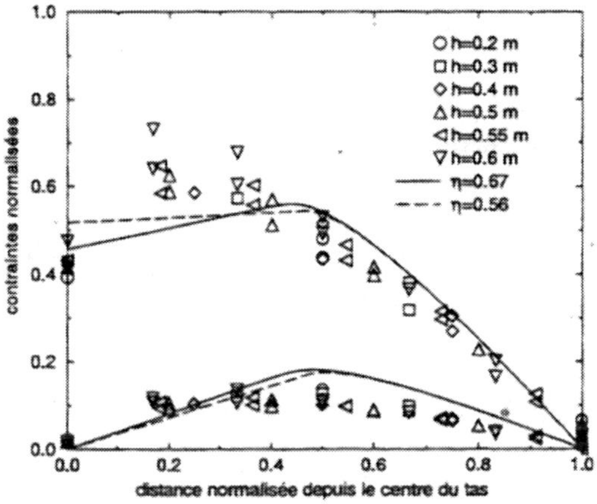

Fig. VII.9. Contrainte en fonction de la distance radiale dans un amas granulaire. Comparaisons de quelques expériences de Smid et Novosad (engrais NPK-1) avec la théorie. En haut : $\Phi = 32,6^o$; aux deux valeurs de η correspondent respectivement $\mu = -1,28$ et $\mu = -0,43$. En bas : $\Phi = 33,7^o$; aux deux valeurs de η correspondent respectivement $\mu = -0,04$ et $\mu = -0,009$.

5.1. Annexe 1 - définition d'une voûte

Une voûte est, selon le dictionnaire, un « ouvrage de maçonnerie, cintré, formé d'un assemblage de pierres spécialement taillées, servant à couvrir un espace en s'appuyant sur des murs, des piliers, des colonnes ». Les pierres qui constituent la voûte, en s'appuyant les unes sur les autres, défléchissent le poids de ce qui se trouve au-dessus de cette voûte vers les supports latéraux situés sur les côtés.

5.2. Annexe 2 - angle de friction

Lorsque deux solides frottent l'un contre l'autre, il se développe, à la surface de contact entre ces deux solides, une force de friction qui s'oppose au mouvement. La loi empirique que suivent ces forces de friction est très simple. Elle a été découverte par Amontons en 1699 (et auparavant par Léonard de Vinci à la fin du XVe siècle), puis reprise par Coulomb en 1781.

Prenons un solide, posons le sur un plan horizontal rugueux. Ce solide a un certain poids **N** qui s'applique normalement au plan de contact. La force horizontale tangentielle à ce plan, **T**, que l'on doit exercer pour faire glisser le solide doit excéder, en module, une fraction déterminée du poids N ; autrement dit, le solide sera dans une situation stable tant que $T \leqslant N\tan(\varphi)$, où φ est par définition l'angle de friction du contact entre le solide et le plan. Celui-ci est d'autant plus grand que la rugosité du contact est forte. Dans un système à l'équilibre, les forces de friction sont *a priori* indéterminées si l'on ne sait rien du passé de ce système, c'est-à-dire de la manière dont les solides qui étaient en mouvement se sont retrouvés immobiles. La condition d'équilibre $T \leqslant N\tan(\varphi)$ ne permet pas de connaître le degré de mobilisation des forces de friction, qui dépend de la configuration précise des contacts entre les solides du système. À la limite de glissement, la situation est différente ; dans la relation $T = \pm N\tan(\varphi)$, le signe dépend du sens de glissement et toutes les forces sont connues. Le critère de Mohr-Coulomb est l'équivalent de cette inégalité pour un sol, et pour un milieu granulaire en particulier. Il va donner une limite de stabilité au-delà de laquelle le glissement apparaîtra.

5.3. Compléments physico-mathématiques

Tenseur des contraintes

Lorsqu'un corps déformable est déplacé de son état d'équilibre initial, il est le siège de contraintes internes, qui visent à le ramener à cet état initial. Soit $\mathbf{F}dV$ la force élémentaire agissant sur l'élément de volume dV ($\mathbf{F}$ est donc une densité volumique de force) ; en vertu de l'égalité de l'action et de la réaction, les forces internes s'annuleront mutuellement et la résultante des forces agissant sur ce corps pourra s'écrire comme la somme des forces agissant sur chaque élément de sa surface. La composante x par exemple $\int F_x \, \mathrm{d}V$ peut être transformée en intégrale de surface. L'intégrale d'un scalaire dans un volume arbitraire peut être transformée en intégrale de surface si ce scalaire est la divergence d'un vecteur. Nous admettrons l'existence d'un vecteur $\boldsymbol{\sigma}_x$ dont la divergence est égale à F_x :

$$F_x = \mathrm{div}(\boldsymbol{\sigma}_x) = \frac{\partial \sigma_{xx}}{\partial x} + \frac{\partial \sigma_{xy}}{\partial y} + \frac{\partial \sigma_{xz}}{\partial z},$$

avec des relations analogues pour les deux autres composantes. L'objet à deux indices (et donc neuf composantes) que nous venons d'introduire est appelé *tenseur des contraintes*. Puisque, par définition,

$$\int F_i \, \mathrm{d}V = \int \sum_k \frac{\partial \sigma_{ik}}{\partial x_k} \, \mathrm{d}V = \oint \sum_k \sigma_{ik} \, \mathrm{d}S_k,$$

$\sum_k \sigma_{ik} \, \mathrm{d}S_k$ est la composante numéro i de la force agissant sur l'élément de surface $\mathrm{d}\mathbf{S}$. Par suite, la composante σ_{ik} du tenseur est la composante numéro i de la force agissant sur l'élément unitaire de surface perpendiculaire à l'axe k.

Les éléments diagonaux du tenseur donnent les forces normales et les autres éléments les forces tangentielles. On démontre que ce tenseur est symétrique : $\sigma_{ij} = \sigma_{ji}$. Lorsqu'un corps subit une compression uniforme, chaque unité de sa surface subit une pression p de même grandeur, la force associée étant dirigée vers l'intérieur. Il résulte des considérations précédentes que, en compression uniforme, le tenseur des contraintes s'écrit $\sigma_{ik} = -p\delta_{ik}$, où δ_{ik} est le symbole de Kronecker.

Caractéristiques (une approche qualitative)

La notion de caractéristique relève des équations différentielles aux dérivées partielles (EDP). La théorie générale est largement hors de propos ici ; quelques allusions, seulement, illustreront cette notion. De manière qualitative, en chaque point d'une courbe caractéristique, une quantité attachée à la solution de l'EDP est constante. Dans le cas de ce dossier, il s'agit d'une force. En mécanique des fluides, et pour un mouvement unidimensionnel non stationnaire d'un gaz compressible, les caractéristiques sont les lignes du plan (x, t) où dx/dt est égal à la vitesse des petites perturbations par rapport à un référentiel fixe. Si v est la vitesse du gaz dans ce référentiel et c celle de la perturbation par rapport au gaz, alors les équations différentielles des deux familles de caractéristiques, $C_\pm$, sont

$$(\frac{dx}{dt})_\pm = v \pm c.$$

On démontre alors que, pour les ondes se propageant dans le sens dit positif, la vitesse (comme d'autres grandeurs) garde une valeur constante le long des droites d'équation $x = (v + c)t + f(v)$, où f est une fonction arbitraire.

Présentation et questions

§1. Remarques générales

Ce dossier, plutôt exigeant, introduit plusieurs idées nouvelles ; il introduit aussi des éléments de connaissance nouveaux, mais accessibles cependant, au niveau requis, dans le temps imparti à la préparation de l'épreuve. Il est d'une importance théorique et pratique considérable et enfin, il se place aux avant-postes de domaines particulièrement actifs de la recherche et de l'ingénierie. Son caractère pluridisciplinaire est évident. Plusieurs des problèmes qu'il aborde sont à ce jour largement ouverts.

§2. Pistes de questions

1) Citer des exemples de milieux granulaires organisés, autres que le tas de sable.
2) Pourquoi s'intéresser au tas de sable ? Quel est, selon vous, le but de ces études ?
3) Le sable sec est-il solide ou liquide ?
4) Donner des exemples de voûte, décrire le « fonctionnement » d'une voûte.
5) Avez-vous compris l'expression « chaîne de forces », non définie dans le texte ?
6) Avez-vous une idée de ce que peut être le « module de Young », non défini dans le texte ?
7) En quoi l'histoire du tas est-elle importante ? Citer deux paramètres qui jouent sur l'histoire du tas.
8) Pourquoi, dans un silo, la masse apparente est-elle inférieure à la masse versée ? Quel est le rôle des parois ? Qu'en conclure sur la construction des parois ?
9) Expliquer les barres d'erreur (figure VII.2). Quelles perturbations peuvent modifier l'équilibre interne dans le silo ?
10) Quel type de milieu est décrit par le système d'équations donné dans le texte ?
11) Comment introduit-on le caractère granulaire du milieu ?
12) Pourquoi le « matériau idéal de Coulomb » n'est-il pas adapté à la description du tas de sable ?
13) Que traduit la condition $\sigma_{nm} = \sigma_{nn} \tan(\Psi)$? Quel lien établit cette équation ?

14) Commenter le passage entre le modèle 2D et le modèle 3D. Commenter la comparaison entre les résultats expérimentaux et le modèle.

15) Estimer et discuter les effets thermiques dans le milieu.

16) Comment le frottement intervient-il dans la statique et la dynamique des grains ?

17) Comment obtenir la forme de la voûte ?

Commentaires

§1. Réponses aux questions

1) *Citer des exemples de milieux granulaires organisés, autres que le tas de sable.*

   La réponse est dans le document ! Ajoutons-y le sable... du sablier, le tas de gravier du cantonnier, les remblais en milieu montagneux, les trémies des péniches. Les industries céramiques (frittage...), pharmaceutiques et agroalimentaires utilisent massivement les poudres et leurs traitements. On sait que les anneaux de Saturne sont des anneaux de poussière, tout comme les chevelures des comètes. Enfin, certains processus telluriques, comme les avalanches relèvent, en quelque mesure, des processus granulaires[1].

2) *Pourquoi s'intéresser au tas de sable ? Quel est, selon vous, le but de ces études ?*

   L'importance des milieux granulaires dans la nature ou dans l'industrie n'est plus à démontrer [2]. Un enjeu important de ces études est de dégager des comportements universels, c'est-à-dire largement indépendants de la taille et de la nature des grains constitutifs.

3) *Le sable sec est-il solide ou liquide ?*

   Le sable sec épouse la forme de son récipient ; c'est donc un liquide. Il forme un tas sur une surface plane et un tant soit peu rugueuse ; c'est donc un solide. Il s'écoule (en avalanche), c'est donc un liquide, mais seule une couche superficielle est concernée : le gros du tas de sable est donc solide. L'avalanche se produit si l'angle de la pente avec l'horizontale dépasse l'angle maximum de stabilité.

4) *Donner des exemples de voûte, décrire le « fonctionnement » d'une voûte.*

   Le renvoi des forces vers l'extérieur de l'édifice est une caractéristique importante de la voûte. L'écoulement du sable dans un récipient de forme conique ne se fait généralement pas de façon continue. L'écoulement peut présenter des intermittences, des phases périodiques, voire des périodes d'arrêt.

   Comme le suggère la figure VII.10, une poignée de grains peut ainsi bloquer une tonne de matériau. Cela peut être néfaste pour le chalutier, ou

---

[1] Il va de soi que l'on n'attend pas du candidat, en situation, une telle profusion d'exemples.

[2] Un approfondissement de réponse (que l'on ne saurait exiger des candidats) : il est arrivé que des silos à blé aient « explosé », faute d'avoir été bien conçus. Il ne s'agit pas ici de surpressions associées à des fermentations, mais de contraintes excessives sur les parois.

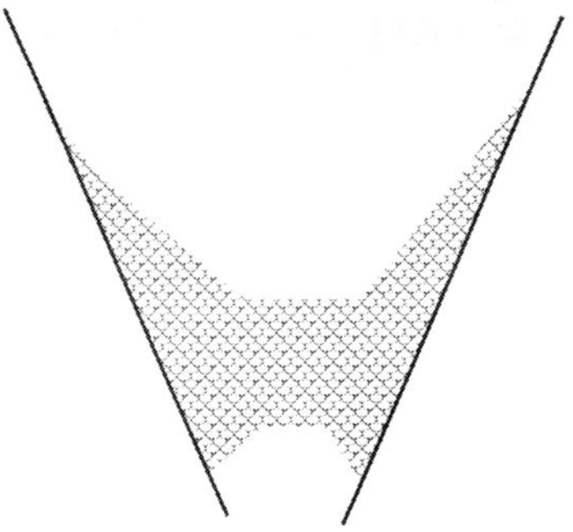

Fig. VII.10. Donnez-moi quelques grains et je maintiens une tonne.

bénéfique pour le constructeur de cathédrale (les candidats férus d'histoire, ou d'architecture, rappelleront le rôle des piliers et celui des arcs-boutants), ou de pont. La nature du régime dépend de manière très sensible des paramètres du milieu environnant, des fluctuations de température par exemple.

5) *Avez-vous compris l'expression « chaîne de forces », non définie dans le texte ?*

   On peut imaginer qu'il s'agit de lignes iso-efforts, de valeurs plutôt importantes.

6) *Avez-vous une idée de ce que peut être le « module de Young », non défini dans le texte ?*

   On peut inférer que cette notion a à voir avec la rigidité des objets homogènes. Par exemple la faculté qu'ils ont de se déformer lorsqu'ils sont soumis à une contrainte extérieure.

7) *En quoi l'histoire du tas est-elle importante ? Citer deux paramètres qui jouent sur l'histoire du tas.*

   L'histoire du tas est importante parce que le système est doté de mémoire. Son évolution n'est pas uniquement déterminée par des conditions initiales, des conditions aux limites et des équations d'évolution. Il faut aussi connaître les états du système sur une certaine durée. Des paramètres qui jouent sur l'histoire du tas sont : la source des grains constituant le tas (source ponctuelle, entonnoir, tamis, ou encore la distance entre l'entonnoir et le sommet du tas).

8) *Pourquoi, dans un silo, la masse apparente est-elle inférieure à la masse versée ? Quel est le rôle des parois ? Qu'en conclure sur la construction des parois ?*

   Les voûtes renvoient une partie des efforts (poids) sur les parois. Elles reprennent une partie du poids du milieu. La construction doit prévoir ces efforts. En particulier, elle doit tenir compte de l'inhomogénéité locale des forces sur les parois.

9) *Expliquer les barres d'erreur (figure VII.2). Quelles perturbations peuvent modifier l'équilibre interne dans le silo ?*

   Le système est très sensible aux perturbations mécaniques, de toute nature ; par exemple : les vibrations induites de l'extérieur et les déformations d'origine thermique ou chimique.

10) *Quel type de milieu est décrit par le système d'équations donné dans le texte ?*

    Tout milieu mécanique, continu ou granulaire.

11) *Comment introduit-on le caractère granulaire du milieu ?*

    À l'aide des lignes de glissement et des critères de cisaillement.

12) *Pourquoi le « matériau idéal de Coulomb » n'est-il pas adapté à la description du tas de sable ?*

    Comme exprimé dans le texte, la condition de glissement est bien trop forte pour être réaliste.

13) *Que traduit la condition* $\sigma_{nm} = \sigma_{nn} \tan(\Psi)$ *? Quel lien établit cette équation ?*

    Le frottement des voûtes sur elles-mêmes est l'hypothèse centrale du modèle. On a donc deux types de frottement : les grains entre eux et les voûtes sur elles-mêmes. La condition relie la structure physique des voûtes avec la structure mathématique des équations de propagation des contraintes.

14) *Commenter le passage entre le modèle 2D et le modèle 3D. Commenter la comparaison entre les résultats expérimentaux et le modèle.*

    Voir le texte. On peut trouver remarquable que le modèle explique bien l'allure des courbes expérimentales, en particulier le creux de pression à la verticale du centre du tas.

15) *Estimer et discuter les effets thermiques dans le milieu.*

    Les particules, macroscopiques, se déplacent à des vitesses de l'ordre du centimètre par seconde ; leur masse est de l'ordre de la dizaine de microgrammes ; les énergies cinétiques sont donc de l'ordre de 10^{-12} J, très largement supérieur à l'énergie d'agitation thermique, $kT \approx 10^{-21}$ J, mais très largement inférieur à l'énergie potentielle de gravitation. On peut donc penser que la pesanteur jouera un rôle crucial.

16) *Comment le frottement intervient-il dans la statique et la dynamique des grains ?*

    Il faut d'abord rappeler les lois macroscopiques de Coulomb : le module T de la force de frottement exercée par un plan sur un solide est proportionnel à la composante N du poids normale à ce plan, $T = \mu N$. C'est bien la force, N, qui intervient, et non pas la pression. Pour que le solide, immobile, soit mis en mouvement, il faut lui appliquer une force de traction supérieure à $\mu_s N$. Lorsque le mouvement a lieu, et lorsque la vitesse n'est pas trop importante, $T = \alpha \mu_s N = \mu_d N$, avec $0 < \alpha < 1$.

Il résulte de cette subtilité qu'une multitude de forces tangentielles appliquées conduisent au même état statique. C'est peut-être là une clé de la compréhension des comportements des milieux granulaires.

17) *Comment obtenir la forme de la voûte ?*

Le modèle le plus simple (mais est-il plausible pour autant ?) est celui d'un fil inextensible et sans raideur, de poids linéique constant et suspendu à deux points fixes par ses extrémités. Un exercice classique consiste à exprimer l'équilibre d'un élément de ce fil, pour en déduire la forme qu'il prend. On trouve une chaînette : $y = a\cosh(x/a)$. Ce modèle s'adapte sans peine. Comme le demande la figure VII.11 l'équivalent de la flexibilité est

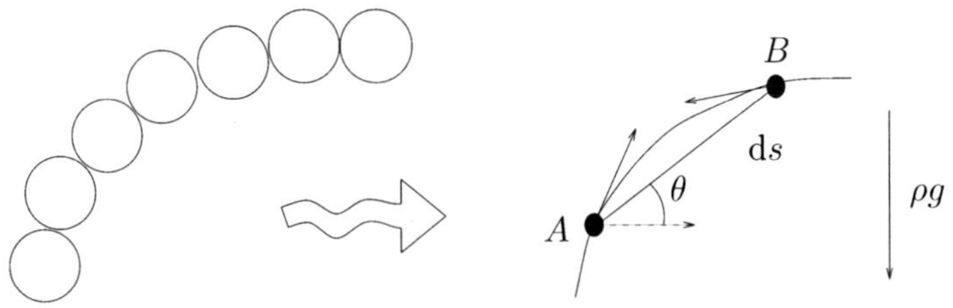

Fig. VII.11. Une modélisation très élémentaire de la voûte : le modèle accessible le plus voisin est celui de la corde ; on s'en contentera ici.

que les grains sont supposés rouler sans glissement les uns sur les autres. Si F_H est la composante horizontale de la tension de la voûte, l'équation d'équilibre d'un petit arc de voûte s'exprime, en projections (et avec des notations standard) par :

$$F\frac{dx}{ds} = F\cos(\varphi) = F_H$$

et

$$F(A)\sin(\varphi_A) - F(B)\sin(\varphi_B) - \rho g \ \mathrm{d}s = 0.$$

On en déduit

$$\frac{d}{ds}(F\frac{dy}{ds}) + \rho g = 0.$$

En combinant les deux dernières relations, on obtient :

$$\frac{d}{ds}(\frac{dy}{dx}) + \frac{\rho g}{F_H} = 0, \text{soit} \quad \frac{d^2y}{dx^2} = -\frac{\rho g}{F_H}\frac{ds}{dx} = \frac{\rho g}{F_H}\sqrt{1 + (\frac{dy}{dx})^2}$$

et la forme représentée figure VII.12 :

$$y(x) = -\frac{F_H}{\rho g}\left[\cosh(\frac{\rho g}{F_H}) - 1\right].$$

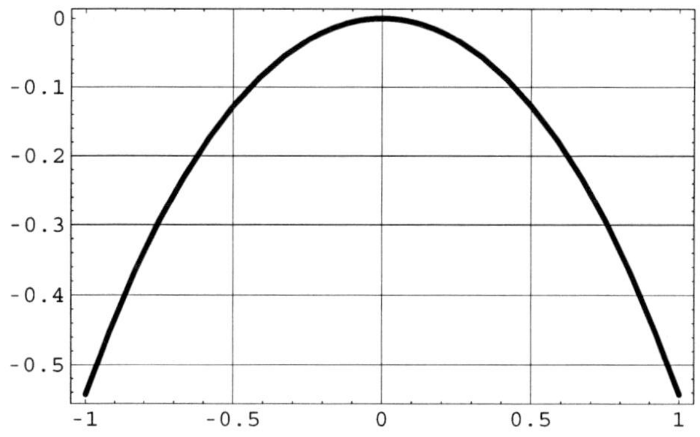

Fig. VII.12. La chaînette évoque assez bien la forme d'une voûte.

§2. Suggestion de plan

Le texte se prête à une multitude de présentations différentes, selon les préférences (ou les réticences) des lecteurs. Il est essentiel, pour autant, de ne pas occulter les éléments fondamentaux indiqués ci-dessus ; au minimum, une mention de ces derniers fera l'affaire. Le plan du texte peut sans encombre être reproduit tel quel ; il appartiendra dans ce cas au candidat de privilégier tel ou tel aspect du contenu ; une reconstruction possible serait la suivante :

I – Originalités.
Du local au global ; phénoménologie du frottement ; enjeux pratiques et enjeux économiques.

II – Premières observations.
Voûtes et avalanches. Premiers défis théoriques : nombre de constituants, caractère discret de ces derniers, caractère désordonné des structures. Impossibilité d'appliquer les lois statistiques familières (Boltzmann), en raison de la taille macroscopique des constituants. Universalité de comportements.

III – Lois du frottement.
Description des lois ; ordres de grandeur.

IV – Aspects statiques.
Contraintes, poids apparent, voûtes.

V – Aspects dynamiques.
Écoulements lents (sablier) et rapides (avalanches).

VI – Discussion de cette situation hors d'équilibre.
Grandeurs critiques, mémoire, sensibilité aux conditions extérieures.

VII – Pour conclure.
Liens avec le cours, critiques, limitations, ouvertures.

§3. À propos du texte

D'entrée de jeu, le titre signale une subtilité du contenu : si les billes sont pensées et traitées généralement comme des particules individuelles - la bille est même un paradigme de la physique classique -, elles perdent ici leur discernabilité et elles constituent une sorte de fluide, dont on ne considère que le comportement d'ensemble. Mais ce fluide est singulier ; il ne se prête pas immédiatement aux traitements habituels. Cela vient du fait que des phénomènes largement négligés dans ces traitements standard (influence des parois, contact entre billes) prennent ici une importance cruciale. Signalons aussi un élément implicite du texte (encore qu'une mention fugace puisse se trouver) : le sable dont il est question est sec. Il sera donc hors de question de théoriser les châteaux de sable...

Une originalité de cette étude est que l'histoire du système étudié détermine son comportement ultérieur ; il y a perte de localité temporelle. Ce point, qui constitue une originalité de cette étude, est important.

Les lois de la physique sont le plus souvent énoncées sous la forme d'équations différentielles ; par exemple, en électromagnétisme, $\mathbf{rot}(\mathbf{E}) = -\partial_t \mathbf{B}$ exprime un lien entre vecteurs, ces vecteurs étant pris l'un et l'autre au point $\mathbf{r}$ et à l'instant t, indépendamment de leurs évolutions antérieures (en réalité, les voisinages immédiats de $\mathbf{r}$ et de t sont présents, via les dérivées). Le phénomène de mémoire se rencontre classiquement dans l'étude du magnétisme (on le nomme alors ***hystérésis***) ; on le croise aussi, par exemple, en mécanique et en électronique, dans l'étude des systèmes bistables, souvent à la suite d'une rétroaction de la sortie sur l'entrée. Dans le cas du tas de sable, le mécanisme de mémoire apparaît de manière plus intrinsèque. L'évolution du système à partir de l'instant t dépend aussi de la manière dont on est arrivé à la situation présente. L'extrême sensibilité du système aux conditions extérieures limite encore la possibilité de décrire son évolution (on dit quelquefois sa *prédictibilité*). Un autre élément important et nouveau de ce texte concerne la non-reproductibilité des mesures. C'est le versant pratique des considérations théoriques qui précèdent. Cette non reproductibilité n'est en aucun cas liée à la précarité des dispositifs expérimentaux, ni à toute autre cause qui mettrait en jeu le soin apporté à la méthode expérimentale. C'est une donnée du phénomène, qu'il faut, de ce fait, intégrer dans le modèle. La modélisation des phénomènes est difficile. On demande aux modèles de rendre compte de phénomènes collectifs peu reproductibles, à partir de comportements individuels et de lois déterministes. On comprend bien que d'un modèle à l'autre, les prédictions puissent être qualitativement différentes. Enfin, un modèle étant donné, le texte montre de quelle manière s'introduisent des objets mathématiques dont la théorie générale est exclue des programmes des classes préparatoires.

§4. Au-delà du texte

4.1. Quelques résultats incomplètement compris

La physique du tas de sable a été étudiée par Coulomb dès 1773. On doit à ce dernier la description suivante : l'avalanche se déclenche au-delà d'une pente critique et prend fin lorsque le tas présente une pente inférieure de quelques degrés à l'angle de repos. Par la suite, Faraday, Rankine, Reynolds et Rayleigh, par exemple, ont apporté au sujet des contributions fondamentales. Parmi les difficultés théoriques, figure au premier plan le modèle de description du milieu. La mécanique statistique est d'une pertinence limitée, en raison du caractère macroscopique des grains, qui interdit l'agitation thermique. D'autre part, les collisions inélastiques entre particules sont des mécanismes dissipatifs, c'est-à-dire qu'ils font intervenir des degrés de liberté non contrôlés. À un certain niveau, le milieu est discret et désordonné et à un autre il est continu et homogène ; cette dualité ne se laisse pas décrire facilement par un formalisme unique.

4.2. Loi d'échelle dans les écoulements

Lorsque la base du tas est inclinée, les phénomènes sont complexes et dépendent en particulier de la rugosité de la base et de la taille du tas. Les mesures sont délicates. Le principe en est indiqué à la figure VII.13.

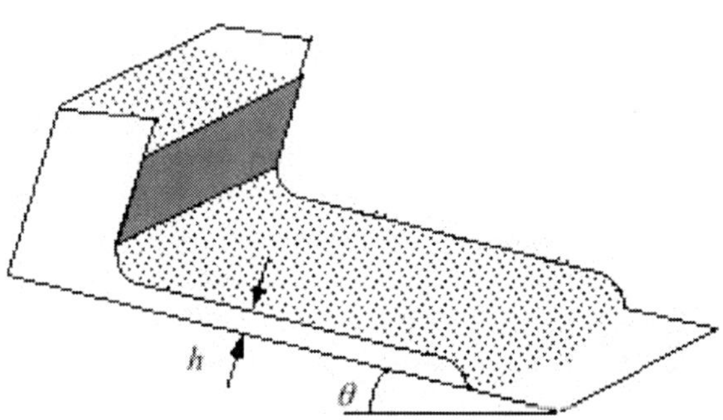

Fig. VII.13. Principe de la mesure établissant la loi d'échelle.

La figure VII.14 montre quelques résultats. Dans une large gamme d'épaisseurs et d'inclinaisons, on observe des écoulements stationnaires uniformes, par lesquels la couche atteint une épaisseur h et une vitesse moyenne $\mathbf{u}$.

Empiriquement, on établit la relation

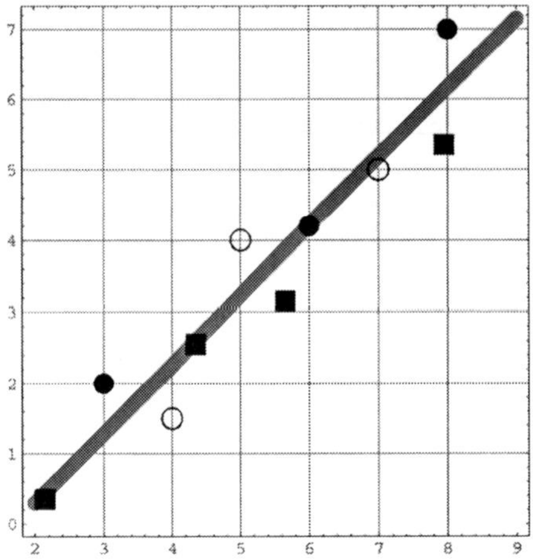

Fig. VII.14. Vérification expérimentale de la loi d'échelle. Les données expérimentales montrent que les mesures donnant $u/\sqrt{gh}$ en fonction de $h/h_f(\theta)$ (voir texte) se rassemblent sur une droite.

$$\frac{u}{\sqrt{gh}} \approx 0{,}14 \frac{h}{h_f(\theta)},$$

où $h_f(\theta)$ est l'épaisseur critique en-dessous de laquelle aucun écoulement n'est possible. Quoique mal expliqué, ce résultat est utilisé pour des situations plus complexes.

4.3. Ségrégation par cisaillement

Des particules sphériques de diamètres respectifs d_A et d_B sont placées dans un cylindre tournant et constituent (par hypothèse) un mélange bidimensionnel[3]. On constate que, après quelques rotations du cylindre, aux parois rugueuses, que les particules les plus petites (d_A) sont plutôt rassemblées, en un amas de référence, dans la partie centrale du tambour. C'est ce qu'illustre la figure VII.15.

Notons S_∞ l'aire de cet objet. Soit $S(t)$ l'aire occupée au temps t par les petites particules incluses dans l'amas de référence et $a(t) = S(t)/S_\infty$ l'aire normalisée. Le paramètre d'ordre $P(t) = (a(t) - a(0))/(1 - a(0))$, réel compris entre 0 et 1 est représenté à la figure VII.16.

Il se laisse représenter par la relation $P(t) \propto 1 - \exp(-\frac{t}{\tau})$. La constante de temps est pratiquement indépendante de la concentration du mélange.

Si $\Phi = d_A/d_B < 0,2$, les petites particules peuvent s'écouler par filtration dans le réseau d'interstices constitué par les grosses particules. Dans le cas contraire, on observe une relation linéaire entre τ et Φ.

[3] Les particules sont alors des disques !

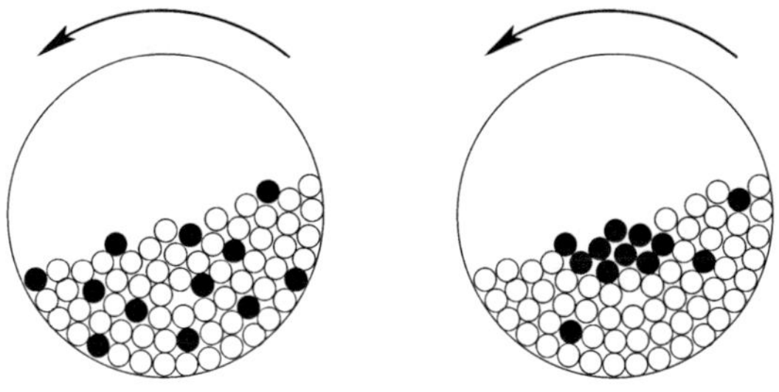

Fig. VII.15. Ségrégation par cisaillement.

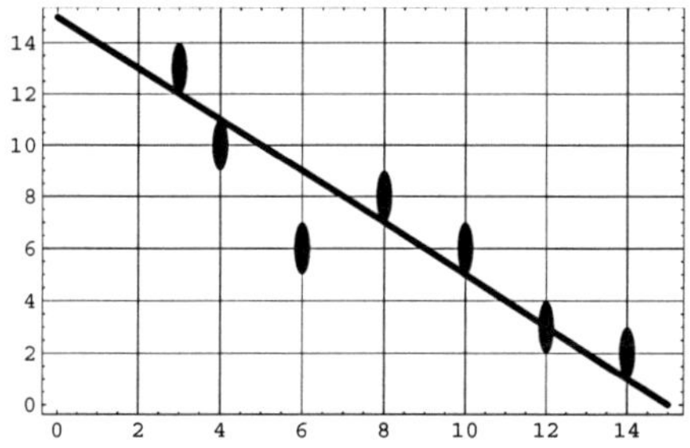

Fig. VII.16. Une représentation du paramètre d'ordre ; le temps est en abscisse (unités arbitraires) et en ordonnée figure une régression linéaire de $\ln(1-P)$.

Au-delà d'une vitesse critique de rotation, le phénomène de ségrégation disparaît complètement. Une métaphore quelquefois avancée à ce sujet est que la nappe en écoulement, liquide à basse vitesse devient gazeuse à grande vitesse, en raison du nombre croissant de chocs entre les particules.

Remarque 6. Le fait de marcher sur du sable mouillé provoque un cisaillement sur ce dernier. Au-delà d'une certaine densité critique, le cisaillement provoque une augmentation de masse volumique, le sable, plus dense, rejette une partie de l'eau qu'il contient ; c'est un fonctionnement « en éponge ». Dans le cas contraire, le cisaillement fait diminuer la masse volumique, l'espace interstitiel occupé par l'eau augmente et le sable semble s'assécher !

4.4. Avalanches

La plupart d'entre nous a eu l'occasion d'observer l'expérience de l'avalanche dans le tas de sable. Ce n'est que récemment que l'étude systématique de ce phénomène a été entreprise. Voici quelques traits saillants de cette analyse :

- l'instant où se produit l'avalanche semble aléatoire,
- il en va de même de la taille de l'avalanche,

- il en va de même de la distance parcourue par l'avalanche,
- la pente varie entre deux valeurs voisines, α_m et α_M. Tout tas d'angle au sommet supérieur à α_M est instable,
- le flux de sable suit une loi d'échelle : $\Phi \propto (\alpha - \alpha_M)^2$.

Ces caractéristiques se retrouvent dans d'autres situations, ce qui suggère qu'on pourrait leur accorder le caractère d'universalité... mais cela est une autre histoire.

4.5. Pour finir : petite note sur certains types d'équations aux dérivées partielles (EDP)

Les EDP sont un lieu de rencontre privilégié entre la physique et les mathématiques. Recensons ici quelques types classiques d'équations linéaires aux dérivées partielles et leurs origines physiques.

Le type parabolique

Le prototype de cette équation a été étudié en détail dans le chapitre IV. Nous n'y reviendrons donc pas, sauf pour signaler un lien étroit entre cette équation et la théorie des probabilités. On peut avoir une idée de ce lien en étudiant une certaine classe de sauts aléatoires d'un point matériel et en considérant la limite des sauts d'amplitude infinitésimale. L'origine du terme « parabolique » est la suivante : si l'on nomme $\hat{t}$ l'opérateur de dérivation par rapport au temps et $\hat{x}$ l'opérateur de dérivation par rapport à la coordonnée d'espace x, on peut écrire l'équation de la chaleur homogène sous la forme $(\hat{t} - D\hat{x}^2)u = 0$. La forme de l'opérateur ainsi introduit rappelle l'équation cartésienne de la parabole.

Le type hyperbolique

Le prototype de cette équation est l'équation des ondes, ou équation de d'Alembert. Il s'écrit : $(\hat{t}^2 - c^2\hat{x}^2)u = 0$; le lien avec l'équation cartésienne de l'hyperbole est évident. Cette équation décrit un type donné de propagation des ondes électromagnétiques (dans un milieu homogène, sans perte *etc.*) ; il décrit aussi les ondes de densité dans un gaz non visqueux, ou encore les ondes élastiques dans les cristaux. Une propriété remarquable de cette équation est que les solutions peuvent s'écrire sous la forme $u(x,t) = f(x - ct) + g(x + ct)$, où les fonctions f et g se déterminent à partir de la spécification du problème considéré (conditions aux limites, conditions aux bords...).

Le type elliptique

Les solutions stationnaires de l'équation des ondes satisfont (en 3D) l'équation de Laplace. Les solutions sinusoïdales de l'équation des ondes satisfont l'équation de Helmholtz. En présence de sources, on obtient l'équation de Poisson. Ces trois types d'équations sont familières en CPGE. Les solutions de l'équation de Poisson sont dites harmoniques. Parmi leurs multiples propriétés, celle de n'avoir ni de maximum ni de minimum est assez déroutante.

Bibliographie

1. A. Aradian, S. Douady : *Nature*, 399, 241, 1999.
2. J. Durand : *Sable, Poudres et Grains.* Eyrolles, Paris (1997).
3. J. Durand : *La physique du tas de sable.* Revue du Palais de la Découverte, **23**, n°224 (janvier 1995).
4. P. G. de Gennes : *Granular matter : a tentative view.* Rev. Mod. Phys, **71**, 374 (1999).

On consultera avec profit le site
`http://www.espci.fr/usr/jduran/cnrs`

Sujet VIII

Spectroscopie Mössbauer

Texte

Filière : dossier concernant préférentiellement la filière PC, en raison de la présence significative de chimie, mais dont une grande partie est accessible, pour autant, à toute filière.

Travail suggéré : *repérer, en précisant vos critères, les questions qui vous semblent les plus importantes et les réponses qu'on peut choisir de leur apporter.*

§1. Introduction

Les termes expliqués dans le glossaire sont signalés, à leur première occurrence dans le texte, par une typographie en caractères italiques.

La résonance γ nucléaire ou spectrométrie Mössbauer utilise la possibilité d'observer dans les solides l'absorption résonnante sans recul de *photons* γ. Depuis sa découverte en 1958, l'effet Mössbauer a connu un développement extrêmement rapide, pour devenir une méthode de recherche fructueuse, puis un instrument compétitif dans le domaine de l'application et du contrôle. Comme les autres sondes nucléaires, la spectrométrie Mössbauer donne des renseignements locaux sur les noyaux qu'elle affecte, en particulier sur la densité électronique locale, le moment magnétique effectif et l'état de vibration des atomes. Ce type de données fournit des renseignements précieux sur l'état de valence des atomes correspondants, les liaisons qu'ils forment avec leurs voisins et leurs positions dans un réseau cristallin. Comme le fer est l'un des noyaux les plus faciles à mettre en œuvre, la métallurgie et la minéralogie sont des domaines de choix pour l'utilisation de la technique, mais on peut citer aussi la physique du solide, le magnétisme, la chimie de coordination, la catalyse, la minéralogie, la biologie, l'archéologie et les beaux-arts.

Cette méthode sert également à tester certaines propriétés de substances industrielles comme l'état d'agglomération du carbone ou de l'azote dans les aciers ou encore le degré d'oxydation de minerais. D'une manière générale, les possibilités de la spectrométrie Mössbauer concernent les relations entre les propriétés fondamentales des matériaux (structure électronique et magnétique, ordre structural ou chimique) et leurs propriétés moyennes massives qui sont susceptibles d'applications pratiques. D'un caractère pluridisciplinaire tant du point de vue expérimental que théorique, la technique est non destructive et s'adapte à des analyses *in situ* à haute ou basse température, mais il faut signaler l'emploi de sources radioactives relativement intenses (par exemple : 1 à 3 *GBq*), ce qui implique un certain nombre de contraintes du point de vue de la sécurité (personnel et localisation).

§2. Principe de la spectrométrie Mössbauer

2.1. Phénomène de résonance γ nucléaire

Le phénomène de résonance γ nucléaire se produit quand un photon γ émis par un noyau émetteur S lors de la désexcitation de ce dernier est absorbé par un noyau absorbeur A identique, qui passe alors dans un état excité. La distribution spectrale des photons émis et absorbés, $N(E_\gamma)$, est une *lorentzienne* de largeur énergétique Γ appelée largeur naturelle du niveau nucléaire excité (Voir figure VIII.1).

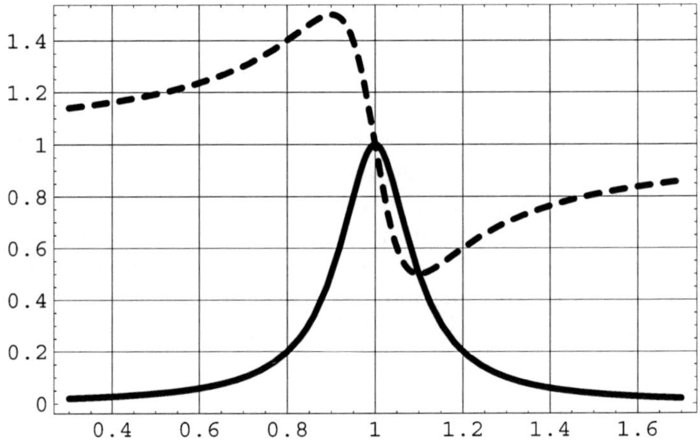

Fig. VIII.1. Partie imaginaire de la lorentzienne, normalisée à l'unité ; l'allure est typique d'une réponse résonante ; en abscisse, $\frac{\omega}{\omega_0}$. En pointillés, la partie réelle, qui ne nous préoccupe pas ici.

Pour une valeur typique de $E_0 \approx 100$ keV (avec $E_0 = E_e - E_f$, E_e énergie de l'état excité et E_f énergie de l'état fondamental), Γ est de l'ordre de 10^{-8} eV. La largeur relative Γ/E_0 est donc de l'ordre de 10^{-13}, faisant de ce rayonnement un des rayonnements les mieux définis.

Cela conduit à une sélectivité énergétique extrême, qui permet de différencier les très faibles valeurs d'énergie correspondant aux interactions hyperfines (*cf.* 2.2, pour le sens de cette notion). Pour des atomes libres ou faiblement liés, *l'effet de recul* du noyau associé à l'émission ou à l'absorption d'un photon γ, ainsi que l'élargissement par *effet Doppler* associé au mouvement thermique des atomes diminuent très fortement cette résonance. La fraction f de

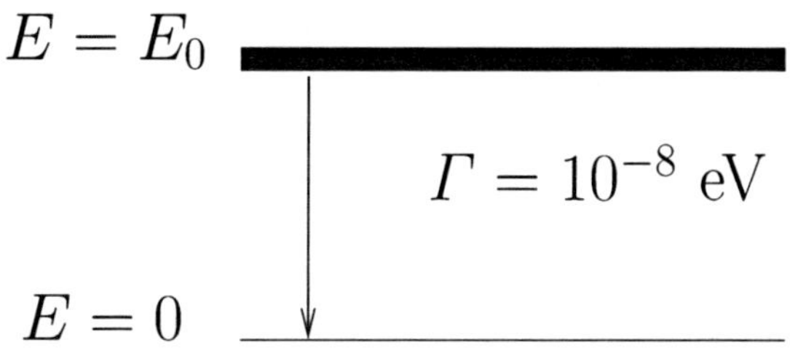

Fig. VIII.2. Transition radiative. La durée de vie du niveau excité est de l'ordre de $\hbar/\Gamma$, où $\hbar \approx 10^{-34}$J.s est la constante de Planck réduite.

noyaux pour lesquels ces perturbations sont négligeables est appelée le facteur de Lamb-Mössbauer. La transition s'effectue alors sans modification de l'état vibratoire du réseau, c'est le cristal en entier qui effectue le recul.

Dans le cas d'un solide isotrope, la fraction f de noyaux résonants s'écrit :

$$f = \exp[-\frac{E_\gamma^2 < x^2 >}{(\frac{hc}{2\pi})^2}], \qquad \text{(VIII.1)}$$

avec $< x^2 >$ l'amplitude quadratique moyenne de vibration de l'atome résonnant, c la vitesse de la lumière et h la constante de Planck. Cette résonance (facteur$f$) diminue quand E_0 ou $< x^2 >$ augmente. Elle n'est appréciable que pour l'état solide et augmente quand la température diminue[1]. Elle n'est observée que pour des noyaux présentant des transitions de l'état excité vers l'état fondamental d'énergie $E_0 < 100$ keV. Il existe une cinquantaine d'***isotopes*** utilisables en spectrométrie Mössbauer. Les isotopes usuels sont ^{57}Fe ($f = 0,8$ à la température ambiante), ^{119}Sn et des isotopes d'éléments de terres rares ; sont aussi utilisés Sb, I, Au...

Quand l'énergie de la transition excède une trentaine de keV, l'étude expérimentale n'est possible qu'à très basse température pour augmenter le facteur f (c'est le cas des terres rares à l'exception de Eu).

2.2. Dispositif expérimental

Dans la matière, un noyau est soumis à des champs électrique et magnétique créés par son environnement. Ces champs modifient les niveaux d'énergie nucléaire (translation des niveaux et/ou séparation en sous-niveaux). Ces modifications, appelées interactions hyperfines, sont de l'ordre de 10^{-7} à 10^{-11} eV et peuvent donc être résolues par spectrométrie Mössbauer. L'investigation des niveaux d'énergie du noyau Mössbauer dans l'absorbant nécessite de modifier l'énergie E_γ des photons émis par l'émetteur (généralement une source

[1] Cela revient à dire que l'amplitude de vibration des atomes est une fonction croissante de la température (cette remarque ne figurait pas dans l'original du dossier).

radioactive contenant l'isotope Mössbauer dans un état excité). La variation d'énergie est obtenue en déplaçant la source à une vitesse relative **v** par rapport à l'absorbant. Par effet Doppler, le changement d'énergie du photon est $\Delta E = (v/c)E_\gamma$. Les vitesses requises pour les isotopes Mössbauer usuels sont de l'ordre du mm.s^{-1}. En spectrométrie Mössbauer, les énergies sont exprimées en unité de vitesse.

2.3. Interactions hyperfines

Les interactions hyperfines, dues aux perturbations créées par l'environnement du noyau Mössbauer, observables par spectrométrie Mössbauer sont : l'interaction monopolaire électrique, l'interaction quadripolaire électrique et l'interaction dipolaire magnétique.

Interaction monopolaire électrique : déplacement isomérique

C'est l'interaction entre la distribution de charge nucléaire supposée sphérique et la densité de charge électronique contenue dans le volume nucléaire. Cette interaction translate les niveaux nucléaires fondamental et excité (figure VIII.3 et figure VIII.4) .

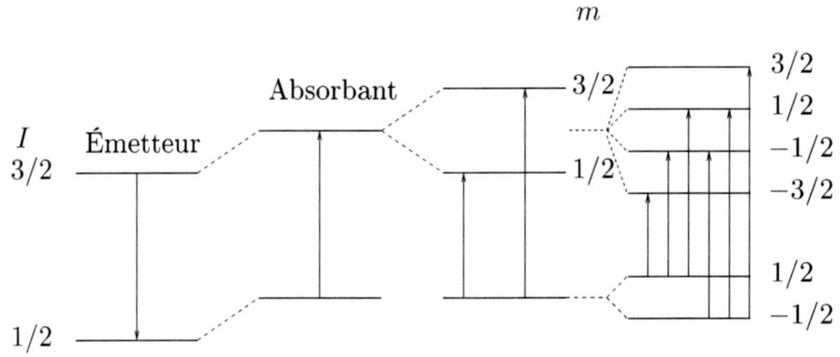

Fig. VIII.3. Déplacement des niveaux nucléaires sous l'action des interactions hyperfines dans le cas d'une transition entre des états de spin 3/2 et 1/2.

Si les environnements électroniques des noyaux émetteur S et absorbeur A sont différents, la raie d'absorption est alors décalée par rapport à la raie d'émission d'une quantité δ appelée déplacement isomérique entre le noyau émetteur et le noyau absorbeur. Pour un noyau et une source donnés, δ est proportionnel à la densité électronique au voisinage du noyau de l'isotope Mössbauer de l'échantillon étudié. Cette densité d'électrons dépend de la structure électronique ; par conséquent, elle fournit des renseignements chimiques tels que l'état d'oxydation, la coordinence et la covalence. Pour le fer, les domaines correspondant aux différents états d'oxydation ont été tabulés (figure VIII.5).

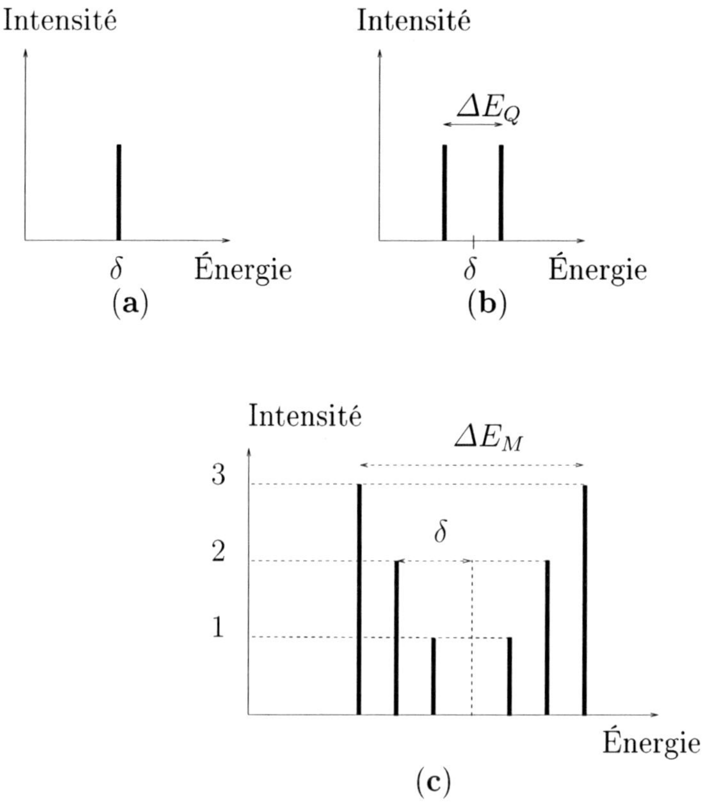

Fig. VIII.4. Déplacement des niveaux nucléaires sous l'action des interactions hyperfines dans le cas d'une transition entre des états de spin 3/2 et 1/2 : effets sur le spectre Mössbauer. (**a**) Déplacement isomérique, (**b**) interaction dipolaire (pour une poudre, les deux raies ont même intensité), (**c**) interaction magnétique (pour une poudre, les intensités des raies sont dans le rapport 3-2-1-1-2-3).

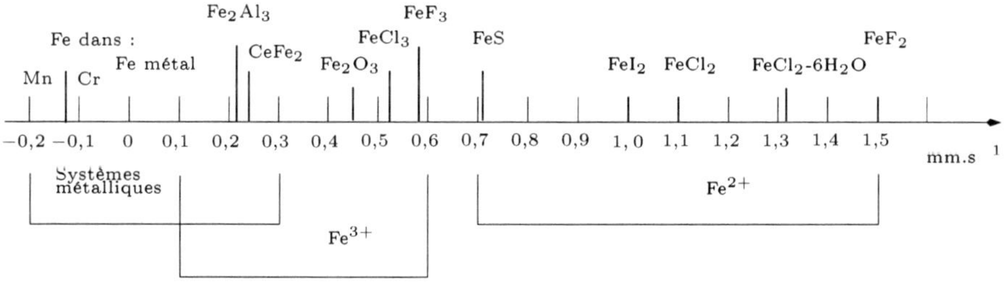

Fig. VIII.5. Déplacements isomériques de ^{57}Fe pour quelques environnements chimiques du fer ; remarquer que les énergies sont repérées par des vitesses, exprimées en millimètre par seconde.

Interaction quadripolaire électrique : séparation quadripolaire

Cette interaction est due à l'asymétrie de la distribution de charges qui entoure le noyau Mössbauer. Cette asymétrie peut provenir de l'asymétrie de la distribution de charges électroniques de la couche de valence de l'atome et de l'asymétrie de la distribution de charges extérieures à l'atome. Elle est caractérisée par *le gradient de champ* électrique au noyau, défini par $V_{ij} = \partial^2 V/\partial x_i \partial x_j$, avec V le potentiel électrique créé au noyau par la distribution de charges et x_i, x_j les coordonnées selon les directions x, y ou z. Les noyaux dans des ***états de spin*** $I > 1/2$ (non sphériques) possèdent un moment quadripolaire électrique Q. L'interaction de Q avec Vij est appelée interaction quadripolaire électrique. On peut alors observer plusieurs raies de transition entre état excité et état fondamental (figure VIII.4). Dans le cas de ^{57}Fe, l'état excité se sépare en deux niveaux séparés de ΔE_Q ; c'est ce que l'on nomme séparation quadripolaire. Cette interaction reflète la symétrie de l'environnement et la structure locale dans le voisinage de l'atome Mössbauer. Elle donne des informations sur la nature des niveaux électroniques de l'atome, sur les populations des différentes orbitales, les phénomènes d'isomérisation, les structures des ions complexes, les intermédiaires de réaction à vie courte, les propriétés semi-conductrices et les structures de défauts des solides.

Interaction dipolaire magnétique : champ magnétique effectif

Cette interaction est due à l'induction magnétique **B** créée au noyau par son environnement électronique [appelée induction magnétique hyperfine ($\mathbf{B}_{hf}$)] à laquelle peut s'ajouter une induction magnétique extérieure ($\mathbf{B}_{app}$). L'induction totale est appelée induction magnétique effective. L'interaction du moment magnétique nucléaire $\boldsymbol{\mu}$ avec cette induction **B** est appelée interaction dipolaire magnétique. Pour un état de spin $I > 0$, elle modifie l'énergie des niveaux nucléaires avec des variations d'énergie $\Delta E_M = -\boldsymbol{\mu} \cdot \mathbf{B}$. Comme l'éclatement des raies spectrales est directement proportionnel à l'induction magnétique au niveau du noyau, la spectrométrie Mössbauer fournit une mesure de cette induction.

Les intensités des raies Mössbauer donnent une information sur l'orientation de l'induction magnétique au noyau. L'induction magnétique hyperfine au noyau provient des spins non appariés de l'atome et dépend donc de l'état d'oxydation et de l'état de spin de l'atome. Elle est observée dans les spectres Mössbauer de systèmes magnétiquement ordonnés, ou de systèmes paramagnétiques quand les temps de relaxation des spins électroniques sont suffisamment longs. Les données obtenues à partir de cette interaction peuvent être utilisées pour étudier l'ordre magnétique et la structure de systèmes magnétiquement ordonnés ainsi que la nature du moment magnétique d'atomes particuliers. La possibilité d'appliquer une induction magnétique extérieure apporte un facteur additionnel d'investigation puisqu'elle permet de modifier cette interaction de façon contrôlée. La technique de spectrométrie Mössbauer en champ magnétique intense est un outil commode d'exploration des structures magnétiques (figure VIII.6).

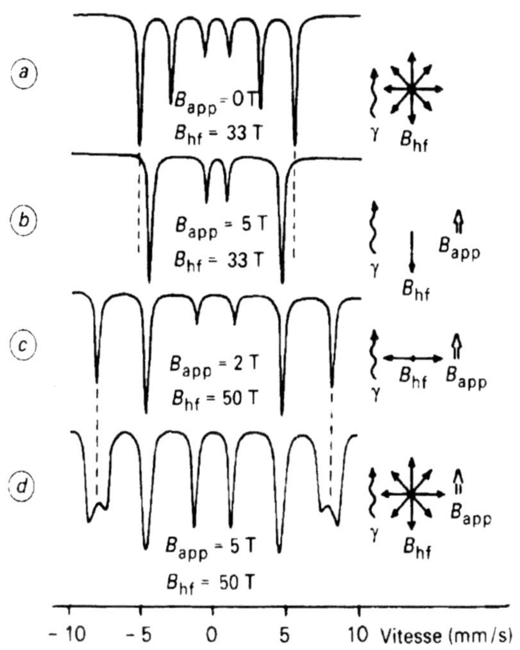

Fig. VIII.6. Spectres Mössbauer de ^{57}Fe dans différents matériaux magnétiques. (**a**) Matériau polycristallin ferromagnétique ($B_{app} = 0T$), (**b**) matériau polycristallin ferromagnétique saturé par une induction appliquée parallèlement au faisceau γ ($\mathbf{B}_{hf}$ et $\mathbf{B}_{app}$ de sens opposés), (**c**) matériau polycristallin antiferromagnétique à l'équilibre, les moments magnétiques sont perpendiculaires à $\mathbf{B}_{app}$, (**d**) matériau dont les directions des moments magnétiques ne sont pas affectées par l'induction extérieure.

§3. Mise en œuvre expérimentale.

L'absorption résonnante sans recul des rayons γ peut être utilisée en géométries de transmission ou de réflexion.

3.1. Effet Mössbauer en transmission

La transmission donne une information moyenne sur tout l'échantillon. Un détecteur de photons enregistre la variation de transmission du flux de photons en fonction de la vitesse relative v de la source et de l'absorbant. L'absorption augmente lors de la résonance ($v = 0$ en absence d'interactions hyperfines). Il est impératif d'utiliser des absorbants minces et uniformes (6 μm de ^{57}Fe). Les échantillons peuvent se présenter sous forme de lames minces ou de poudres. Il y a lieu d'éviter que la technique de préparation conduise à des effets indésirables. Par exemple, il est connu que l'amincissement mécanique et le broyage peuvent conduire, dans certains cas, à des transformations structurales.

3.2. Spectrométrie Mössbauer par réflexion

La réflexion analyse seulement une couche superficielle et, pour cela, met à profit la désexcitation de l'isotope Mössbauer dans l'absorbant. Cette désexcitation conduit à l'émission de rayons γ, de rayons X et d'électrons. La figure VIII.7 donne une représentation schématique de ces phénomènes.

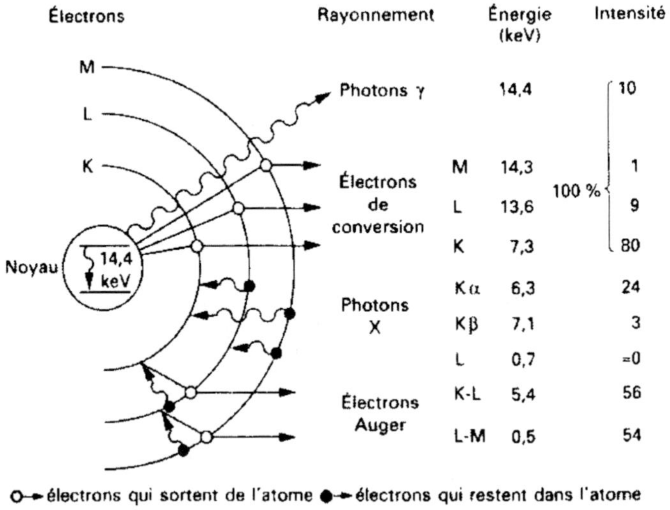

Fig. VIII.7. Natures et caractéristiques des rayonnement produits après la désexcitation du niveau à 14,4 keV du ^{57}Fe : soit le photon γ est émis vers l'extérieur de l'atome, soit il éjecte de ce dernier un électron, dit de conversion. La place de l'électron de conversion est reprise par un électron plus périphérique, qui cède l'énergie excédentaire par émission d'un rayon X, ou par émission d'un autre électron (effet Auger). Dans le diagramme ci-dessus, les disques blancs représentent les électrons qui sortent de l'atome et les disques noirs représentent les électrons qui restent dans l'atome.

Cette technique a connu un essor considérable ces quinze dernières années car elle autorise l'emploi d'échantillons massifs et permet donc des analyses non destructives. Il n'y a plus lieu d'amincir les échantillons ou de les réduire en poudre ; les risques inhérents à ces opérations sont donc éliminés. L'analyse par effet Mössbauer est ainsi ouverte à des échantillons qui ne pouvaient être préparés sous la forme requise, par exemple des minéraux de grande dureté ou des œuvres d'art (poteries, peintures). Enfin, un domaine encore en expansion est celui des films minces (par exemple magnétiques) et des interfaces (par exemple métal/métal, métal/semiconducteur ou métal/céramique). De plus, l'absorption résonante, mesurée par le flux de particules émises, se trouve naturellement restreinte à une couche superficielle de l'échantillon massif dont l'épaisseur est déterminée par le libre parcours moyen des particules détectées à la surface. Dans le cas de ^{57}Fe, l'analyse des électrons émis est essentiellement efficace sur la première centaine de nanomètres.

Il est alors clair que les domaines d'application privilégiés concernent les surfaces et les films minces. En chimie, on peut suivre ainsi avec efficacité les premiers stades de l'oxydation et de la corrosion ; en minéralogie, on peut étudier l'altération superficielle. En métallurgie, de nombreux travaux ont concerné l'implantation ionique, en particulier dans les aciers, dans le cas d'implantations à basse énergie (< 500 keV), car la profondeur de pénétration des ions est du même ordre de grandeur que le libre parcours moyen des électrons émis.

§4. Applications de l'effet Mössbauer.

4.1. Applications en chimie

Analyse chimique : détermination de la valence du fer

Dans un matériau, la spectrométrie Mössbauer permet de mettre en évidence un élément possédant un isotope Mössbauer. Pour le fer naturel, la limite pratique de détection est de l'ordre de quelques pour-cent en masse. Pour des composés ne contenant que l'isotope Mössbauer, ^{57}Fe cette limite de détection est divisée par 50, permettant par exemple des études fines de fer en impureté ou des caractérisations de *monocouches* atomiques de fer dans des composés multicouches. Le spectre est la somme des contributions des différentes phases contenant les atomes résonnants. Ces phases sont identifiées à partir des données des paramètres hyperfins fournies par la littérature et/ou par utilisation conjointe d'autres techniques, telles que la diffraction. On peut donc déterminer de manière non destructive la nature et la concentration des différentes phases contenant les atomes résonnants. Les états d'oxydation et la structure électronique peuvent être déterminés à partir des données de déplacement isomérique et de séparation quadripolaire. Par exemple, le dosage Fe^{2+}/Fe^{3+} de fer dilué enrichi en ^{57}Fe dans un verre industriel (environ 1000 ppm en masse de fer) par spectrométrie Mössbauer est en bon accord avec une méthode destructive de dosage chimique.

Oxydation et corrosion

Les surfaces des solides sont un important domaine d'études en spectrométrie Mössbauer en réflexion. De nombreuses études ont été en particulier consacrées à l'oxydation et à la corrosion d'alliages de fer et d'aciers dans différentes atmosphères et aux revêtements chimiques de surface, qui sont utilisés pour produire la résistance à la corrosion. À titre d'exemple, la figure VIII.8 montre l'identification des produits de corrosion d'un aimant permanent Nd-Fe-B oxydé à 400°C. La détermination des pourcentages de phases permet d'accéder à la cinétique d'oxydation et d'optimiser les conditions de préparation ou les éléments d'addition pour diminuer cette corrosion.

Catalyse hétérogène

La spectrométrie Mössbauer est très utilisée dans les recherches en catalyse hétérogène, où sont mis en jeu des solides dont la complexité et l'état de division gênent souvent la caractérisation par des méthodes plus conventionnelles. C'est une technique spécialement intéressante car elle permet l'étude de catalyseurs *in situ* dans les conditions typiques de température, pression et environnement gazeux des réactions catalytiques. Cela est important car les catalyseurs solides ont des surfaces et des structures très sensibles à leur environnement. Le paramètre « déplacement isomérique » permet d'accéder à la nature et à la proportion des états d'oxydation cationiques et au caractère de la liaison chimique dans le catalyseur. Le paramètre « séparation quadripolaire » permet de caractériser les propriétés structurales du catalyseur, la distribution de charge électronique autour des espèces de surface et les effets liés au dopage par des atomes étrangers afin d'améliorer les performances catalytiques. Les paramètres hyperfins magnétiques permettent d'étudier la nature de l'ordre magnétique et les interactions entre phases dans le catalyseur. Les changements dans le catalyseur dus à l'absorption de gaz sont facilement détectés et les résultats peuvent être reliés à la formation de complexes de surface et à la modification de la structure catalytique.

4.2. Applications en physique

Les études physiques des matériaux par effet Mössbauer utilisent la propriété qu'a le noyau sonde d'être un observateur vigilant de son environnement.

Propriétés magnétiques des matériaux

Pour un composé magnétiquement ordonné, la spectrométrie Mössbauer permet de déduire la valeur du champ magnétique agissant sur le noyau. Dans le cas d'un seul site magnétique, la mesure s'effectue à partir de la distance des pics extrêmes du spectre à six raies. Lorsque le matériau présente une distribution non uniforme de champ interne, celle-ci peut être calculée à

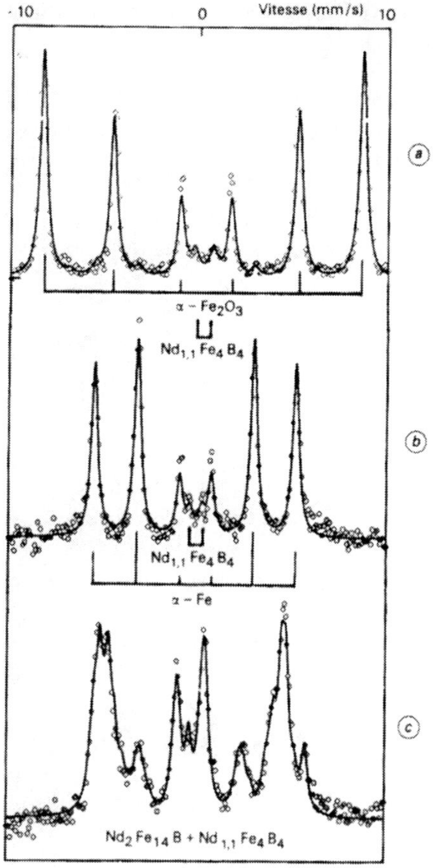

Fig. VIII.8. Spectres Mössbauer à température ambiante de la surface d'un aimant permanent Nd-Fe-B massif oxydé à 400C pendant 29 jours : avant polissage (a), à différents stades de polissage (b, c). Le composé magnétique $Nd_2Fe_{14}B$ (ferromagnétique à six sites de fer) s'est décomposé en surface sous l'effet de l'oxygène en oxyde de fer (Fe_2O_3), fer pur (tous deux ferromagnétiques), Nd_2O_3 (non visible car ne contenant pas de fer) et borure $Nd_{1,1}Fe_4B_4$ paramagnétique. La diffraction ne permettait pas de conclure dans ce cas du fait du caractère *amorphe* ou *microcristallisé* de ces phases de surface.

l'ordinateur et ensuite être interprétée. La température de transition magnétique est déterminée en faisant varier la température de l'échantillon ; lorsque celui-ci cesse d'être magnétiquement ordonné, les structures en six pics disparaissent et le spectre ne présente plus alors qu'une raie centrale à un ou deux pics, suivant qu'il existe ou non un effet quadripolaire détectable. Dans le domaine des surfaces et des films minces, la détermination des directions d'aimantation peut se faire, comme pour les études en volume, grâce à l'intensité relative des pics Mössbauer.

Métallurgie physique

L'effet Mössbauer a permis d'étudier les phases et les changements de phases dans les alliages de fer, et de mieux connaître ainsi les phénomènes métallurgiques fondamentaux que sont la précipitation et les transitions ordre-désordre atomique. Dans le domaine de la métallurgie appliquée, l'effet Mössbauer trouve actuellement une voie importante dans l'étude des traitements de surface ; on citera en particulier la galvanisation des aciers où il est possible d'analyser les phases formées en surface et de déterminer leur cinétique de croissance.

Implantation ionique

L'implantation ionique consiste à bombarder un matériau avec des ions accélérés par un champ électrostatique. L'intensité du champ détermine la profondeur de pénétration des ions dans le matériau. L'implantation d'azote dans les aciers améliore les propriétés mécaniques de ces derniers. Les travaux ont porté, d'une part, sur l'analyse de la zone implantée, d'autre part, sur la détermination des propriétés *tribologiques*, sans que le lien entre les deux ait été toujours bien établi. Cependant, il était clair que, dans des cas bien spécifiques, l'implantation d'azote améliore la résistance à l'usure de certains aciers. La spectrométrie Mössbauer est intervenue ici pour déterminer le pourcentage des différentes phases du fer ainsi que pour identifier les carbures, nitrures et carbonitrures formés au cours de l'implantation ionique ou de recuits ultérieurs.

§5. Annexe : autres applications

5.1. Minéralogie

L'effet Mössbauer a reçu de nombreuses applications pour l'étude des substances minérales naturelles, qu'elles soient d'origine terrestre, lunaire ou encore de météorites. Des informations pétrographiques de première importance découlent de ces études qui permettent en particulier de préciser l'histoire des roches ou des sédiments.

5.2. Oxydes de fer. Métallurgie extractive

Pratiquement tous les minerais d'intérêt industriel contiennent du fer, le plus souvent sous forme d'oxydes ou d'oxydes hydratés. L'oxyde le plus répandu est l'hématite de formule chimique Fe_2O_3. Mais de nombreux autres oxydes sont présents et peuvent être distingués par spectrométrie Mössbauer. La connaissance des phases et de l'état d'oxydation du fer peut servir à choisir la méthode d'enrichissement et en particulier le traitement de réduction. Grâce à l'effet Mössbauer, le rapport Fe^{3+}/Fe^{2+} peut être évalué à chaque étape et, en fin de traitement, les spectres permettent de chiffrer les pertes d'oxygène. En dehors de ses propres minerais, le fer constitue un des éléments à éliminer au cours du traitement d'extraction ; c'est en particulier le cas des bauxites naturelles. Ici, les spectres Mössbauer donnent la concentration relative de chaque composé de fer, le taux de substitution des oxydes ou hydroxydes mixtes et la qualité de la cristallisation. Ces données entrent en jeu dans le calcul de la rentabilité d'une exploitation.

5.3. Roches spatiales

Au début des années 70, les minéraux lunaires ont pu être étudiés grâce aux différentes missions Apollo et Luna. On a pu identifier par effet Mössbauer les principaux constituants de la poussière lunaire. Le sol lunaire a également révélé la présence de fer métallique sous forme de petites particules ferromagnétiques ou ***superparamagnétiques***, de taille inférieure à 4 nm. Les matériaux des météorites ont également été analysés par effet Mössbauer, ce qui a pu donner des renseignements sur la vitesse de refroidissement qui est typiquement de l'ordre de 1 K par million d'années.

5.4. Biologie, Archéologie, Beaux-Arts

Dans le domaine des composés biologiques, l'effet Mössbauer a été utilisé pour analyser les protéines qui contiennent du fer. On peut citer par exemple l'hémoglobine qui sert au transport de l'oxygène dans le sang de nombreuses espèces animales. Les protéines de stockage du fer sont de grosses molécules qui peuvent contenir jusqu'à 20% en masse de fer. Un exemple est la ferritine que l'on rencontre dans le foie humain. Ces molécules sont sensiblement sphériques, d'un diamètre de 12 nm environ et possèdent un cœur de 7 nm de diamètre qui contient le fer. Celui-ci est sous forme inorganique (oxyhydroxyde ferrique sous forme de fines particules divisées) et se trouve entouré d'une peau. Les spectres Mössbauer sont alors typiques d'un matériau superparamagnétique et l'on n'observe un spectre à 6 raies qu'à basse température ; le champ hyperfin est alors de l'ordre de 50 T.

En médecine, l'effet Mössbauer permet de déterminer l'état du fer (valence et spin) dans des échantillons cliniques ; dans le corps humain, 65% du fer est dans l'hémoglobine et 30 % dans la ferritine.

En Archéologie et Beaux-Arts, l'effet Mössbauer a permis d'analyser les poteries des civilisations grecques, égyptiennes, iraniennes, indiennes, *etc.* Les spectres sont en général typiques de petites particules d'oxyde ou bien de fer bivalent ou trivalent en coordination octaédrique, comme dans les silicates. Le but de la recherche est de corréler le spectre avec l'histoire de la poterie ; des liens ont ainsi été établis avec leur provenance, leur couleur et leur mode de vieillissement ; des possibilités de datation ont également été avancées. Enfin, certaines peintures ont fait l'objet d'analyse pour déterminer la nature des ingrédients employés par les peintres ; ici c'est surtout la technique de réflexion qui a servi aux investigations. On a pu ainsi montrer que la couleur jaune pouvait provenir de la gœthite ; de plus, certains tons voisins (par exemple l'ocre) étaient obtenus par addition de silice ou d'alumine. De même, le noir a souvent été corrélé à la magnétite et le bleu au *bleu de Prusse.*

§6. Glossaire

- *Photon* γ : photon d'énergie $E = h\nu = \hbar\omega$ de l'ordre de la fraction de MeV ou plus, émis lors d'une désintégration nucléaire.
- *GBq* : milliards de Becquerel (10^9 Bq).
- *Becquerel* : unité de l'activité d'une source qui correspond à une désintégration par seconde.
- *Gradient de champ* La notion de gradient d'un vecteur n'est sans doute pas familière au lecteur ; par définition :

$$V_{ij} = -\frac{\partial E_i}{\partial x_j} = -\frac{\partial E_j}{\partial x_i}.$$

  C'est donc un objet à deux indices spatiaux, donc à neuf composantes. Cet objet est symétrique par rapport à toute permutation d'indices[2].
- *Lorentzienne* : forme de réponse harmonique classique des systèmes linéaires amortis, utilisée par Lorentz dans sa *Théorie des électrons.* L'expression analytique complexe en est

$$L(\omega) = 1 + \frac{\omega_p^2}{\omega_0^2 - \omega^2 - i\gamma\omega},$$

  où ω_0, ω_p et γ sont des constantes. Lorsque $\omega_0 \neq 0$, , on a généralement $\gamma \ll \omega_0$. Au voisinage de la résonance, $\omega \approx \omega_0$ et

$$L(\omega) \approx 1 + \frac{\omega_p^2}{2\omega_0}\frac{1}{\omega_0 - \omega - i\frac{\gamma}{2}}.$$

[2] Autre présentation : le gradient du champ **E** est le tableau à neuf indices dont (par exemple) la première ligne est constituée des trois composantes du vecteur **grad**(E_x). Dans le dossier consacré à l'IRM, nous avons déjà rencontré l'expression « gradient de champ », mais affublée d'un tout autre sens. *Appliquer un gradient de champ* était dans ce contexte une formulation de praticien, exprimant que, localement, l'intensité du champ magnétique dépendait de manière affine d'une certaine coordonnée cartésienne d'espace.

On constate, et on démontre aisément, que la largeur de la résonance est de l'ordre de γ, voir figure VIII.1.

- *Électron-volt* : 1 eV $\approx 10^{-19}$ J. C'est l'unité naturelle d'énergie des phénomènes atomiques.
- *Effet de recul* : changement de la vitesse de l'atome émetteur ou absorbeur lors de l'émission ou de l'absorption d'un photon, du fait de la conservation de l'énergie et de la quantité de mouvement.
- *Effet Doppler* : modification, lors de la réception, de la fréquence d'une onde (ou de l'énergie du photon associé) lorsque la source a une vitesse relative par rapport à l'observateur.
- *Isotopes* : formes distinctes d'un même élément ayant la même configuration électronique mais dont les noyaux ont un nombre différent de neutrons, ce qui entraîne une masse atomique différente.
- *État de spin* : valeur du moment magnétique de spin. Les principes généraux de la mécanique quantique (et aussi bien ceux de la mécanique newtonienne !) stipulent qu'à tout moment magnétique est associé un moment cinétique, qui lui est parallèle. On décrit souvent ce dernier comme associé à la rotation du noyau sur lui-même. Cela n'est qu'une image vague de la propriété du lien mécano-magnétique : on imagine difficilement, en supposant le noyau ponctuel, ce que pourrait être la rotation de cet objet sur lui-même[3].
- *Monocouche* : plan atomique unique.
- *Galvanisation* : couverture d'une pièce métallique d'une couche de zinc soit à chaud, par immersion dans un bain de zinc, soit à froid par dépôt électrolytique.
- *Implantation* : insertion d'atomes dans un matériau par son bombardement par un jet énergétique de ces atomes (plusieurs keV).
- *Tribologique* : relié au frottements.
- *Amorphe* : structure d'un solide non-cristallisé de structure proche de celle d'un liquide figé.
- *Microcristallisé* : dont les grains sont très petits, de taille typique inférieure au micron.
- *Bauxite* : minerai d'aluminium (hydroxyde).
- *Particules superparamagnétiques* : petites particules au sein desquelles le couplage entre moments atomiques est ferromagnétique, mais qui sont découplées entre elles. De ce fait, leur comportement est semblable à celui de particules paramagnétiques qui seraient dotées d'un moment magnétique géant correspondant à une particule.
- *Bleu de Prusse* : ferrocyanure ferrique.

[3] Il s'agit ici de l'imagination du physicien, capable d'imaginer des objets ponctuels et des dispositifs permettant de les localiser ou de mesurer leur vitesse, mais ne voyant pas de sens à la notion de rotation d'un objet ponctuel

Présentation et questions

§1. Remarques générales

Ce dossier, qui fait appel simultanément aux programmes de physique et de chimie (mécanique, magnétisme, catalyse ...), décrit une réaction nucléaire sensible à l'environnement atomique.

L'effet Mössbauer constitue un pont entre la physique de l'état solide et la physique nucléaire, deux domaines plutôt séparés ; en effet, les énergies impliquées dans les réactions nucléaires sont très grandes devant les énergies chimiques. Il est donc légitime de considérer que, dans une réaction nucléaire, les atomes sont libres.

Le texte sollicite en outre une lecture minutieuse et discriminante, car l'on ne saurait, dans le temps imparti, rendre compte de tout ce qui y est dit. En somme, les candidats sont ici confrontés à toutes sortes de difficultés, devant lesquelles l'initiative s'impose. Un choix de présentation est d'admettre le phénomène sans autre forme de procès et de décrire quelques-unes de ses applications spécifiques ; un autre choix est de s'efforcer de comprendre le phénomène, cette compréhension sera par la suite un fil d'Ariane dans le dédale des applications.

§2. Pistes de questions

1) Que signifie absorption résonnante sans recul de photons γ ?
2) Que signifie méthode non destructive ?
3) Que signifie *in situ* ?
4) Que signifie élargissement par effet Doppler ?
5) Vérifier la valeur numérique du facteur $f = \exp(-E_\gamma^2 < x^2 > /(4\pi^2 h^2 c^2))$, sachant que $h \approx 6{,}62 \times 10^{-34}$ J.s.
6) Que signifie éclatement des raies spectrales ?
7) Pourquoi la spectroscopie Mössbauer est-elle bien adaptée à la métallurgie et à la minéralogie ?
8) Citez un autre élément important en métallurgie.
9) Pour quelle raison le fer est-il l'élément le plus abondant ?
10) Citez des matériaux courants contenant du fer[1].
11) Pourquoi n'observe-t-on l'effet Mössbauer que dans les solides ?
12) Pourquoi les vitesses de la source sont-elles aussi faibles que 1mm/s ?

[1] Question préférentiellement réservée aux candidats des filières PC.

13) Pourquoi la spectrométrie Mössbauer en réflexion permet-elle d'analyser la surface si on analyse les électrons émis ?

14) Que veut dire « ferromagnétique doux? Qu'est-ce qu'un écran magnétique[2] ?

15) Pourquoi peut-on mieux étudier un catalyseur ? Que rayonnement doit-on analyser dans ce cas ?

16) Expliquer le décalage isomérique ; à quoi sert-il[3] ?

17) Quel est l'ordre de grandeur du moment magnétique d'une particule de 4 nm de diamètre de fer ?

[2] Questions particulièrement réservées aux candidats des filières PC.

[3] Question particulièrement réservée aux candidats des filières PC.

Commentaires

§1. Réponses aux questions

1) *Que signifie absorption résonnante sans recul de photons γ ?*
   Les lois de conservation de la collision phonon-photon stipulent que, si un atome se désexcite en émettant un photon, ce dernier est émis avec l'énergie perdue par l'atome ; en outre, son moment lui est en principe cédé par l'atome ; on exprime cela par analogie avec le recul du canon : si le boulet part en avant, le canon part vers l'arrière. L'effet Mössbauer est un effet subtil par lequel le canon ne reculerait pas ; plus précisément, le moment de recul est récupéré par l'ensemble du cristal et l'état vibratoire de l'atome reste inchangé. Cela explique l'extraordinaire finesse de raie[1].

2) *Que signifie méthode non destructive ?*
   L'échantillon se retrouve identique à lui-même à la fin de l'analyse. Exemple de méthode destructive : les essais de rupture d'éprouvette, qui sont destructifs par nature.

3) *Que signifie in situ ?*
   Sur place.

4) *Que signifie élargissement par effet Doppler ?*
   Soit un ensemble de sources, mobiles par rapport à un détecteur fixe, et émettant chacune une onde monochromatique de pulsation ω. Les fréquences reçues par le détecteur sont décalées par rapport à ω de quantités $\Delta\omega$ qui dépendent des vitesses relatives des émetteurs et du récepteur : $\Delta\omega = f(\mathbf{v})$. L'amplitude du signal reçu à la pulsation $\omega + \Delta\omega$ est proportionnelle à la densité d'émetteurs possédant une vitesse donnée. Le signal reçu n'est donc pas un pic infiniment étroit, à la pulsation d'émission, mais un continuum pondéré. On obtient, au final, un signal dont l'allure générale est celle d'une lorentzienne.

5) *Vérifier la valeur numérique du facteur $f = \exp(-E_\gamma^2 < x^2 > /(4\pi^2 h^2 c^2))$, sachant que $h \approx 6{,}62 \times 10^{-34}$ J.s.*
   Si l'on assimile le noyau, de masse M, à un oscillateur harmonique, on trouve que son énergie cinétique moyenne est $< T > \approx (1/2) M\omega^2 < x^2 >$; cette énergie est de l'ordre de l'énergie totale. Cette dernière est de l'ordre de $(3/2)kT$; on a donc $< x^2 > \approx (3/2)(kT/M\omega^2)$. Prendre $M \approx 10^{-22}$ g et $\omega \approx 10^{14}\text{s}^{-1}$.

---

[1] Comme souvent, l'image classique, et plutôt martiale, du canon trouve rapidement ses limites. D'abord, il faudrait que le canon considéré soit convenablement couplé à une myriade d'autres canons ; ensuite, il faudrait considérer des « canons quantiques », ce qui serait en dehors du cadre de l'épreuve. Des considérations descriptives et phénoménologiques suffisent , si on les admet, pour comprendre le propos de ce dossier.

6) *Que signifie éclatement des raies spectrales ?*

Une raie spectrale atomique, provenant d'un atome dans une situation donnée peut se cliver en plusieurs raies, si l'atome émetteur est soumis à des interactions supplémentaires. L'effet Zeeman est un exemple classique de ce phénomène : la *situation donnée* est l'isolement, l'*interaction supplémentaire* est le couplage avec un champ magnétique.

7) *Pourquoi la spectroscopie Mössbauer est-elle bien adaptée à la métallurgie et à la minéralogie ?*

L'atome de fer se prête particulièrement bien à la spectroscopie Mössbauer. La métallurgie repose essentiellement sur des alliages à base de fer et le fer est l'élément le plus abondant dans les minéraux naturels.

8) *Citez un autre élément important en métallurgie.*

L'aluminium depuis longtemps, progressivement le titane et le nickel.

9) *Pour quelle raison le fer est-il l'élément le plus abondant ?*

C'est le noyau le plus stable parmi tous les noyaux. Il ne subit aucune désintégration nucléaire car son énergie par nucléon est la plus faible.

10) *Citez des matériaux courants contenant du fer*[2].

L'inox (Fe,Cr), la fonte (FeC avec plus de 3% de C), l'acier (FeC avec moins de 1% de C)...

11) *Pourquoi n'observe-t-on l'effet Mössbauer que dans les solides ?*

Seul un solide peut encaisser le recul d'un bloc, ce qui rend le facteur de Lamb-Mössbauer significatif. Dans un liquide ou un gaz, le signal est trop faible pour être observé.

12) *Pourquoi les vitesses de la source sont-elles aussi faibles que 1mm/s ?*

On veut obtenir par effet Doppler une variation de fréquence correspondant à une variation d'énergie de 10^{-7} à 10^{-11} eV alors que $E = 14,4$ keV. La relation $\Delta E/E = v/c$ donne $v = c \times 10^{-7}/14,4 \times 10^{-3} = 2 \text{ mm} \cdot \text{s}^{-1}$ à $2 \times 10^{-4} \text{mm} \cdot \text{s}^{-1}$. La finesse relative des raies Mössbauer est de l'ordre de grandeur du rapport de la vitesse de l'émetteur à celle de la lumière.

13) *Pourquoi la spectrométrie Mössbauer en réflexion permet-elle d'analyser la surface si on analyse les électrons émis ?*

Le libre parcours moyen des électrons est très faible (quelques nanomètres) contrairement aux rayons X (1 μm) ou aux rayons γ (plusieurs millimètres).

14) *Que veut dire « ferromagnétique doux ? Qu'est-ce qu'un écran magnétique* [3] *?*

Un matériau ferromagnétique doux est un matériau ferromagnétique qui présente une très grande aimantation dans une induction extérieure et peu d'aimantation rémanente. Un écran magnétique est un dispositif qui isole magnétiquement une région donnée de l'espace. Une plaque de métal

[2] Question préférentiellement réservée aux candidats des filières PC.

[3] Questions particulièrement réservées aux candidats des filières PC.

ferromagnétique très doux convient pour ce but car le champ magnétique y est pratiquement nul à l'intérieur. Les lignes de champ magnétique se ferment à l'intérieur du matériau et l'énergie du champ dans le matériau est environ 10^6 fois plus faible dans le vide (plus rigoureusement, il s'agirait de la densité volumique d'énergie magnétostatique). Une grille, dans certains cas, convient aussi bien.

15) *Pourquoi peut-on mieux étudier un catalyseur ? Quel rayonnement doit-on analyser dans ce cas ?*

On peut étudier le catalyseur dans les conditions de son fonctionnement, car les photons γ traversent plusieurs centimètres de matière (milieu réactionnel).

16) *Expliquer le décalage isomérique ; à quoi sert-il*[4] *?*

L'origine de ce décalage est due au volume fini (c'est-à-dire non nul[5]) du noyau et à la densité des électrons s environnants, à laquelle on attribue la symétrie sphérique. Cela entraîne une interaction de Coulomb (monopole), qui change les niveaux d'énergie nucléaire. Toute altération de la densité électronique entre la source et l'absorbeur produira un décalage dans l'énergie résonante de transition. Si ce décalage ne peut pas être mesuré directement, on le comparera à celui d'un absorbeur connu. Cette mesure est utile pour déterminer les états de valence, les états de ligand, les écrantages électroniques. Par exemple, les configurations électroniques de Fe^{2+} et de Fe^{3+} sont respectivement $(3d)^6$ et $(3d)^5$. Les ions ferreux ont une densité d'électrons s moindre au niveau du noyau, en raison de l'écrantage effectué par les électrons d. Les ions ferreux ont des décalages isomériques positifs et supérieurs à ceux des ions ferriques.

17) *Quel est l'ordre de grandeur du moment magnétique d'une particule de 4 nm de diamètre de fer ?*

Adoptons les ordres de grandeur suivants : $V = 64$ nm^3 ; volume atomique $= (0{,}2)^3$ (nm)^3 $= 0{,}064$ nm^3 ; nombre d'atomes : environ 1000. On trouve dans ces conditions que le moment de la particule est environ 10^3 fois celui d'un atome de fer.

§2. Suggestion de plan

Les « Conseils aux candidats » ne restreignent guère les initiatives et pourraient en réalité s'appliquer à tout dossier. Le dossier est riche et dense ; il faut le mentionner avant, éventuellement, d'indiquer ses propres choix ; comme dit plus haut, deux options apparaissent immédiatement possibles : soit mettre l'accent sur les applications en les classant par effet mis en œuvre, soit mettre

[4] Question particulièrement réservée aux candidats des filières PC.

[5] En mathématiques, *fini* s'oppose à infini ; en physique, fini s'oppose à nul et signifie le plus souvent que l'on sort du modèle ponctuel.

en avant les principes et les méthodes de mesure de l'effet Mössbauer. Dans tous les cas, il semble aventureux de vouloir restituer l'intégralité du contenu de ce texte. L'absence de conclusion pourrait suggérer qu'entière liberté de choix est, ici autant qu'ailleurs, accordée aux candidats. Une troisième option est possible, mais elle n'est pas simple à mettre en œuvre : il s'agit de repérer quelques idées de base de l'effet Mössbauer, de repérer quelques applications où ces idées sont mises en œuvre et d'associer les premières aux secondes. La réalisation de ce programme garantit que l'intégralité du texte a été lue et comprise ; cette démonstration pallie le caractère lacunaire, par choix, de la présentation[6].

§3. À propos du texte

Revenons sur le principe : l'émission sans recul et l'absorption résonante sont deux points-clés du phénomène. Dans le modèle particulaire de la lumière, la conservation de l'impulsion implique que, lors de l'émission d'un atome libre au repos, le noyau doit reculer. La figure VIII.9 illustre l'essence des phénomènes.

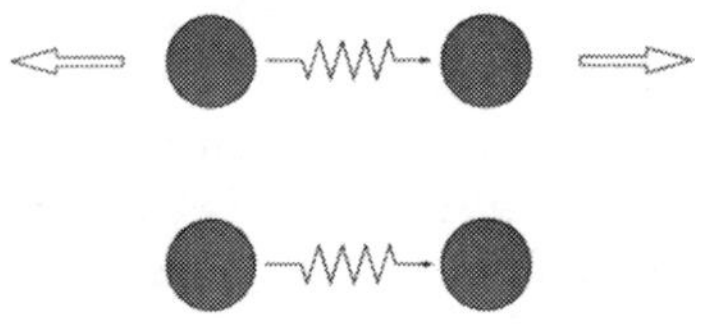

Fig. VIII.9. L'effet Mössbauer en images : le schéma du haut montre le recul d'un noyau libre (à gauche en émission et à droite en absorption de rayon gamma). Dans le schéma du bas, l'absorption ou l'émission se produisent sans recul, comme si la masse du noyau était infinie. Si les noyaux émetteur et récepteur sont dans un environnement cristallin identique, l'énergie des transitions radiatives sont exactement les mêmes ; émission et absorption sont des phénomènes résonants.

L'énergie du photon émis est donc plus petite que l'énergie de transition nucléaire, la différence est l'énergie de recul, E_R. Le photon émis de la sorte ne peut donc plus être absorbé par un atome identique car la largeur de la transition nucléaire, Γ, est très inférieure à E_R. Il est crucial que le domaine spectral concerné soit celui de la spectrométrie gamma ; en effet, dans le domaine du visible, $\Gamma \gg E_R$ et la transition résonante est possible. C'est ce que montre la figure VIII.10, où les lorentziennes sont bien séparées. Dans

[6] Ici comme ailleurs, il est important d'affirmer et de revendiquer ses choix de présentation ; éventuellement, on pourra inviter le jury à se préoccuper, s'il le souhaite, des éléments absents de la présentation orale.

le cas complémentaire, l'énergie de recul serait à l'intérieur de la courbe de résonance.

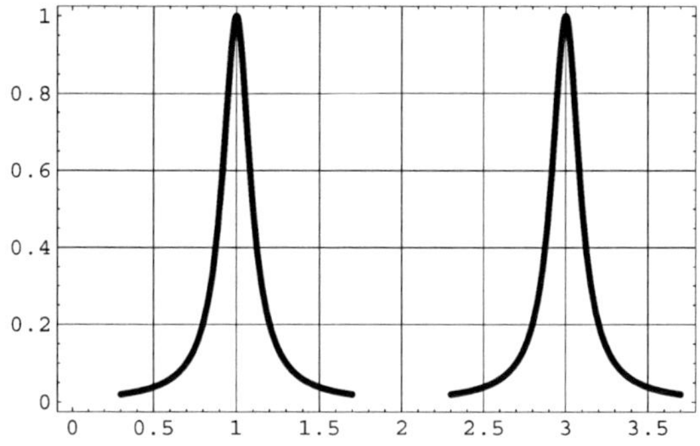

Fig. VIII.10. Lorentziennes séparées d'une distance supérieure à leur largeur ; les unités sont arbitraires et $E_0 = 1$, $E_R = 2$ et $\Gamma = 0,2$. Ces valeurs, plutôt fantaisistes, ne visent qu'à la lisibilité de la figure.

Pour qu'une résonance soit possible, les deux courbes doivent se recouvrir un tant soit peu. Dans la région gamma, la surface commune est de l'ordre du millionième de l'aire d'une courbe de résonance unique, ce qui rend pratiquement impossible le phénomène d'absorption-émission résonants.

Le « miracle » de l'effet Mössbauer est que, dans un solide, il est possible d'émettre un photon γ , sans recul perceptible de l'atome. C'est la très forte cohésion du solide périodique qui est à l'origine de la prise en charge de l'énergie de recul par le réseau dans son entier, et l'on a

$$E_R \propto \frac{1}{\text{Nombre d'atomes}} \approx 10^{-20} \; !$$

L'émission sans recul permet donc la préservation de la largeur naturelle de la raie spectrale, soit environ 10^{-8} eV pour une transition d'environ 10^4 eV. Tous les atomes ne sont pas impliqués par ce phénomène, très sensible à la température. Tout se passe donc comme si la masse effective du noyau était celle du cristal tout entier. Plus précisément, estimons la masse équivalente du noyau, M, en spectroscopie Mössbauer : l'énergie de recul est

$$E_{recul} = \frac{1}{2}Mv^2 = \frac{p^2}{2M} = \frac{p^2c^2}{2Mc^2}.$$

Cette énergie doit être au plus égale à la largeur de raie $\Gamma \approx 10^{-8}$ eV. Numériquement, $pc = 14,4$ keV. Définissons N par l'égalité $M = Nm_{Fe}$, où m_{Fe} est la masse d'un atome de fer : $m_{Fe} \approx 53$ GeV. On trouve $N \approx 2 \times 10^5$. Tout se passe comme si la masse du noyau était 200000 fois plus grande que sa masse réelle. Les énergies des états nucléaires sont très sensibles au paysage électromagnétique environnant ; il peut donc être nécessaire de créer un effet Doppler en émission, afin de maintenir la situation résonante. Sur le plan expérimental, on imagine volontiers que le montage inclura des compteurs proportionnels, des discriminateurs, et des traitements de signal évolués (ne serait-ce que pour se prémunir des inévitables dérives dans les indications des appareils) ; la manipulation peut être longue. L'effet Doppler en émission pourra être produit par le déplacement de la source, la vitesse de cette dernière décrivant un signal, par exemple triangulaire, périodique.

§4. Au-delà du texte

Une application inattendue : vérification de la relativité générale

L'application la plus spectaculaire de l'effet Mössbauer est peut-être la vérification de la relativité générale que firent Pound et Rebka, en 1960, soit deux ans à peine après la prédiction de l'effet suivant : il résulte du principe d'équivalence de la relativité générale que la variation relative de fréquence d'un rayonnement électromagnétique émis à une hauteur L et observé à l'altitude 0 s'exprime, en fonction de gL, par la relation[7]

$$\frac{\Delta f}{f} = \frac{\beta}{1-\beta} - \beta = \frac{gL}{c^2}. \qquad \text{(VIII.2)}$$

Si $L = 10$ m, la variation relative est 10^{-15}. En recueillant des données d'un émetteur placé en haut puis en bas de la tour Jefferson à Harvard, Pound et Rebka mesurèrent $(5,13 \pm 0,15) \times 10^{-15}$, la valeur théorique étant $\Delta f/f = 4,92 \times 10^{-15}$. Depuis, la mesure a été refaite, avec une précision largement meilleure que le pour cent !

Une autre application en recherche fondamentale : le sol martien

L'effet Mössbauer est aussi présent dans la conquête de l'espace. Le 19 Mars 2004, en effet, la NASA annonce la présence de *myrtilles* sur la planète Mars ! Ces myrtilles n'ont rien à voir avec les airelles ; il s'agit de sphérules ... Ces myrtilles (*berries*) ont été détectées avec une sonde Mössbauer, qui pourtant avait donné des inquiétudes (difficultés de calibration) en février 2003. La NASA a repéré une dalle avec une accumulation de telles sphérules. Il s'agit d'une accumulation secondaire sur un affleurement, les sphérules ayant été dégagées par l'érosion plus haut sur l'affleurement, ayant roulé vers le bas et s'étant accumulées sur un replat vaguement creux que la NASA a appelé le « bol de myrtilles ». Le spectromètre Mössbauer a pu ainsi faire le spectre

[7] Le produit gL est la variation du potentiel de gravitation entre le niveau 0 et l'altitude L. Cela signifie que les horloges du bas avancent moins vite que les horloges du haut : la fréquence en bas apparaît plus élevée que la fréquence en haut.

du « fond de la roche » et celui de l'accumulation de myrtilles ; voir figure VIII.11. L'accumulation de myrtilles a un spectre bien différent : on voit sur la figure VIII.12 le sextet, qui est la signature de l'hématite (Fe_2O_3). L'hématite se forme souvent dans l'eau. Les myrtilles semblent donc constituées de (ou être très riches en) hématite.

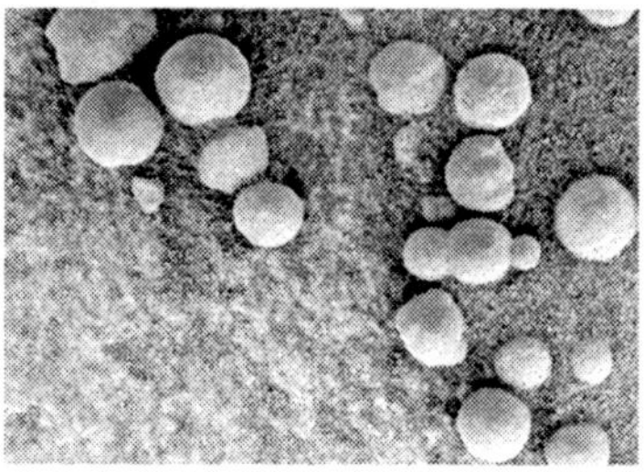

Fig. VIII.11. Image microscopique d'un « bol de myrtilles ». La répartition des sphérules indique, selon les géologues, que la croissance de ces objets s'est faite dans des sédiments humides préexistants. Les grains formés dans l'air (les lapili volcaniques par exemple) auraient une structure différente. Crédit photographique : NASA/JPL/Cornell/USGS.

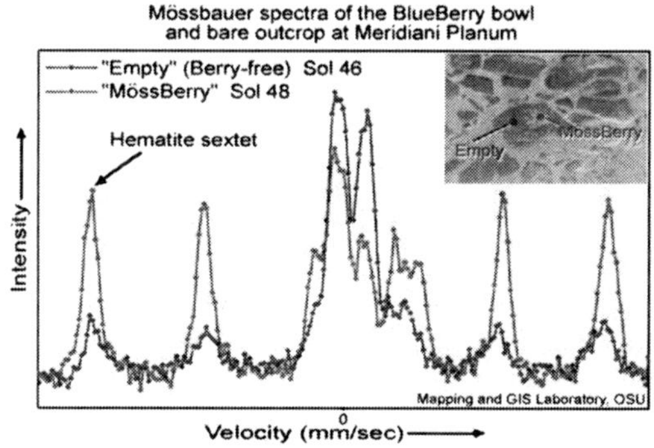

Fig. VIII.12. Spectres Mossbauer du fond de la roche et de l'accumulation de myrtilles. Les spectres ont été enregistrés, respectivement, le 46me et 48me jours martiens de la mission (*sol*), pour le bol vide et le bol plein. Source : NASA/JPL/Cornell/University of Mainz.

Remarque 7. Un survol, très sommaire, de l'utilisation des rayonnements électromagnétiques pour scruter la matière.

H																	He
Li	Be											B	C	N	O	F	Ne
Na	Mg											Al	Si	P	S	Cl	Ar
K	Ca	Sc	Ti	V	Cr	Mn	**Fe(4)**	Co	**Ni (5)**	Cu	Zn	Ga	Ge	As	Se	Br	Kr
Rb	Sr	Y	Zr	Nb	Mo	Tc	**Ru (7)**	Rh	Pd	Ag	Cd	In	**Sn**	**Sb**	**Te**	**I (1)**	Xe
Cs	Ba	La	Hf	Ta	**W**	Re	Os	**Ir**	Pt	**Au (1)**	Hg	Tl	Pb	Bi	Po	At	Rn
Fr	Ra	Ac															
				Ce	Pr	Nd	Pm	Sm	**Eu (2)**	**Gd (6)**	Tb	**Dy**	Ho	**Er**	Tm	**Yb (7)**	Lu
				Th	Pa	U	**Np (0)**	Pu	Am	Cm	Bk	Cf	Es	Fm	Md	No	Lr

Tableau 3. Éléments du tableau périodique connus pour pour posséder des isotopes Mössbauer. Les plus usités d'entre eux sont en gras et, pour quelques-uns d'entre eux, le nombre d'isotopes stables est indiqué entre parenthèses. Les autre éléments, peu ou pas actifs en spectroscopie Mössbauer sont en plus petits caractères et sur fond grisé.

L'infra-rouge est le domaine de prédilection de l'analyste. C'est le domaine des vibrations moléculaires, des structures chimiques. Le visible est utilisé en absorption, émission et diffusion pour l'étude des niveaux électroniques et quelquefois vibratoires. Les UV sont utilisés pour la photo-ionisation des composés étudiés. Les électrons photo-émis renseignent, par leurs énergies et leurs directions, sur leur état initial dans le milieu. Les molécules photo-dissociées sont analysées au spectromètre de masse, ce qui renseigne sur les niveaux d'énergie des états excités. La structure des cristaux est étudiée aux rayons X.

Bibliographie

1. C. Janot, M. Levy, J. Friedel, A. Blanc-Lapierre et P. Aigrain : *L'effet Mössbauer et ses applications à la physique du solide et à la métallurgie physique.* Masson, Paris (1972).
2. G. Schatz, A. Weidinger, J.A. Gardner : *Nuclear Condensed Matter Physics (Nuclear Methods and Applications.* Wiley & Sons , Chichester, New York, Brisbane, Toronto, Singapore (1996).
3. G.J. Long, F. Grandjean : *Mössbauer Spectroscopy Applied to Magnetism and Materials Science. In : Long, G.J. and Grandjean, F. (eds) Modern Inorganic Chemistry, Vol 1, 2 et 3.* Plenum Press, New York (1996)

On pourra consulter, entre autres, les sites de l'université du Mans, celui de l'université de Liverpool, ou celui de la NASA.

`http://lpec.univ-lemans.fr/mossbauefr.htm`
`http://www.cmp.liv.ac.uk/techniques_mossbauer.php`
`http://marsrovers.jpl.nasa.gov`

Sujet IX

Le multiplexage en longueur d'onde

Texte

Filière : toutes filières.

Travail suggéré : *repérer, en précisant vos critères, les questions qui vous semblent les plus importantes et les réponses qu'on peut choisir de leur apporter.*

§1. Introduction

Dans notre civilisation de l'information et de la communication, nous devons faire face à une demande de débits de plus en plus importants et à une nécessité de faire chuter les coûts de la communication. Pour comprendre d'où vient cette demande, il suffit de constater que les entreprises utilisent de plus en plus des réseaux internes ou externes pour leurs opérations quotidiennes ; l'information peut être localisée n'importe où, mais elle doit être accessible comme si elle était dans l'ordinateur local. Un autre exemple, qui touche davantage le grand public, est l'essor d'Internet : le nombre d'internautes augmente, la durée d'une connexion est, dans ce cas, plus importante que lors d'une conversation téléphonique et la nature des données transférées (vidéo, images) implique une grosse consommation de bande passante. Tous ces aspects montrent qu'il est nécessaire, et qu'il sera de plus en plus nécessaire de concevoir et de déployer des réseaux de grande capacité. Pour arriver à ce résultat, il est nécessaire de mettre en œuvre de nouvelles technologies.

La conception de nouveaux réseaux de télécommunication optiques est au cœur de cette problématique.

Les différents types de réseaux : on peut déjà opposer les réseaux privés et les réseaux publics. Nous appelons réseaux privés des réseaux utilisés au sein d'une entreprise ; ces réseaux peuvent être locaux ou relier différents sites plus ou moins éloignés géographiquement. En général, les parties locales du réseau appartiennent aux entreprises, et les liens longue distance sont loués à des opérateurs. Nous appelons réseaux publics les réseaux appartenant aux opérateurs. Ces opérateurs exploitent leur réseau et proposent des services (parmi ces services, il peut y avoir la location de lignes aux entreprises). On classifie le réseau public en différentes sous-parties : le réseau d'accès va du central téléphonique jusque chez l'abonné, le réseau urbain (ou métropolitain) regroupe les réseaux locaux situés dans une même zone urbaine et le réseau de transport interconnecte (sur de longues distances) les différentes villes ou les différents pôles de communication (qui peuvent appartenir ou être exploités par différents opérateurs). On peut ajouter à cette classification un cas particulier de réseau de transport qui est le réseau sous-marin : les continents sont reliés entre eux par des câbles transocéaniques dont la longueur est souvent de plusieurs milliers de kilomètres, la problématique du haut débit et de la longue distance est ici poussée à l'extrême.

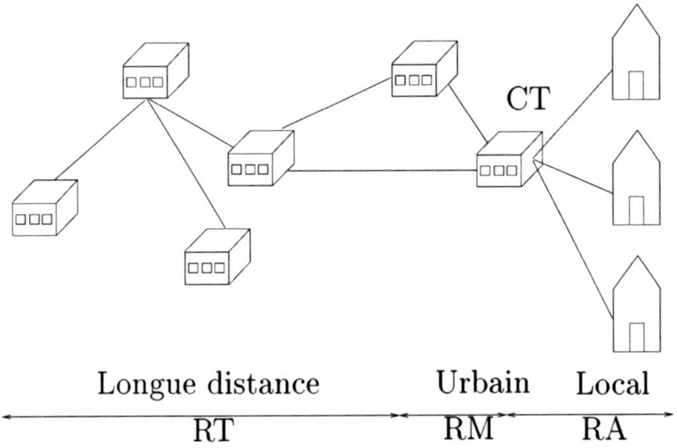

Fig. IX.1. Les différentes sous-parties du réseau public : CT = Central téléphonique, RT = Réseau de transport, RM = Réseau Métropolitain et RA = Réseau d'accès.

§2. L'optique pour le transport

Dans une première génération de réseaux optiques, la fibre est utilisée comme milieu de propagation en remplacement du fil de cuivre, la commutation et le traitement du signal sont gérés par l'électronique ; l'intérêt de la fibre est, à cette époque, sa bande passante, beaucoup plus importante que celle du câble de cuivre et sa bonne immunité à toute forme de perturbation électromagnétique. La principale motivation de l'utilisation de la fibre a été, pendant une bonne décennie, d'obtenir sur des liaisons point à point des débits de plus en plus importants sur des distances de plus en plus grandes. Dans cette optique, la fibre a été largement déployée, et s'est imposée dans tout type de réseau, sauf dans le réseau d'accès : l'échéance à laquelle les opérateurs et fournisseurs de services peuvent espérer un retour sur l'investissement « câblage tout optique jusqu'à la maison individuelle » freine son déploiement.

§3. Une meilleure utilisation de la fibre posée

Comme nous venons de l'évoquer, la pose de nouvelles fibres représente un coût important de génie civil. Il est donc intéressant d'exploiter au mieux la fibre déjà installée. Pour tirer le meilleur parti d'une fibre, on a recours à la technique du multiplexage. Il existe deux techniques de multiplexage comme le montre la figure IX.2.

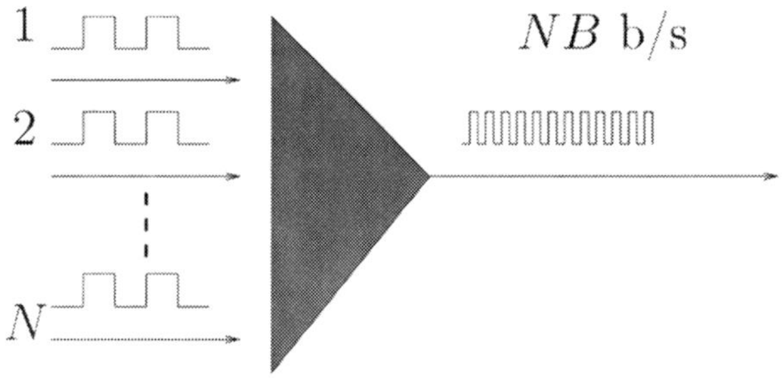

(a) Multiplexage temporel

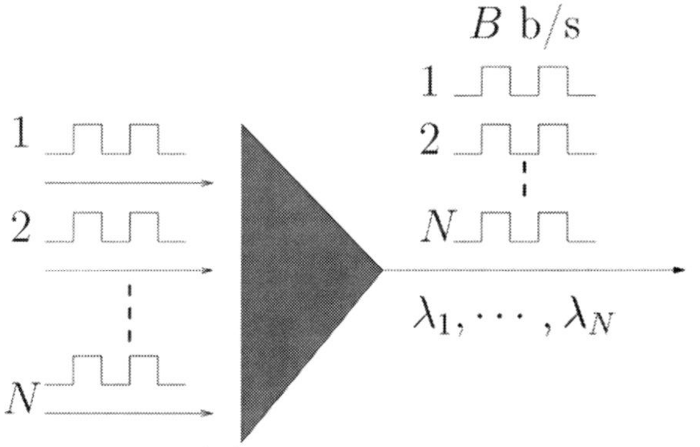

(b) Multiplexage en longueur d'onde

Fig. IX.2. Différents types de multiplexage pour augmenter la capacité d'une fibre optique : 2-a le multiplexage temporel, 2-b le multiplexage en longueur d'onde

La première, le multiplexage temporel (désigné par les initiales TDM : *Time Division Multiplexing*) (figure IX.2-a) conduit à diminuer le « temps bit » pour pouvoir, en entrelaçant plusieurs (N) signaux bas débits (B bits par seconde) générer un signal haut débit ($N \times B$ bits par seconde). Cette technique est couramment utilisée. Actuellement on commence à exploiter commercialement des liaisons à 10 Gb/s et l'on développe dans les laboratoires de recherche le 40 Gb/s. Ce multiplexage temporel impose l'utilisation de composants électroniques rapides : en effet, si le signal transporté est optique, sa modulation et son multiplexage sont réalisés par l'électronique.

L'autre technique de multiplexage est le multiplexage en longueur d'onde, souvent désignée par le sigle WDM (pour Wavelength Division Multiplexing).

Plus qu'une évolution, le WDM a été une véritable révolution dans les télécommunications optiques :

- il a permis d'augmenter considérablement les débits des fibres déjà implantées (donc sans surcoût au niveau de la fibre),
- il a montré que les télécommunications optiques avaient un potentiel de développement compatible avec l'accroissement de l'insatiable demande en débit liée au développement de nouveaux services (la demande double tous les 9 mois),
- plus encore, il a ouvert la voie à une nouvelle façon de concevoir les réseaux, utilisant la longueur d'onde pour router l'information.

Le WDM est analogue au multiplexage en fréquence utilisé depuis fort longtemps en ondes radio. L'idée est de transmettre simultanément plusieurs porteuses de longueurs d'onde différentes dans une même fibre. On multiplie ainsi la capacité de la fibre par le nombre de longueurs d'onde utilisées. On exploite aujourd'hui commercialement des liaisons où plusieurs dizaines de longueurs d'ondes sont multiplexées, et l'utilisation conjointe du TDM et du WDM a permis de réaliser des liaisons expérimentales où le débit sur une seule fibre est de plusieurs Tb/s.

Ces dernières années, les chercheurs ont pris conscience du fait que les réseaux optiques étaient capables de remplir d'autres fonctions que la simple liaison point à point. L'intérêt est d'inclure dans le traitement optique une partie des fonctions de routage et de commutation jusqu'alors réalisées par l'électronique. Il faut bien comprendre que l'augmentation des débits impose l'utilisation de dispositifs électroniques de plus en plus complexes et coûteux pour assurer le traitement des données à la cadence voulue. De plus, dans la première génération de réseaux optiques, un nœud du réseau doit traiter non seulement les données qui lui sont destinées, mais tout le flux de données qui le traverse en direction des autres nœuds du réseau. Un routage au niveau physique (par exemple un codage en longueur d'onde du cheminement dans le réseau et une commutation sélective en longueur d'onde) soulagerait d'autant le travail de l'électronique au niveau d'un nœud.

§4. De nouveaux composants pour le WDM

La décision d'utiliser la technique du multiplexage en longueur d'onde date du milieu des années 90. C'est la maturité technologique des liaisons optiques (en particulier avec l'utilisation d'amplificateurs optiques) qui a rendu techniquement possible et économiquement rentable le déploiement du WDM. Son implantation sur le terrain, qui a été effective à la fin des années 90, a nécessité le développement de composants spécifiques. Nous présenterons ici les filtres et les multiplexeurs :

- le filtre en longueur d'onde : son rôle est de sélectionner un canal parmi les différentes porteuses du multiplex ;
- le multiplexeur et le démultiplexeur : ils ont pour rôle respectif de combiner le multiplex à partir des différents canaux et de décomposer le multiplex pour retrouver les différents canaux ;
- le multiplexeur à insertion extraction : il offre la possibilité d'ajouter une longueur d'onde à un multiplex déjà constitué, mais aussi d'extraire une longueur d'onde du multiplex sans affecter le reste du multiplex.

Nous allons dans la suite illustrer ces fonctions par des exemples en montrant comment réaliser techniquement ces composants. Nous donnerons aussi quelques critères qui permettent de comparer les différentes technologies qui coexistent pour réaliser ces composants.

4.1. Les filtres

Trois critères vont être importants pour caractériser un filtre : la largeur du filtre (on parle de la bande passante du filtre à -1dB ou -3dB), l'uniformité du filtre sur sa bande passante et la raideur de la pente. Ces caractéristiques sont illustrées par la figure IX.3, qui montre le *gabarit*, c'est-à-dire le profil-type, d'un filtre.

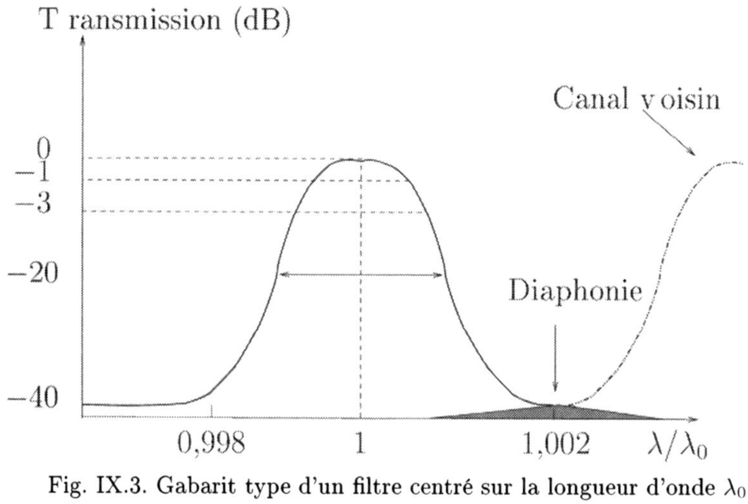

Fig. IX.3. Gabarit type d'un filtre centré sur la longueur d'onde λ_0

La figure IX.4 représente une manière courante de modéliser les filtres réels par des filtres idéaux, dont le gabarit est celui d'un fenêtre : transmission nulle à l'extérieur de la fenêtre (ou des fenêtres) et unitaire à l'intérieur.

Les raisons pour lesquelles le filtre doit présenter une certaine largeur, non nulle, sont de plusieurs natures : même si l'on disposait d'une source par-

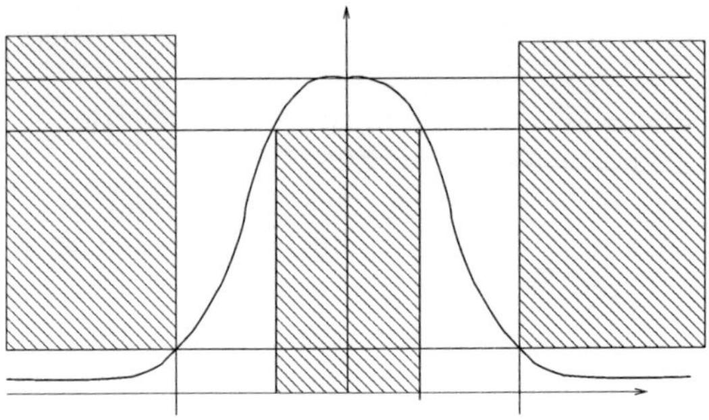

Fig. IX.4. Gabarit idéal d'un filtre centré sur la longueur d'onde λ_0.

faitement monochromatique (ce qui n'existe pas rigoureusement) le fait de moduler dans le temps la porteuse, pour transmettre un signal, se traduit par un élargissement spectral ; cela impose une largeur minimale au filtre pour ne pas distordre le signal transmis. En outre, même si les différentes longueurs d'onde utilisées pour le WDM sont théoriquement normalisées, les composants (sources et filtres) ont des caractéristiques qui peuvent varier légèrement et le vieillissement ou une sensibilité à la température peuvent se traduire par une dérive en longueur d'onde.

La largeur du filtre doit être suffisante pour être insensible à ces légères variations. L'ordre de grandeur pour la bande passante est de 0,4 nm. L'uniformité sur la bande passante est nécessaire pour ne pas distordre le signal : en effet, comme nous l'avons déjà dit, la modulation produit un élargissement spectral. De ce fait, l'information à transmettre est répartie sur cette largeur spectrale, il faut donc que toutes les composantes spectrales du signal soient transmises de la même manière par le filtre. Les flancs de la courbe qui représente le gabarit du filtre doivent être le plus raides possible. Cette grandeur se caractérise en comparant la bande passante à -1 ou -3 dB et celle à -20 dB. Le défaut qui apparaît quand ces flancs ne sont pas suffisamment raides est la diaphonie (en optique, on parle parfois de diaphotie) c'est-à-dire que, faute de pouvoir séparer idéalement les canaux du multiplex par filtrage, une certaine proportion des canaux adjacents vient contaminer le signal filtré. L'écart entre deux canaux du multiplex est en général de 0,8 nm. Dans le paragraphe suivant, nous allons décrire, à titre d'exemple, une des techniques utilisées pour réaliser des filtres pour le WDM : les réseaux de Bragg photo-inscrits dans les fibres optiques.

4.2. Le réseau de Bragg photo-inscrit

Rappelons tout d'abord ce qu'est un réseau et les principaux résultats sur la diffraction d'une onde par un réseau : en toute généralité, un réseau est un milieu dont les propriétés optiques varient périodiquement dans l'espace. On considère dans tout ce qui suit des milieux transparents dont l'indice optique,

n, varie ainsi. Lorsqu'une onde plane incidente traverse un tel milieu (figure IX.5) elle voit varier de façon périodique sa phase et son amplitude et changer sa direction de propagation. Les ondes issues de points homologues espacés d'un pas (Λ) se recombinent par interférences constructives si la différence de chemin optique est un nombre entier de longueurs d'onde (λ), c'est-à-dire si :

$$n\Lambda[\sin(\theta_2) - \sin(\theta_1)] = m\lambda.$$

Les directions de diffraction θ_2 sont donc dénombrables, elles correspondent à des valeurs discrètes positives ou négatives de l'ordre de diffraction, l'entier m. (figure IX.6)

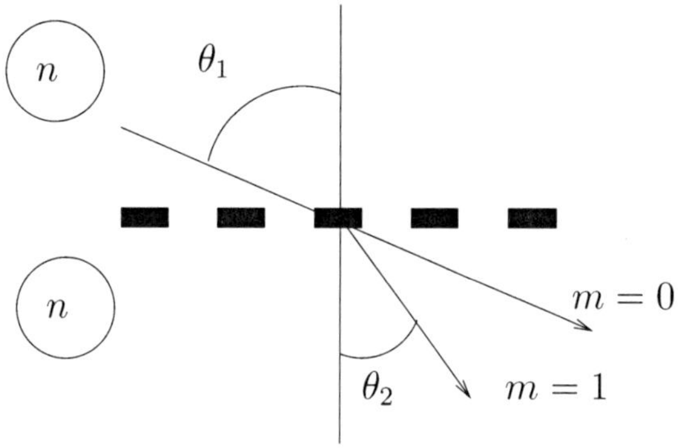

Fig. IX.5. Diffraction par un réseau.

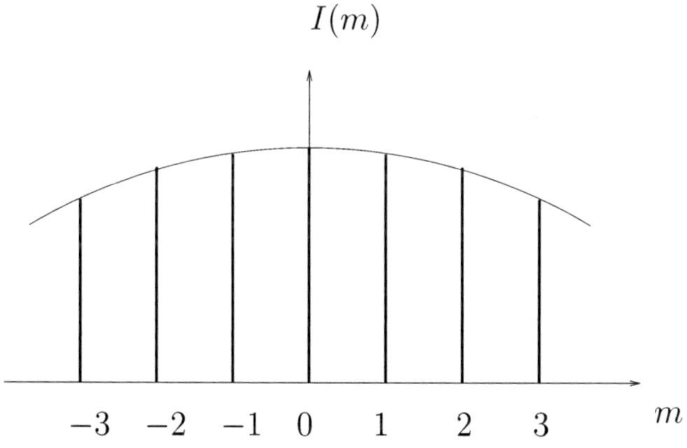

Fig. IX.6. Une représentation symbolique des ordres de diffraction.

Lorsque le réseau est photo-inscrit dans le cœur d'une fibre monomode (nous verrons comment plus loin) l'angle d'incidence θ_1 vaut $\pi/2$ et l'ordre de diffraction, m se réduit à la valeur -1 (figure IX.7).

Si l'on introduit la constante de propagation $\beta = 2\pi/\lambda^{-1} n_{eff}$, où n_{eff} est l'indice effectif du milieu de propagation, donné par $n_{eff} = n \sin(\theta)$, on peut écrire l'équation de diffraction sous la forme :

$$\beta_2 = \beta_1 + \frac{2\pi m}{\Lambda}.$$

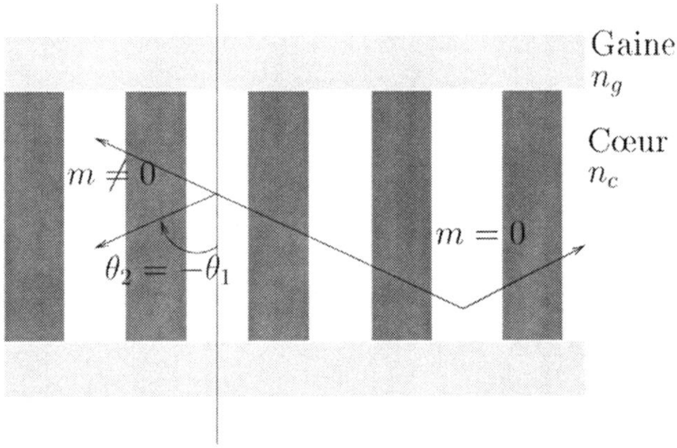

Fig. IX.7. Propagation dans un réseau.

Pour un tel réseau de Bragg, le couplage s'effectue entre deux modes de directions de propagation opposées, θ_1 et $\theta_2 = -\theta_1$. En utilisant les deux expressions (1) et (2) et pour $m = 1$ et $\theta_1 = -\theta_2 = \pi/2$, on trouve que la longueur d'onde réfléchie par le réseau est $\lambda_{Bragg} = 2n_{eff}\Lambda$.

Nous nous contenterons de donner ici une description phénoménologique de ce réseau de Bragg, qui permettra cependant de se faire une idée intuitive de son principe de fonctionnement : modélisons la variation sinusoïdale d'indice dans la fibre par des sauts d'indice situés périodiquement le long de la fibre. L'onde qui se propage dans la fibre rencontrera une série de dioptres. Sur chacun de ces dioptres, une partie de l'onde sera réfléchie (de la même manière qu'une interface air-verre, avec un facteur de réflexion de 4% fait que, lorsque le contraste le permet, on peut se voir dans une vitre).

Les dioptres sont situés périodiquement, l'onde réfléchie sera la somme de toutes les ondes élémentaires réfléchies sur chaque dioptre. Si toutes les réflexions élémentaires sont en phase, ce qui se produit si la distance entre deux dioptres est égale à la demi-longueur d'onde dans le milieu (c'est ce que traduit la relation $\lambda_{Bragg} = 2n_{eff}\Lambda$), l'onde est réfléchie. Cela ne se produit que pour une seule longueur d'onde. Autrement, la somme des réflexions élémentaires s'annule, toutes les autres longueurs d'onde sont transmises.

4.3. Réalisation d'un réseau de Bragg sur fibre

Ken O'Hill a découvert en 1978 la photosensibilité de la silice dopée au germanium. Sous irradiation UV autour de 250 nm, l'indice de réfraction du cœur augmente de façon irréversible. Cette faculté a depuis été largement exploitée pour réaliser des fonctions de filtrage et d'aiguillage en longueur d'onde à base de réseaux de Bragg. Le pas d'un réseau de Bragg étant submicronique, il vient naturellement à l'esprit d'en réaliser un grand nombre par interférences à partir d'un laser émettant à une longueur d'onde pour laquelle le cœur de la fibre est photosensible ; le laser le plus utilisé est un laser à argon ionisé émettant à 488 nm doublé en fréquence et donc émettant à 244 nm. La puissance disponible est d'environ 500 mW.

Pour réaliser cette figure d'interférence deux montages se détachent pour des facilités d'utilisation : le masque de phase (figure IX.8 à gauche), qui est un système interférentiel à division d'amplitude et le miroir de Lloyd (figure IX.8 à droite), qui est un système interférentiel à division de front d'onde.

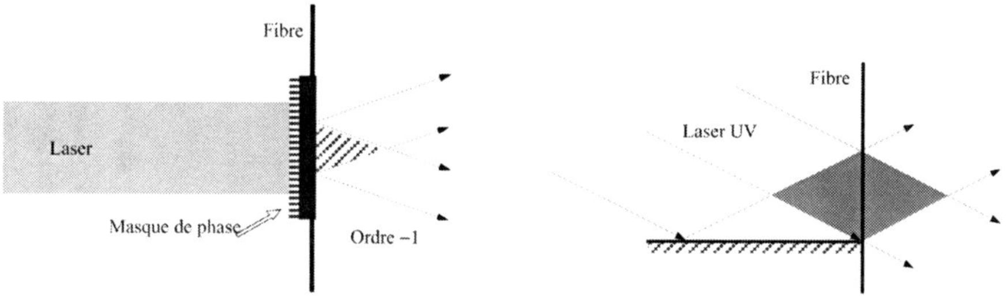

Fig. IX.8. Masque de phase (à gauche) et miroir de Lloyd (à droite).

Le pas d'interférence dans ce type d'interféromètre est $\Lambda = (D/a)\lambda_{Laser}$, où D et a sont respectivement la distance « sources-franges » et la distance entre les deux sources. Ici les sources sont à l'infini, on peut donc écrire $\Lambda = (1/2\tan(\alpha))\lambda_{Laser}$, où α est l'angle de diffraction de l'ordre 1 du masque de phase, ou l'angle entre le rayon incident et le plan du miroir de Lloyd. La relation entre la longueur d'onde réfléchie par le réseau de Bragg et les conditions d'inscription est :

$$\lambda_{Bragg} = \frac{n_{eff}}{\tan(\alpha)}\lambda_{Laser}. \qquad \text{(IX.1)}$$

Par exemple, si $\lambda_{Bragg} = 1550$ nm, alors $\alpha = 12°51'28''$. Avec le miroir de Lloyd l'angle α est variable et ajusté par simple rotation autour d'un axe perpendiculaire au plan d'interférence. Pour le masque de phase, l'angle α est fixe, il est donné par l'angle de diffraction entre les ordres $+1$ et -1 d'un réseau de phase qui a la particularité de ne diffracter que ces deux ordres. La première technique est souvent préférée en laboratoire pour sa souplesse, la deuxième est plus adaptée à une approche industrielle pour une production de masse de composants identiques.

Le principal avantage du réseau de Bragg photo-inscrit est que ce composant est naturellement fibré, les pertes d'insertion seront donc minimes. Un inconvénient de ce type de filtre est sa sensibilité à la température : une variation de température du composant entraîne une dérive de la longueur d'onde centrale du filtre. En contrepartie, si la température est contrôlée, c'est un moyen de rendre le filtre accordable.

4.4. Les multiplexeurs démultiplexeurs

Nous avons vu qu'un filtre permet d'isoler un canal du multiplex, le démultiplexeur permet, lui, de décomposer le multiplex en toutes ses composantes Il peut être obtenu à partir de filtres cascadés. Nous illustrons cette façon de réaliser des multiplexeurs-démultiplexeurs en IX.9.

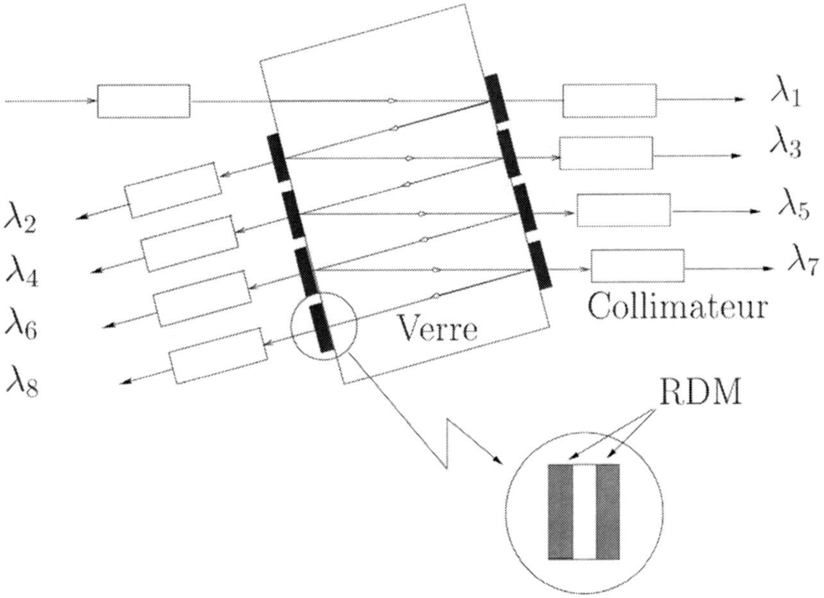

Fig. IX.9. Démultiplexeur obtenu en cascadant des filtres. RDM = Réflecteurs Diélectriques Multicouches. Ces réflecteurs enserrent une cavité optique. Le collimateur est une fibre à gradient d'indice.

Ici, chaque filtre est réalisé par une technique de dépôt de couches minces diélectriques. De la même manière qu'un empilement approprié de couches minces diélectriques permet de faire des traitements antiréfléchissants ou au contraire réfléchissants sur un substrat de verre, il est possible de réaliser un filtre spectral. Pour obtenir un gabarit de filtre compatible avec les exigences d'une application en télécommunications, les films diélectriques forment une cavité résonante (c'est ce qu'illustre la vue schématique agrandie dans un cercle dans la figure IX.9). Ces filtres transmettent une longueur d'onde λ_i (déterminée par l'épaisseur optique de la cavité) et réfléchissent le reste du spectre. Contrairement aux filtres à réseaux de Bragg qui étaient inscrits dans la fibre, ces filtres s'utilisent en espace libre, c'est-à-dire hors de la fibre. Le rôle du collimateur en bout de la fibre d'entrée est de transformer le faisceau divergent issu de la fibre en un faisceau parallèle. Symétriquement, les lentilles en entrée des fibres de sortie servent à injecter le faisceau incident dans la fibre. Les lentilles à gradient d'indice ont des dimensions et des caractéristiques qui permettent un collage directement en bout de fibre, ce qui favorise la miniaturisation du dispositif. Les défauts d'alignement de ces micro lentilles peuvent introduire des pertes. Les pertes intrinsèques de chaque filtre font que la dernière longueur d'onde à être extraite présente des pertes accumulées.

Le bilan énergétique des premières longueurs d'onde extraites est donc meilleur que celui des dernières. C'est le principal inconvénient de ce type de démultiplexeur (ou multiplexeur, puisque le fonctionnement est symétrique). Le multiplexage-démultiplexage peut se faire en une opération :

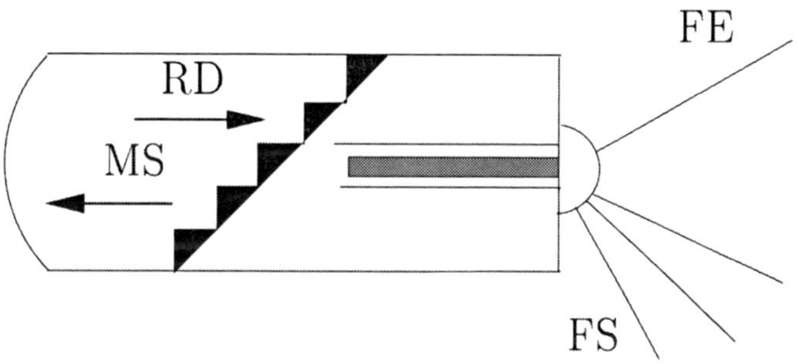

Fig. IX.10. Multiplexeur-démultiplexeur à réseau de diffraction. RD = Réseau de diffraction, MS = Miroir Sphérique, FE = Fibre d'Entrée et FS = Fibres de Sortie.

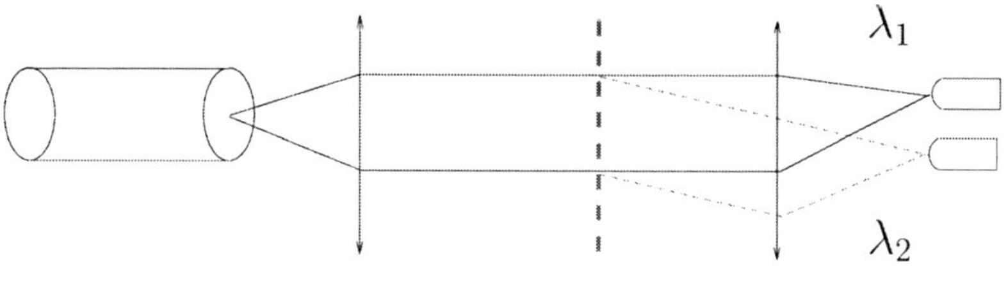

Fig. IX.11. Schéma de principe du démultiplexeur à réseau

Le principe de fonctionnement du multiplexeur à réseau de diffraction, dont un exemple de réalisation est présenté en figure IX.10, est schématisé en figure IX.11. Le multiplex arrive sur la fibre d'entrée, un réseau de diffraction provoque une dispersion angulaire dans l'ordre utile, cette dispersion est transformée en une dispersion spatiale dans le plan des fibres de sortie : les différentes longueurs d'onde convergent sur différentes fibres dans ce plan. La figure IX.10 illustre une réalisation pratique de ce schéma théorique, le montage est replié deux fois, de sorte que le miroir sphérique joue le rôle des deux lentilles, les fibres d'entrée et de sortie sont dans le même plan et le réseau, dans le même plan lui aussi, travaille en réflexion, tout ceci à la fois dans un souci d'économie et de miniaturisation.

Multiplexeur à insertion extraction :

Si un réseau de Bragg, centré sur la longueur d'onde λ_i, est disposé entre deux circulateurs, on réalise à la fois les fonctions d'insertion et d'extraction de la longueur d'onde λ_i.

Un circulateur est un composant à trois ports. Si l'on entre sur le port [1] on sort sur le port [2] et si on entre sur le port [2], on sort sur le port [3] : c'est en quelque sorte analogue à un rond-point dont on prend systématiquement la première sortie. La figure IX.12 illustre l'extraction sur le port [3] du premier circulateur et l'insertion sur le port [1] du deuxième circulateur.

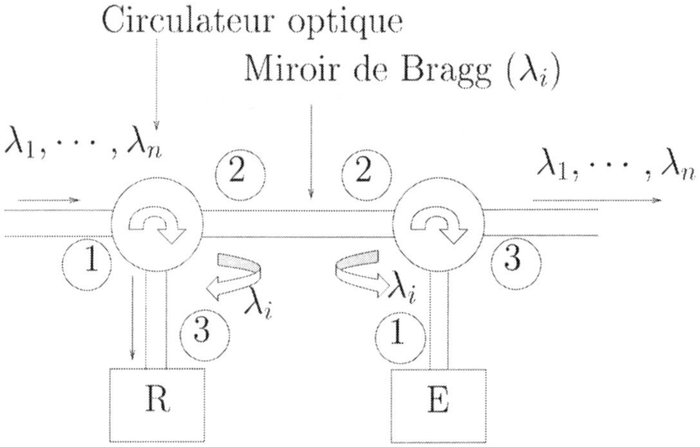

Fig. IX.12. Multiplexeur à insertion-extraction utilisant un filtre à réseau de Bragg associé à deux circulateurs. R = Réception et E = Émission.

La figure IX.13 illustre le principe d'un multiplexeur à insertion-extraction dont on peut choisir dynamiquement la ou les longueurs d'onde que l'on désire insérer ou extraire. Cela est possible en insérant entre un démultiplexeur et un multiplexeur un commutateur à deux entrées et deux sorties sur chacun des canaux. Un tel commutateur peut soit connecter l'entrée 1 à la sortie 1 et l'entrée 2 à la sortie 2 soit connecter l'entrée 1 à la sortie 2 et l'entrée 2 à la sortie 1.

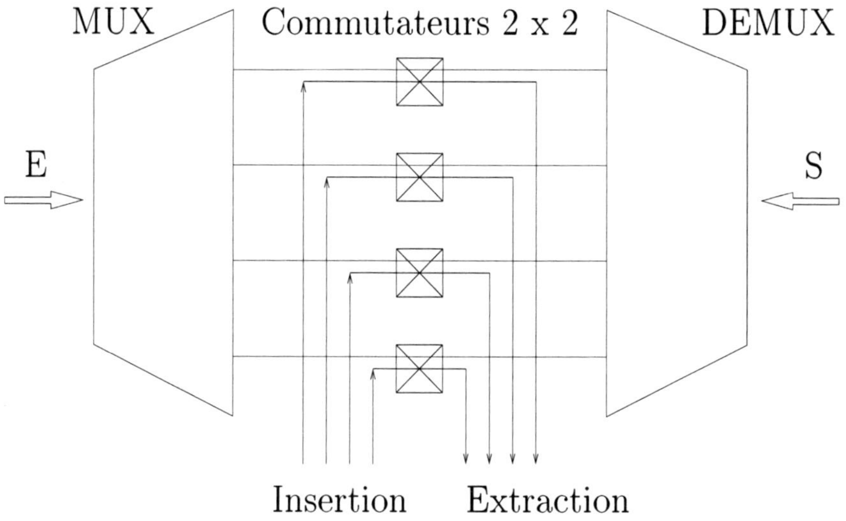

Fig. IX.13. Multiplexeur à insertion-extraction reconfigurable dynamiquement

§5. Conclusion

Nous avons présenté un certain nombre de composants utilisés pour le multiplexage en longueur d'onde. Si le filtrage est une fonction relativement basique, le multiplexeur à insertion extraction reconfigurable constitue un premier pas vers un aiguillage en longueur d'onde dans les réseaux optiques. C'est un enjeu important pour les années à venir, qui témoigne de la part grandissante de la photonique dans les technologies et les techniques de la communication. Est-ce, comme certains l'affirment, une conquête ?

5.1. Annexe 1 : Quelques éléments d'une liaison optique

Le principe d'une liaison optique est symbolisé à la figure IX.14

– Principe du codage d'une séquence binaire
  Chaque créneau est physiquement une impulsion[1] de lumière. L'onde modulée pour coder l'information est appelée porteuse (la longueur d'onde

[1] Certains auteurs trouvent plus approprié d'employer le mot anglais *pulse*, qui se traduit en français par *impulsion*.

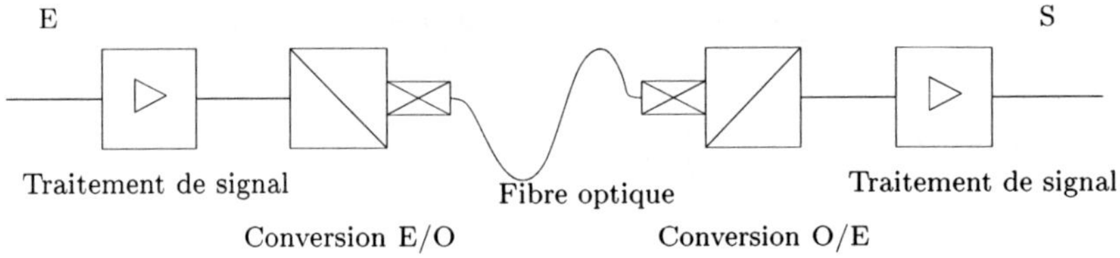

Fig. IX.14. Principe d'une liaison optique. TdS = Traitement de Signal, E = Électrique et O = Optique.

de la porteuse optique est proche de 1,55 μm soit une fréquence d'environ 193,5 THz). Deux impulsions successives, de largeur non nulle, sont séparés par un temps τ qui représente conventionnellement la durée d'un bit (temps bit) d'information. Le débit τ^{-1} se compte en bit/s (b/s) ou plutôt, vu les ordres de grandeur mis en jeu, en Kb/s, Mb/s, Gb/s voire maintenant en Tb/s (10^{12} b/s). La figure IX.15 représente ces résultats.

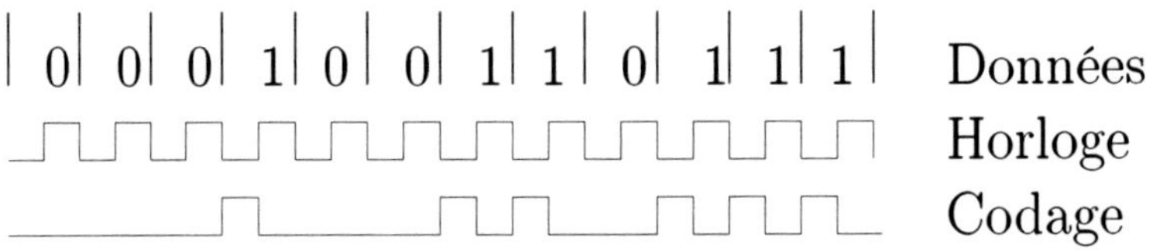

Fig. IX.15. La séquence binaire du haut est codée comme représenté en bas. L'horloge définit, en dernier ressort, le débit.

- La fibre optique : la fibre est un guide souple d'onde optique. Géométriquement, c'est un cylindre d'axe curviligne. Dans le modèle le plus simple, conceptuellement et technologiquement, l'onde est confinée dans un milieu homogène d'indice n_1 (le cœur), entouré d'un milieu d'indice plus petit, n_2 (la gaine). C'est ce que montre la figure IX.16.
  La différence $n_1 - n_2$ peut être faible (n'affectant par exemple par exemple la troisième décimale). Une interprétation classique de la propagation dans une fibre est que, à partir d'une certaine incidence, le rayon guidé va se propager par une succession de réflexions internes sur l'interface entre les deux milieux. L'étude électromagnétique du guidage fait apparaître des modes de propagation, une notion plus riche que celle des rayons. La fibre monomode utilisée en télécommunications a des caractéristiques opto-géométriques qui ne permettent qu'à un seul mode de se propager.

5.2. Glossaire

- *Bande passante d'une liaison* : caractérise le plus haut débit d'information transmissible.
- *Bande passante d'un filtre* : grandeur caractérisant la réponse d'un filtre dans le domaine des fréquences (ou des longueurs d'onde).

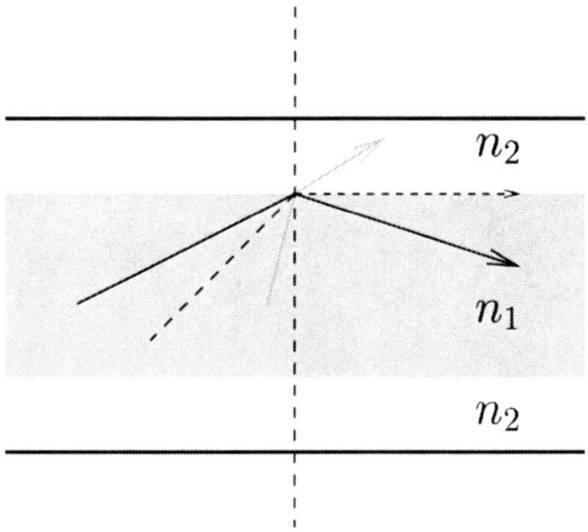

Fig. IX.16. Représentation géométrique d'un mode guidé dans une fibre. La ligne en pointillés signale l'angle de réfraction totale.

- *Décibel (dB)* : grandeur permettant une comparaison de puissances. Soient P_1 et P_2 deux puissances à comparer, on dit que P_1 est à x dB de P_2 lorsque $x = 10\log_{10}(P_1/P_2)$.
- *Lentille à gradient d'indice* : une lentille transforme un front d'onde (par exemple un front d'onde plan en front d'onde sphérique) en introduisant un déphasage local de l'onde, c'est-à-dire un déphasage $\phi(x, y, z)$ qui varie en fonction des coordonnées d'espace. Dans le cas d'une lentille réfractive classique, ce déphasage est obtenu en faisant varier l'épaisseur d'un matériau homogène (par exemple, une lentille biconvexe en verre est plus épaisse au centre que sur les bords). Comme l'épaisseur optique est le produit de l'indice de réfraction par la longueur de propagation, le même effet peut être obtenu avec un composant d'épaisseur fixe mais d'indice variable en fonction des coordonnées d'espace (par exemple en faisant varier, par dopage, la composition du matériau transparent utilisé). Un tel composant est appelé lentille à gradient d'indice.
- *Liaison point à point* : lien reliant deux nœuds voisins du réseau. Par opposition, le réseau comprend la problématique du routage de l'information au travers des nœuds du réseau.
- *Multiplex* : qualifie l'ensemble des canaux de longueurs d'ondes différente (ou encore porteuses) se propageant sur la liaison WDM.
- *Photo-Inscrit* : inscrit dans un matériau photosensible au moyen d'un faisceau lumineux. Dans le cas de la fibre optique, la photosensibilité à l'ultraviolet se traduit par une variation de l'indice de réfraction dans les zones insolées.

Présentation et questions

§1. Remarques générales

Le document présente différentes fonctions, différents composants et il propose quelques critères permettant de comparer ces composants entre eux. Il y a donc matière à exposer et matière à argumenter. La première partie présente de manière générale les réseaux de télécommunications optiques (définition, rapide historique et problématique actuelle ; elle est éclairante sue le contexte du dossier mais on ne devrait pas, pour autant, y consacrer beaucoup de temps). Le multiplexage en longueur d'onde (WDM) est présenté comme l'élément moteur du développement rapide des télécommunications optiques.

La deuxième partie est consacrée à quelques composants spécifiques liés à l'utilisation du WDM.

La troisième partie du texte comprend une description assez détaillée du réseau de Bragg photo-inscrit et de sa technique de fabrication. Assez proche des éléments de cours, cette partie pourra être plus ou moins explorée selon la filière.

§2. Pistes de questions

1) Commenter la figure IX.2 et expliquer les deux types de multiplexage.
2) Préciser le sens des termes filtrage, routage, multiplexage.
3) Dans quelle bande spectrale se situent les longueurs d'ondes utilisées pour les télécommunications ? La « longueur d'onde actuelle des télécommunications » est $\lambda \approx 1{,}55\ \mu$m. Quelles sont, d'après vous, les critères qui guident le choix d'une longueur d'onde de travail ?

   La bande spectrale est située dans le proche infra-rouge $1{,}55\ \mu$m ou 193,5 THz ces valeurs sont données en annexe (Remarque : la bande visible est $0{,}4$ - $0{,}8\ \mu$m).
4) Quels sont les avantages du WDM ?
5) Le WDM est-il une technique récente ? Pourquoi a-t-il pas été implanté si tardivement ?
6) Quels sont les trois critères importants pour le gabarit d'un filtre utilisé pour le WDM ?
7) Commenter et expliquer la figure IX.12.
8) Commenter et expliquer la figure IX.13
9) Comment peut-on améliorer le débit par longueur d'onde (difficile) ?
10) À quoi d'autre pourrait servir un réseau de Bragg ?
11) Qu'est-ce qu'un masque de phase ?

Commentaires

§1. Réponses aux questions

1) *Commenter la figure IX.2 et expliquer les deux types de multiplexage.*
   Réponses dans le texte.

2) *Préciser le sens des termes filtrage, routage, multiplexage.*
   Le filtrage consiste en la sélection d'un type donné de signaux, et le rejet des autres. Le routage consiste en l'acheminement d'informations à bonne destination à travers un réseau[1]. La mise en œuvre du routage conduit à échanger des longueurs d'onde entre plusieurs entrées et plusieurs sorties. Le multiplexage est, tout compte fait, une manière d'optimiser l'utilisation d'un support. Dans les réseaux à fibres optiques, il consiste à envoyer dans la même fibre optique plusieurs signaux de longueurs d'onde différentes en même temps, ce qui, comme indiqué dans le dossier, multiplie la quantité d'information transmise.

3) *Dans quelle bande spectrale se situent les longueurs d'ondes utilisées pour les télécommunications ? La « longueur d'onde actuelle des télécommunications » est $\lambda \approx 1{,}55$ µm. Quelles sont, d'après vous, les critères qui guident le choix d'une longueur d'onde de travail ?*
   La bande spectrale est située dans le proche infra-rouge 1,55 µm ou 193,5 THz ces valeurs sont données en annexe (Remarque : la bande visible est 0,4 - 0,8 µm).

   Première exigence, la longueur d'onde de travail doit être située dans la fenêtre de transparence de la fibre.

   Deuxième exigence : on doit pouvoir produire cette longueur d'onde, avec la pureté spectrale requise, avec des lasers disponibles et performants.

   La troisième exigence est plus subtile[2] : l'impulsion, de durée finie dans le temps, est décrite par son spectre de fréquences. Chaque onde monochromatique constitutive de l'impulsion se propage dans la fibre avec sa propre vitesse de groupe[3]. Les vitesses de groupe étant différentes, la forme de l'impulsion en sortie de fibre peut être significativement différente de la

---

[1] Complément de réponse : selon les types de réseau, on envoie les données par paquets et on choisit leur chemin au coup par coup, ou alors on choisit un chemin et on n'en change pas.

[2] Quoique ne mettant en œuvre que des éléments de programme connus, elle ne saurait être exigée de l'ensemble des candidats ; il faut donc voir le détail de cette réponse comme un complément

[3] Chaque onde se propage donc comme si elle était seule à se propager dans la fibre. Cette modélisation ignore tout couplage entre les différentes ondes. Cette propagation sans altération due à la présence des autres ondes est au cœur de l'hypothèse de linéarité

forme de l'impulsion en entrée de fibre. Le phénomène général résultant de cette *dispersion de vitesse de groupe* est un élargissement temporel : la largeur temporelle en sortie est supérieure à la largeur temporelle en entrée. L'élargissement est d'autant plus important que l'impulsion initiale est fine. Il peut ainsi arriver que deux bits distincts initialement se retrouvent mélangés par recouvrement en fin de propagation. Afin d'éviter cet perte fâcheuse d'information, il convient de travailler dans une région spectrale où la dispersion de vitesse de groupe est minimale : idéalement, $\partial v_g / \partial \lambda = 0$. Si l'on dispose de la relation de dispersion spectrale du milieu $n(\lambda)$ on peut, par le calcul, déterminer la longueur d'onde optimale.

4) *Quels sont les avantages du WDM ?*
La réponse est dans le texte : augmenter les débits sur les fibres déjà implantées (intérêt économique) et permettre un développement compatible avec l'accroissement de la demande[4].

5) *Le WDM est-il une technique récente ? Pourquoi a-t-il pas été implanté si tardivement ?*
Technique récente ? oui et non : son implantation est récente : fin des années 90 mais le principe du multiplexage en fréquence était connu. C'est la maturité technologique des liaisons optiques (en particulier avec l'utilisation d'amplificateurs optiques) qui a rendu techniquement possible et économiquement rentable le déploiement du WDM.

6) *Quels sont les trois critères importants pour le gabarit d'un filtre utilisé pour le WDM ?*
L'uniformité sur la bande passante, l'étendue de la bande passante et enfin la bande passante à -20 dB qui caractérise la raideur de la pente du gabarit du filtre.

7) *Commenter et expliquer la figure IX.12.*
La longueur d'onde λ_i est réfléchie sur le réseau de Bragg.

8) *Commenter et expliquer la figure IX.13*
Un commutateur sur chaque canal (longueur d'onde) permet de choisir entre « laisser passer la longueur d'onde » et l'extraire ; si, dans ce dernier cas, un signal est présent sur le deuxième port d'entrée du commutateur, ce signal remplace le signal extrait.

9) *Comment peut-on améliorer le débit par longueur d'onde (difficile) ?*
La réponse à cette question n'est pas des plus simples. Il est nécessaire de disposer, à des conditions économiquement viables, de l'ensemble des dispositifs électroniques et optoélectroniques permettant d'effectuer les opérations de modulation et démodulation de la porteuse optique, régénération du train de données incluse[5]. En second lieu, transmettre avec

[4] Complément de réponse : permettre l'émergence d'une couche photonique dans les réseaux en utilisant la longueur d'onde comme moyen de routage.

[5] Ces dispositifs étaient disponibles à 2,5 Gbit/s dès le début des années 1990, mais il a fallu attendre 1998 pour pouvoir en disposer à 10 Gbit/s et leur développe-

un débit plus élevé impose de disposer, à performances égales, d'un rapport signal à bruit accru (augmenté de 6 dB pour un débit multiplié par quatre). Deux options se présentent pour ce but, l'une technologique et l'autre algorithmique : l'option technique consiste, soit à augmenter la puissance du signal utile (elle exige alors de maîtriser les effets de propagation induits), soit à réduire le bruit par réduction de l'espacement entre amplificateurs. L'option algorithmique consiste à accepter un rapport signal à bruit inférieur, tout en recouvrant un taux d'erreur acceptable, par l'usage de codes correcteurs d'erreurs. Enfin, la sensibilité aux défauts de propagation augmente avec le débit. Il s'agit principalement de la dispersion chromatique ou la dispersion de polarisation de la fibre (effets linéaires), ou de la dépendance de l'indice de réfraction de la fibre avec l'intensité lumineuse locale (effet non linéaire).

10) *À quoi d'autre pourrait servir un réseau de Bragg ?*

L'empilement de « lames d'indices de réfraction » différents imprimées parallèlement dans le coeur de la fibre a pour conséquence qu'à une certaine longueur d'onde, dite longueur d'onde de Bragg, la structure résonne, ce qui signifie ici qu'elle réfléchit le rayonnement lumineux à cette longueur d'onde particulière. Les réseaux de Bragg n'affaiblissent pas beaucoup le signal à l'insertion.

La fabrication de réseaux de Bragg est peu coûteuse ; elle permet donc la fabrication, en masse, à faible coût d'instruments optiques sélectifs de qualité. Se greffe sur ces avantages le fait que la fibre optique est immune aux rayonnements électromagnétiques, que ses plages de fonctionnement s'étendent de -250^0 C à 100^0 C et jusqu'à des pressions très élevées. La fibre optique peut être aussi protégée des agressions chimiques. Il y a là de quoi susciter largement les imaginations pour tirer profit de ces facilités. Voici, en vrac, quelques exemples : filtres optiques réglables, compensation de la dispersion dans les réseaux de télécommunications à grande distance ; capteurs optiques de contraintes dans les ponts, les charpentes d'immeubles, les ascenseurs, et généralement tous les ouvrages d'art, surveillance de matériaux composites (par exemple, pour la suspension des prochains TGV, pour la protection du radôme de l'avion rafale, nez pointu qui protège l'antenne).

11) *Qu'est-ce qu'un masque de phase ?*

On comprend qu'un masque est un dispositif qui s'interpose entre le rayonnement incident et l'objet qu'il veut atteindre. Un masque de phase est donc un dispositif qui module la phase du rayonnement incident.

Cette modulation sera volontiers périodique. La première idée qui vient à l'esprit, pour la réalisation d'un masque de phase, est celle d'un motif élémentaire de transmission complexe de module unitaire et qui se répéterait périodiquement. La figure IX.17 montre à quoi un tel masque pourrait

ment à 40 Gbit/s, encore en cours, ne représente pas le moindre des problèmes à résoudre.

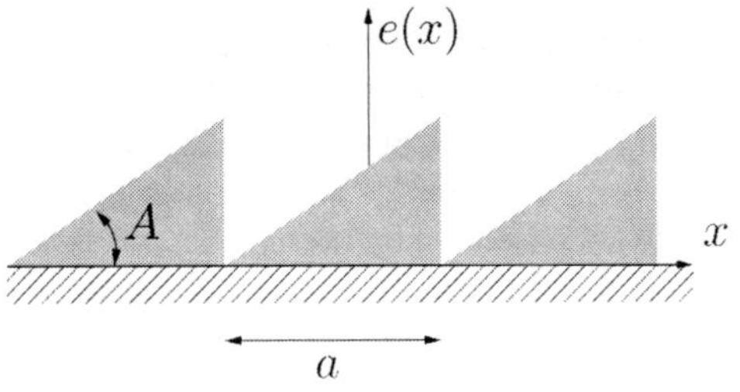

Fig. IX.17. Un exemple de masque de phase : suite de prismes identiques rectangles jointifs, d'angle au sommet petit.

ressembler. La transmittance complexe est $t(x) = \exp[i\phi(x)]$ avec, pour un prisme d'indice n et d'angle (petit) A,

$$\phi(x) = \frac{2\pi}{\lambda}(n-1)e(x) \approx \frac{2\pi}{\lambda}(n-1)(x+\frac{a}{2})A.$$

La figure de diffraction de Fraunhofer s'en déduit ; la répartition de l'intensité diffractée par un réseau de N motifs identiques est :

$$I(u) \propto N^2 a^2 \mathrm{sinc}^2[\pi(ua-\delta)] \times \mathrm{sinc}^2(N\pi ua),$$

où

$$\delta = (n-1)\frac{Aa}{\lambda} \text{ et } u = \frac{\sin(\theta)}{\lambda} \approx \frac{\theta}{\lambda}.$$

Lorsque $\delta = 1$, soit $(n-1)A = a/\lambda$, tous les pics principaux de diffraction sont annulés, sauf celui qui correspond à $u = 1/a$. Les rayons diffractés dans cette direction émergent sous l'angle $\theta \approx (n-1)A$, qui est l'angle de déviation du prisme. Cet angle est l'angle de miroitement maximal (*blaze* en anglais).

§2. Suggestion de plan

Le caractère technique de ce texte, et la nature des questions qu'il aborde rendent d'autant moins facile une reconstruction que le plan initial semble « nécessaire » : expression des besoins, solutions de principe, considérations technologiques ou pratiques et enfin perspectives. On peut néanmoins mettre l'accent sur le *traitement optique* de l'*information optique*, en faisant remarquer que les traitements de signal, qu'ils soient algorithmiques ou électroniques, sont quasiment absents de ce dossier. Une remarque alors s'impose : les opérations réalisées par les divers dispositifs interférentiels sont toutes linéaires, les nonlinéarités n'intervenant que pour parasiter les signaux. Si le dossier mentionne effectivement ces effets parasites, il est plutôt allusif, et à juste titre, sur leurs traitements. À partir de ces remarques, on peut envisager une reconstruction du dossier, valorisant les acquis de l'année par l'entremise d'un tableau à double entrée, où figureraient en colonnes les éléments de cours et en lignes les applications rencontrées dans le dossier. La présentation de ce tableau se ferait après la problématique générale de la commutation et la description du principe d'une liaison. Elle serait suivie d'une discussion des limitations de chaque élément de la chaîne. À ce jour, seule la fibre optique sort indemne de l'examen des limitations.

I – La demande en communication et en information ne cesse d'augmenter. Les réponses technologiques sont rapides, coûteuses et menacées d'obsolescence rapide.

II – Le WDM décuple les capacités de transmission et il ouvre un domaine très actif de recherches fondamentales et de développements.

III – Schéma bloc commenté d'une liaison.

IV – La technologie « convoque », entre autres, les éléments de cours, ou de connaissances, suivants :
- filtrage,
- chemin optique,
- interférence,
- diffraction,
- division d'amplitude, de front d'onde,
- propagation, guidage, mode,
- passe-bande optique,
- fibre à gradient d'indice,
- réseau de Bragg,
- sélection de modes et
- fibre optique.

V – Cette technologie est aux frontières de la validation et de la commercialisation (générations successives de systèmes).

VI – Ce dossier présente une illustration convaincante des entrelacements de la science fondamentale (propagation, distorsions), de la technologie (mise en œuvre) et de l'économie (coûts).

§3. À propos du texte

Les systèmes optiques de transmission actuellement employés reposent sur l'utilisation du multiplexage temporel, par exemple à 40 Gb/s, et sur une longueur d'onde unique. Au début des années 1990, une nouvelle génération de systèmes est apparue, mettant en œuvre le multiplexage de longueurs d'onde (ou WDM pour Wavelength Division Multiplexing). L'idée de base consiste en l'injection simultanée dans la même fibre optique de plusieurs trains de signaux numériques. Tous les signaux sont modulés à la même vitesse, mais chacun d'eux possède une longueur d'onde distincte.

En émission, on multiplexe n canaux au débit nominal D ; en réception, on démultiplexe le signal global $n \times D$ en n canaux nominaux. On est ainsi conduit à définir un peigne de longueurs d'onde autorisées dans la fenêtre de transmission des fibres optiques (1530 – 1565 nm). Un des composants clés du WDM est l'amplificateur à fibre dopée erbium (EDFA) qui permet de compenser les pertes d'insertion dues aux multiplexage/démultiplexage des longueurs d'onde.

Un autre composant clé est le réseau de Bragg, qui pourrait être plus familier aux candidats. De manière générale, un réseau de Bragg s'obtient par modulation, périodique ou apériodique, du coefficient effectif d'absorption, ou de l'indice effectif de réfraction, d'un guide optique. Son action est de réfléchir une bande d'ondes prédéterminée du faisceau lumineux incident tout en se laissant traverser par les autres bandes. La photosensibilité est le phénomène par lequel l'indice optique d'un matériau est modifié par exposition à un rayonnement électromagnétique. En irradiant la fibre optique par un rayonnement ultraviolet, on imprime dans le cœur de cette dernière une modification permanente de l'indice de réfraction. Cette modulation a la même structure spatiale que celle du rayonnement laser. Une interférence provoque une répartition périodique de l'intensité lumineuse à l'intérieur du guide optique. Le réseau de Bragg dans la fibre se comporte donc comme un réflecteur spatial très sélectif. Toute modification de la période spatiale ou de l'indice de réfraction du réseau entraîne un décalage proportionnel du spectre réfléchi et transmis.

Le schéma global d'une liaison DWM se présente donc sous la forme suivante :

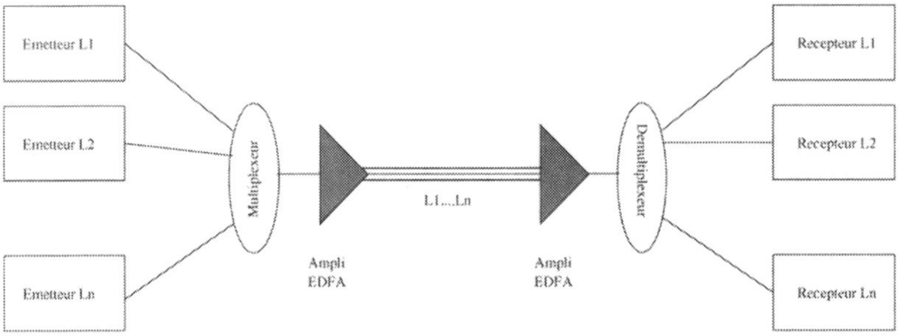

Fig. IX.18. Schéma d'une liaison WDM. EDFA = Amplificateur à Fibre Dopée Erbium ; on obtient souvent le sigle français (AFDE ici) en inversant le sigle anglais.

La confiance placée dans le WDM s'appuie sur deux types de raisons. La première raison est d'ordre économique : permettre une meilleure utilisation de la fibre de transport. La seconde raison est plus technique : le WDM ouvre la voie au routage en longueur d'onde, c'est un enjeu important pour les années à venir. Les composants plus spécifiquement présentés dans le texte sont :

- le filtre en longueur d'onde, dont le rôle est de sélectionner un canal ;
- le multiplexeur et le démultiplexeur, qui ont pour rôles respectifs de combiner le multiplex à partir des différents canaux et de décomposer le multiplex pour retrouver les différents canaux ;
- le multiplexeur à insertion-extraction, qui offre la possibilité d'ajouter une longueur d'onde à un multiplex déjà constitué, et aussi celle d'extraire une longueur d'onde du multiplex sans affecter le reste du multiplex.

Pour chacune de ces fonctions, un ou plusieurs exemples sont exposés. Les critères de comparaisons évoqués dans le texte sont : les pertes d'insertion la sensibilité en température, l'accordabilité (pour les filtres), la reconfigurabilité (pour les multiplexeurs à insertion-extraction) et les technologies de réalisation. Le texte montre la polysémie du terme réseau : réseau de télécommunications et réseau de diffraction. À l'intérieur de cette dernière acception, il introduit le réseau de Bragg, le masque de phase et le réseau utilisé pour le multiplexeur, qui est le classique réseau de diffraction, étudié en cours. On remarquera que quelques termes techniques, vraisemblablement nouveaux pour les candidats, ne sont pas définis dans le texte : le contexte en éclaire le sens. Tel est le cas, probablement, du « masque de phase ».

§4. Au-delà du texte

4.1. Ingénierie

La technologie WDM est dite dense (DWDM) lorsque l'espacement du peigne utilisé est égal ou inférieur à 100 GHz. Des systèmes à 50 GHz (0,4 nm) et à 25 GHz (0,2 nm) ont déjà été testés ; ils fonctionneront à des centaines de longueurs d'onde. Les systèmes commercialisés aujourd'hui comportent jusqu'à 160 canaux optiques, ce qui permet d'atteindre des capacités de 400 Gb/s. Par exemple, on obtient 3,2 Tb/s avec 80 canaux optiques à 40 Gb/s.

Néanmoins le DWDM introduit des phénomènes non linéaires qui ont pour conséquence pratique de limiter la distance entre amplificateurs à 50 – 100 km. Avec certains types de fibre (monomode), les effets non linéaires n'apparaissent pas dans la fenêtre de longueurs d'onde centrées autour de 1550 nm, au moins tant que le nombre de canaux reste inférieur ou égal à 32 et tant que la puissance par canal reste inférieure à 1 mW. Différentes techniques permettent de corriger ces phénomènes, l'une d'entre elles consiste à introduire dans la liaison une fibre compensatrice.

Malgré ces améliorations, la technologie DWDM n'a pas encore atteint ses limites. De nouvelles techniques en cours de développement permettront, affirme-t-on, de multiplier les capacités des systèmes optiques : par exemple, les solitons, signaux électromagnétiques générés dans un milieu non linéaire (où l'indice dépend de l'intensité) permettent le transport d'impulsions temporellement très étroites sur des milliers de kilomètres sans déformation, ce qui assure la conservation d'une bande passante très large.

4.2. Développements en cours

Les principales avancées techniques relatives aux équipements (hors amplificateurs) concernent d'une part la sélectivité des dispositifs de démultiplexage optique, c'est-à-dire leur capacité à avoir un taux de réjection hors bande élevé tout en maximisant la bande à 3 dB, d'autre part, la stabilité en fréquence des têtes optiques : les progrès ont porté aussi bien sur la performance intrinsèque du laser que sur les dispositifs de verrouillage en fréquence. La diminution de l'espacement entre canaux accroît les effets non linéaires croisés entre les canaux. La dispersion chromatique joue un rôle essentiel par son influence sur les conditions de phase relative entre les canaux. La plupart des solutions en cours de développement s'appuient sur des schémas de gestion particuliers de la dispersion chromatique le long de la ligne. Un compromis doit être trouvé entre les performances du système et sa complexité. Le bénéfice économique en investissement apporté par ces systèmes ne doit pas être masqué par une augmentation des charges opérationnelles.

4.3. Critères de choix stratégiques

Depuis l'avènement des systèmes WDM, l'efficacité spectrale a crû de manière relativement régulière à un taux d'environ 60 % par an. Cette croissance a contribué à la réduction de coût du transport observée durant la même période. Toutefois, des gains significatifs en efficacité spectrale ne semblent pas être possibles dans l'avenir sans une complication significative du principe de modulation. Une autre voie pour augmenter le nombre de longueurs d'onde consiste, non pas à resserrer les dents du peigne, mais à élargir la bande d'amplification. Cela ne va pas de soi car c'est toute la technologie des amplificateurs, entre autres, qui doit être reconsidérée. Un système utilisant plusieurs bandes requiert plusieurs amplificateurs associés au sein d'un site, incluant les éléments de multiplexage et démultiplexage de bande et par bande, et les dispositifs de compensation de dispersion chromatique. Cette complexité accrue, génératrice de pertes supplémentaires, doit être compensée par la seule économie réalisée : celle de la fibre de ligne. L'intérêt final pour l'opérateur dépend du contexte. Si cette solution évite la pose d'un nouveau câble, elle sera probablement favorisée.

L'opérateur de réseau exercera son choix en fonction de contraintes techniques (ingénierie et interfaces) et économiques. Compte tenu de la rapidité de l'évolution technologique, l'importance accordée à l'évolutivité de l'offre doit être pesée avec discernement. Le risque pour l'opérateur est de fonder une stratégie d'investissement sur des options d'évolution condamnées à l'obsolescence tant techniquement qu'économiquement avant même leur mise en œuvre.

Compte-tenu des nombreux avantages que le DWDM promet d'apporter, l'intégration de cette nouvelle technologie dans un réseau nécessite de repenser l'architecture avec le double objectif de ménager les investissements déjà réalisés et de préparer un avenir où simplicité, fiabilité et faible coût seront les clés du succès. L'approche faite par de nouveaux opérateurs aux États-Unis d'Amérique de bâtir aujourd'hui directement leur réseau directement sur le DWDM est un signe révélateur de cette tendance, qui devrait s'affirmer en Europe dans les prochaines années.

4.4. Réseaux

Quatre phénomènes, au moins, sont régis par la même loi : la figure de diffraction d'un réseau, la figure de diffraction d'un hologramme, la figure de diffraction d'un modulateur acousto-optique et la figure de diffraction des rayons X par les cristaux. Cette variété de description est sous-tendue par un support conceptuel commun : la différence de chemin optique entre les ondes issues de points homologues d'un milieu optiquement périodique est égale à un nombre entier de longueurs d'ondes. Après un exposé très bref de ce qu'il en est pour un réseau, nous présentons une description corpusculaire de ce phénomène.

Réseau de diffraction

La figure de diffraction dans la direction θ et à la longueur d'onde λ d'une fente centrée sur l'origine, de largeur a éclairée sous incidence normale, est donnée par

$$\begin{aligned}\psi(u) &= K\frac{\sin(u)}{u} = K\text{sinc}(u)\\ &= K\text{sinc}[\frac{\pi a}{\lambda}\sin(\theta)] \approx \text{sinc}(\frac{\pi a}{\lambda}\theta),\end{aligned}$$

où K est une constante sans importance ici. Pour N fentes régulièrement espacées de la distance d, l'intensité de la figure de diffraction est décrite par :

$$I = I_0\left[\frac{\sin(\alpha)}{\alpha}\right]^2 \times \frac{\sin^2(N\beta)}{\sin^2(\beta)},$$

avec $\alpha \propto a$ et $\beta \propto d$, $(\alpha \ll \beta)$. Le numérateur de $\sin^2(N\beta)/\sin^2(\beta)$ est nul lorsque $\beta = \ell\pi$, où ℓ est un entier naturel. Le dénominateur est nul lorsque $\beta = m\pi$, où m est un entier naturel. Si les deux annulations se produisent en même temps, l'égalité $\beta = (\ell/N)\pi = m\pi$ implique que ℓ/N est un entier naturel. Lorsque cela se produit, levez l'indétermination par votre méthode préférée, vous trouverez que :

$$\lim_{\beta\to\ell\pi}\frac{\sin(N\beta)}{\sin(\beta)} = N.$$

Les maxima principaux s'observent à des positions angulaires spécifiées par la formule des réseaux :

$$\beta = m\pi = \frac{\ell}{N}\pi = \frac{\pi d \sin(\theta)}{\lambda} \Longrightarrow \sin(\theta) = \frac{\ell}{N}\frac{\lambda}{d} = m\frac{\lambda}{d}.$$

La formule ci-dessus est aussi nommée formule de Bragg. Les figures IX.19 et IX.20 illustrent ces résultats.

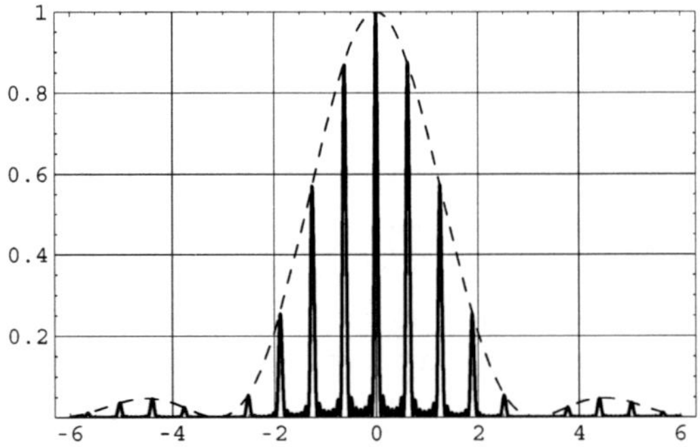

Fig. IX.19. Une représentation de la relation $I = (1/N^2) \times \left[\frac{\sin(\alpha)}{\alpha}\right]^2 \times \frac{\sin^2(N\beta)}{\sin^2(\beta)}$, pour $N = 7$ et $\beta = 5\alpha$.

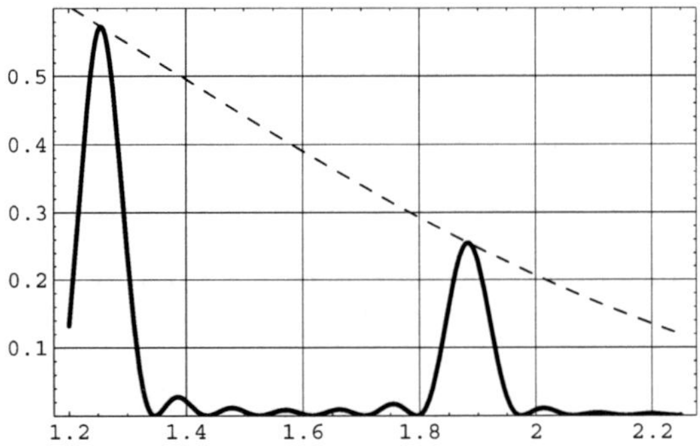

Fig. IX.20. Un agrandissement d'une partie de la figure IX.19 .

Acousto-optique

Un rayonnement monochromatique de pulsation ω et de longueur d'onde λ est traitée comme un ensemble de particules, les photons, d'énergie $U_L = \hbar\omega$, et de moment $\mathbf{p}_L = \hbar\mathbf{k}$ où $\hbar = h/2\pi$ est la constante de Planck réduite. Un signal acoustique de pulsation Ω et de longueur d'onde Λ est lui aussi traité comme un ensemble de particules, les phonons, d'énergie $U_A = \hbar\Omega$, et de moment $\mathbf{p}_A = \hbar\mathbf{K} = (h/\Lambda)\mathbf{u}_K$. Les phonons sont à une onde sonore ce que les photons sont au champ électromagnétique. Ces deux particules peuvent entre en collisions inélastiques, en termes desquelles un photon de pulsation ω_d est créé. Deux cas peuvent se produire :

Absorption. Le photon incident entre en collision avec le phonon présent dans le milieu. Le phonon est détruit, son énergie est transférée au photon incident ; le bilan énergétique de ce processus est $\omega_d = \omega + \Omega$. C'est l'absorption de phonon.

Émission. Le photon incident se clive (par une sorte de scissiparité) et donne naissance à un phonon et à un autre photon ; le bilan énergétique de ce processus est $\omega = \omega_d + \Omega$. C'est l'émission de phonon.

Les bilans de moment sont représentés en figure IX.21 :

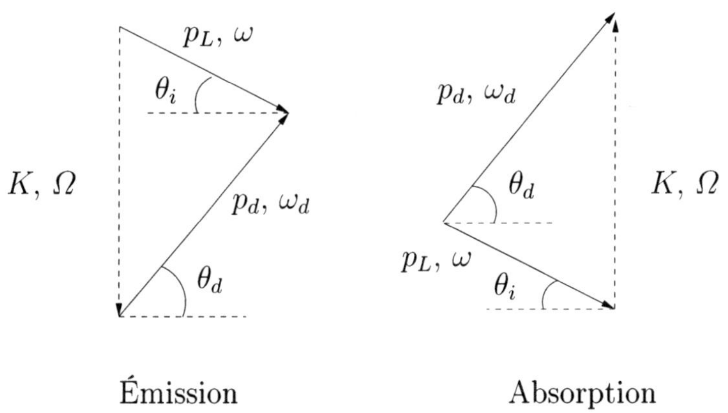

Fig. IX.21. Bilans de moment, en absorption et en émission de phonon, à la suite d'une interaction phonon-photon. Tout se passe, formellement, comme si l'on avait affaire à des particules ponctuelles. Dans tous les cas, $k\cos(\theta_i) = k_d\cos(\theta_d)$. En *absorption de phonon*, $\mathbf{k} + \mathbf{K} = \mathbf{k_d}$ et $-k\sin(\theta_i) + K = k_d\sin(\theta_d)$. En *émission de phonon*, $\mathbf{k} = \mathbf{K} + \mathbf{k}_d$ et $-k\sin(\theta_i) = -K + k_d\sin(\theta_d)$. Si la masse du photon est, autant qu'on puisse le savoir, nulle, la question de la masse du phonon est plus délicatc.

Les pulsations optiques, dans le domaine du visible, sont de l'ordre de 10^{15} s^{-1}. Les pulsations des ondes sonores sont dans le domaine du GHz ; l'inégalité $\Omega \ll \omega, \omega_d$ est donc très largement satisfaite. Il est légitime alors, au moins au premier ordre en Ω/ω, de négliger le décalage fréquentiel du photon et de poser, d'une part $\omega_d \approx \omega$, d'autre part $k_d \approx k$. La relation de conservation du moment en émission donne dans ce cas $\sin(\theta) = K/2k$, qui est une forme équivalente de la loi de Bragg.

Remarque : les relations de conservation que nous venons de manipuler ne sont innocentes qu'apparemment. La question est d'élucider le lien entre masses et moments. La masse du photon est nulle : des expériences de haute précision ont montré que, si tel n'était pas le cas, le potentiel de l'interaction entre deux particules chargées ne serait plus le potentiel de Coulomb, mais le potentiel coulombien écranté, $V(r) \propto (1/r)\exp(-\mu r)$, le paramètre d'écran μ étant proportionnel à la masse du photon. Pour les phonons, la question est plus délicate. Une coordonnée de phonon est une combinaison linéaire des coordonnées de toutes les particules constituant le réseau. Cette combinaison linéaire diagonalise le système différentiel décrivant les petits mouvements des atomes au voisinage de leurs positions d'équilibre. La masse qu'il faut affecter à ces quasi-particules est une sorte de masse effective des atomes de la maille primitive du réseau cristallin.

Les deux textes qui suivent sont extraits et adaptés de comptes-rendus d'activité de programmes de recherche en cours. Ils montrent comment le même problème sollicite les compétences et l'interaction et de mathématiciens, d'informaticiens et de physiciens. Le « nous » employé tout du long ci-après désigne l'équipe de recherche.

4.5. Un exemple de recherche en cours : traitement de l'information en holographique dynamique

L'utilisation des techniques holographiques pour le traitement optique de l'information est souvent limitée par les performances insuffisantes des dispositifs disponibles : efficacité de diffraction trop faible, sélectivité angulaire restreinte, ou forte diaphonie. Alors que les moyens classiques pour améliorer l'efficacité de diffraction sont d'augmenter la variation d'indice du réseau $\mathrm{d}n$ ou son épaisseur e (ce qui n'est pas toujours possible), nous avons proposé une autre solution : placer le réseau de diffraction de Bragg à l'intérieur d'une cavité Fabry-Pérot.

Une étude analytique a montré que le dispositif fonctionnant en réflexion (avec un miroir arrière totalement réfléchissant pour l'étalon de Fabry-Pérot) est le plus efficace. Lorsque la finesse du résonateur est optimisée, l'efficacité de diffraction est accrue d'un facteur 10^4 pour de faibles valeurs du produit $e \times \mathrm{d}n$; cela rend cette technique particulièrement adaptée au cas des matériaux de faible sensibilité ou (et) de faible épaisseur. La sélectivité angulaire est, elle aussi, fortement accrue (jusqu'à un facteur 100) en raison de la faible bande passante angulaire de la cavité Fabry-Pérot. Ces deux propriétés autorisent le stockage de nombreux hologrammes dans un matériau d'épaisseur assez faible. Enfin, en raison d'une anti-coïncidence angulaire entre les résonances Fabry-Pérot et celle du premier rebond de la diffraction de Bragg, le rapport signal à bruit est fortement accru par la présence de la cavité (un facteur 100 à 1000), ce qui permettra une très faible diaphonie dans les applications.

Compte-tenu des résultats théoriques prometteurs, un dispositif expérimental a été conçu, afin de valider le modèle analytique et la faisabilité du concept. Le milieu non-linéaire support du réseau est un liquide, de sorte que son épaisseur peut être ajustée pour faire coïncider les résonances de Bragg et de Fabry-Pérot. Le réseau est inscrit optiquement, par absorption de la figure d'interférence de deux impulsions d'écriture de longueur d'onde 532 nm ; le faisceau de lecture, continu et de longueur d'onde 750 nm, est diffracté au voisinage de la résonance de Bragg. Le signal diffracté est analysé pour remonter aux propriétés du réseau. La comparaison avec le réseau de Bragg hors cavité montre l'amélioration significative apportée par le résonateur. Ainsi, l'efficacité de diffraction est-elle augmentée d'un facteur 220, la sélectivité angulaire améliorée d'un facteur 7 et la diaphonie réduite d'un facteur supérieur à 5 (le rapport signal sur bruit des mesures ne permettant pas de déterminer cette quantité de manière intrinsèque). Ces premiers résultats expérimentaux sont très prometteurs même s'ils restent inférieurs aux prévisions du modèle théorique, en raison de la dimension transverse limitée (300 μm) du faisceau de lecture.

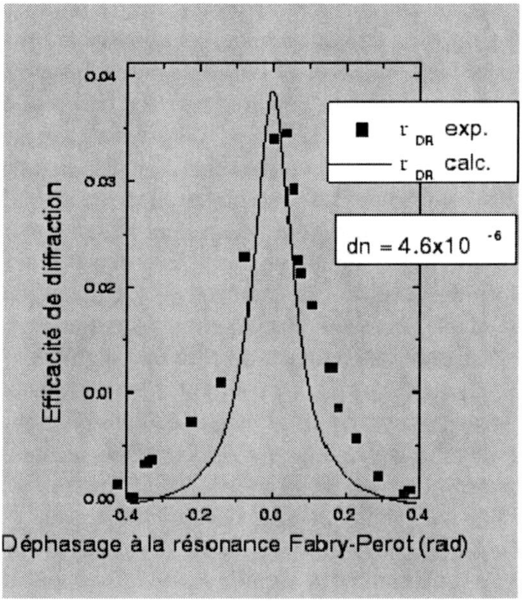

Fig. IX.22. Efficacité de diffraction du réseau de Bragg intracavité en fonction du déphasage à la résonance de la cavité Fabry-Perot. Les carrés noirs correspondent aux résultats expérimentaux, la courbe représente le résultat calculé pour une très faible modulation d'indice de réfraction d$n = 4,6 \times 10^{-6}$

(...) Enfin, profitant de l'excellente sélectivité angulaire du dispositif de Bragg intracavité, nous avons proposé la réalisation d'un filtre optique rapidement reconfigurable qui pourrait trouver son application dans les lasers accordables, les techniques d'insertion-extraction dans les réseaux de télécommunications multicolores et pour la spectroscopie rapide.

4.6. Un exemple de recherche en cours : réseaux optiques WDM transparents

Un réseau de télécommunication filaire est constitué d'aiguilleurs de trafic reliés entre eux par des fibres optiques. Les usagers sont raccordés sur de tels aiguilleurs. Aujourd'hui, de tels aiguilleurs de trafic ne possèdent pas la capacité de traitement suffisante pour gérer le flot de données susceptible de leur être soumis via les fibres optiques auxquelles ils sont raccordés. Ce goulet d'étranglement électro-optique est lié au fait que l'interprétation des adresses, nécessaire à l'aiguillage du trafic, passe par des traitements effectués au moyen d'équipements électroniques. Or, les progrès réalisés ces dix dernières années sur la vitesse de l'électronique sont très en retrait par rapport à ceux obtenus dans le domaine de la transmission optique. Dans les réseaux traditionnels tels que l'Internet, les informations sont envoyées sous forme de blocs de données de taille variable. La taille des blocs dépend de la fiabilité du réseau : à réseau fiable, grands blocs, à réseau bruité, petits blocs. On désigne alors par « paquet IP » un bloc de données auquel on associe un en-tête précisant notamment l'adresse de l'émetteur et l'adresse du récepteur. Deux opérations sont effectuées dans un aiguilleur (ou routeur) IP. La première consiste à interpréter l'en-tête des paquets afin d'en déduire le numéro de la fibre optique à utiliser en sortie. Cela se fait au moyen d'un algorithme de recherche de plus court chemin dans un graphe. La seconde consiste à recopier le paquet reçu sur une fibre d'entrée et mémorisé temporairement dans une mémoire le temps de l'interprétation d'adresse, dans une autre mémoire permettant d'accéder à la bonne fibre optique de sortie. Le concept de « transparence » vise à supprimer la lenteur des traitements électroniques nécessaires, une fois l'en-tête interprété, pour transférer les paquets au sein de l'aiguilleur de leur mémoire d'entrée vers la mémoire de sortie. La commutation optique permet de supprimer le goulet d'étranglement électro-optique évoqué plus haut à la condition de faire en sorte que l'en-tête soit reçu et interprété par anticipation par un aiguilleur juste avant que n'arrive la charge utile. Un réseau transparent vise ainsi à garantir une transmission tout optique de la source au destinataire. Son principal bénéfice est de rendre un réseau d'opérateur multi-débit, le routage des paquets se ramenant à un aiguillage de signaux optiques analogiques, indépendant des signaux numériques d'information ayant été utilisé pour leur modulation. Les distances visées par la transparence sont de deux à trois mille kilomètres.

La plupart des travaux effectués pour le dimensionnement et la planification de réseaux optiques transparents font l'hypothèse de matrices de trafic totalement statiques. Une matrice de trafic est une matrice carrée $\mathbf{T}$ de taille $N \times N$ où N est le nombre de nœuds (d'aiguilleurs) du réseau. Chaque composante $T_{i,j}$ de cette matrice correspond au débit requis entre un nœud $i$et un nœud j. La matrice $\mathbf{T}$ est dite statique si les composantes $T_{i,j}$ ne fluctuent pas dans le temps (elles sont basées sur le trafic moyen estimé sur le long terme). Connaissant $\mathbf{T}$ ainsi que la topologie physique du réseau, il s'agit de déterminer le nombre et la valeur effective des longueurs d'onde nécessaires au transport de cette matrice de trafic. Il faut aussi préciser les règles de routage des circuits optiques transparents dans le réseau. On cherche parmi le très grand nombre de solutions de routage et d'affectation de longueur d'onde possibles, celles qui sont à moindre coût, tout en permettant de satisfaire l'ensemble des demandes spécifiées dans la matrice de trafic. Une des principales contraintes consiste à adopter le plus court chemin pour les circuits transparents qui seront utilisés par les paquets entre toute paire de nœuds i et j en faisant en sorte que la même longueur d'onde puisse être utilisée de bout en bout. Le nombre de longueurs d'onde disponibles sur chaque fibre est en général limité à W, avec W pouvant être très petit devant le nombre d'éléments non nuls de $\mathbf{T}$. Une deuxième contrainte forte interdit d'utiliser la même longueur d'onde pour deux circuits transparents empruntant la même fibre optique.

Bibliographie

1. M. Gagnaire, S. Dixit : *IP over WDM.*Wiley InterScience, New York (2003).
2. A. Yariv : *Optical waves in crystals.*Wiley InterScience, New York (1984).
3. B. Saleh, M.C. Teich : *Fundamentals of photonics.*Wiley InterScience, New York (1991).
4. D. Cameron : *Optical Networking.*Wiley InterScience, New York (2001).
5. H.J.R. Dutton : *Understanding Optical Communications.*Prentice Hall, New York (1991).

Les sites consacrés au WDM sont nombreux. Sur le site

`http://www.rd.francetelecom.com`,

on se reportera au document `fr/technologies/ddm200212/index1.php`

Sujet X

Textes officiels et conseils

Notice de l'épreuve commune de TIPE

Le texte ci-dessous est une reproduction de la notice telle qu'elle est disponible à l'adresse suivante :

`http://www.scei-concours.org`

L'épreuve TIPE : objectifs, structure

Finalité des TIPE Les objectifs des Travaux d'Initiative Personnelle Encadrés (TIPE) en classes préparatoires aux Grandes Écoles sont définis par les textes réglementaires[1] :

Objectifs de formation Dans le cadre des TIPE, l'étudiant a un travail personnel à effectuer qui le met en situation de responsabilité. Cette activité constitue un entraînement à la démarche scientifique et/ou à la démarche technologique. Les TIPE doivent faire appel à l'intelligence de situations concrètes car la réalité du métier d'ingénieur n'est pas essentiellement de résoudre des problèmes mais de les identifier et les poser clairement. L'objectif des TIPE est de permettre à l'étudiant de développer notamment les qualités et capacités suivantes :

- ouverture d'esprit
- initiative personnelle
- faculté de rapprocher plusieurs logiques, notamment par un décloisonnement de disciplines
- esprit critique, capacités d'exigence, d'approfondissement et de rigueur
- aptitude à l'imagination expérimentale
- aptitude à collecter l'information, l'analyser, la communiquer...

Cette activité a pour objectif de valoriser la curiosité intellectuelle et le travail en profondeur plutôt que la rapidité, évaluée par ailleurs dans le cadre du contrôle de l'acquisition des connaissances disciplinaires. L'objet des TIPE n'est donc pas l'acquisition de connaissances disciplinaires supplémentaires qui s'effectue par ailleurs dans le cadre du programme d'enseignement. Grâce à la mise en œuvre d'une nouvelle méthode de travail et à une diversification des sujets d'étude, les TIPE contribuent à valoriser des profils scientifiques variés.

Afin de parvenir à ces objectifs et de se préparer aux épreuves des concours, les étudiants encadrés par les enseignants, développeront des activités et des démarches diverses, par exemple :

- la mise en évidence et la formulation d'un problème,

---

[1] Objectifs et organisation pédagogique des TIPE : arrêté du 11.03.98, J.O. du 19.03.98, BOEN n° 14 du 02.04.98 et arrêté du 02.09.99, J.O. du 10.09.99.

- l'observation et l'analyse d'un phénomène ou d'un système industriel,
- la recherche et l'exploitation d'une documentation,
- la préparation et la réalisation de dossiers et d'exposés,
- le développement d'arguments au cours d'un entretien scientifique,
- l'examen et la discussion des solutions et des justifications des choix effectués.

Ce schéma directeur guide les orientations et les modalités pratiques retenues pour l'épreuve des TIPE aux concours suivants :

- Concours Commun Mines - Ponts
- Concours Centrale-Supélec
- Concours Communs Polytechniques
- Banque filière PT
- Concours clients (TPE, e3a, ESIL, INT, ENSTIM, ESSI, ESIC) et pour ce qui concerne les filières MP, PC, PSI, PT, TSI et TPC.

Contenu de l'épreuve de TIPE

Nature et finalité L'épreuve, de nature orale, est destinée aux candidats admissibles ; elle comporte deux parties de vingt minutes chacune. L'une de ces parties vise à s'assurer que le candidat a su tirer profit du travail effectué tout au long de sa deuxième année de CPGE. L'autre partie vise à évaluer la mise en œuvre, en temps réduit et sans aide extérieure, de ses qualités d'analyse et de synthèse. A ces deux objectifs s'ajoute l'appréciation des qualités d'expression du candidat, dans l'exposé et le dialogue en temps limité.

Structure Les 40 minutes de l'épreuve sont précédées d'une préparation « en loge » de 2h15, au début de laquelle sera remis au candidat le dossier scientifique, matière première de la partie D définie ci-après.

Partie C. L'initiative revient au candidat qui rend compte de son travail au cours de l'année écoulée d'abord en 10 minutes d'exposé puis au cours d'un dialogue de 10 minutes avec le jury.

Partie D. À partir du dossier scientifique qu'il aura étudié, le candidat fera un exposé de 10 minutes puis dialoguera avec le jury durant 10 minutes également.

L'ordre de succession des parties C et D est laissé à l'initiative du candidat.

Commentaires

Sur les objectifs L'épreuve a pour objectif d'apprécier et de noter les savoir-faire et qualités rappelés en A. Les examinateurs seront attentifs entre autres aux points suivants :

- Comment, partant des connaissances du programme, l'élève a-t-il su trouver et exploiter une documentation « hors cours magistraux » ?

- Comment a-t-il fait preuve d'initiative dans le choix du sujet et dans la conduite du travail (bibliographique, expérimental) ?
- Le candidat a-t-il bien apporté de la valeur ajoutée (expérimentation, modélisation, investigation numérique, ...) ?
- Quelles sont ses capacités d'analyse ?
- A-t-il su bien décrire le sujet, poser le problème, énoncer une (ou des) méthode(s) de résolution ?
- A-t-il su allier rigueur et approche qualitative, montrer du « bon sens », estimer des ordres de grandeur et être critique devant les résultats ?
- A-t-il une vision globale ?
- Sait-il replacer les résultats dans leur contexte ?
- Son travail a-t-il été l'occasion de rapprochements entre les diverses disciplines du programme ?

Ainsi, et s'il fallait la définir négativement, il apparaîtrait que l'épreuve n'est ni une évaluation des connaissances acquises dans chaque discipline du programme, ni, à l'opposé, une prestation médiatique, ni encore, et il s'en faut, une évaluation du lycée ou du « tuteur » ou de la quantité de moyens qui ont été disponibles pour l'élève.

Sur les rapports du fond et de la forme Une prestation oratoire, si brillante soit-elle, ne saurait valoriser à elle seule un travail médiocre. Pour autant, l'excellence du contenu du message doit se refléter dans sa présentation, par exemple : l'élève maîtrise-t-il les moyens d'expression que sont sa voix, sa gestuelle, les supports qu'il utilise (tableau, papier, transparents,...) ? Sait-il parler et convaincre, écouter et dialoguer ? Ces considérations justifient que le jury intègre dans sa note une appréciation de la forme en complément de celle du contenu.

Sur la partie C

Le candidat C'est le moment de montrer que l'on a bien compris le sujet, les lectures faites, les expériences réalisées. Le jury n'est pas là pour juger l'ampleur des savoirs, mais leur assimilation. Préférentiellement à tout étalage scientifique, le candidat est invité à définir correctement tous les mots qu'il emploie. L'oral, au cours duquel l'élève doit faire apprécier le travail de plusieurs dizaines d'heures, est bref ; il est cependant d'une durée suffisante pour que le candidat puisse faire apprécier au jury la nature du travail accompli ; ce sera d'autant plus facile pour lui - qu'une fois le sujet introduit correctement et brièvement, il aura fait ressortir les points forts et les conclusions essentielles de son travail, - qu'il n'aura pas hésité à indiquer ses opinions ou ses commentaires sur le contexte de son travail.

Le jury Étant affirmé à nouveau que deux écueils à éviter sont l'encyclopédisme et le « vernis culturel », le jury sera fondé, en fonction de l'exposé du candidat, à apprécier la curiosité d'esprit et la culture générale de ce dernier.

Les documents La fiche synoptique permet au candidat de présenter et de résumer son travail. Ce ne sont donc ni sa longueur, ni sa qualité technique qui feront sa valeur, mais plutôt sa logique, sa cohérence, sa concision, son excellence en tant que traduction de l'initiative et de la méthode de travail du candidat. L'initiative est en particulier laissée à ce dernier de faire figurer sur sa fiche, sources, contacts, textes, schémas, figures, *etc.* Les documents éventuellement apportés lors de l'épreuve doivent, là aussi, servir à la fois :

- à être support de l'exposé oral, pour gagner en pertinence, précision et concision lors des 10 minutes d'exposé ;
- à traduire l'initiative de l'élève qui peut mettre en œuvre textes, schémas, graphiques.

On gardera toutefois à l'esprit que ne sont pas évaluées l'abondance des documents, la nature du support, de la typographie etc, mais bien le contenu, la pertinence et l'authenticité du message que veut faire passer le candidat. Nous attirons l'attention des candidats sur le fait que tous les documents montrés au jury pendant la présentation seront conservés par ce dernier (transparents, schémas, graphiques, *etc.*)

Sur la partie D Les 2h15 de préparation sont utilisées à la lecture du document proposé et à la préparation de l'exposé qui suivra. Cette préparation inclura, éventuellement, la confection de supports. Cette partie d'épreuve est abordée avec sérénité par le candidat s'il se rappelle :

- qu'on ne lui demande pas de faire preuve d'encyclopédisme. La réponse « je ne sais pas... » est, le cas échéant, une réponse pertinente !
- de montrer qu'il a compris ce qu'il a lu et qu'il se l'est approprié (tout terme utilisé par le candidat doit être susceptible de définition claire),
- qu'il est capable d'en rendre compte correctement et de manière personnelle.

Conclusions

Le candidat gardera à l'esprit que chacun des termes du sigle TIPE compte.

Travaux : l'épreuve est un couronnement d'efforts assidus en classes préparatoires aux grandes écoles scientifiques... et entrepris bien avant.

Initiative : elle doit être soutenue tout le long de la préparation, dans le choix du sujet, la conduite du projet et la technique de présentation.

Personnelle : encore une fois, l'épreuve n'a pas pour objectif de contrôler l'accumulation de connaissances mais d'apprécier la manière dont le candidat se les est appropriées et sait les faire partager. Ambition et modestie peuvent aller de pair.

Encadrés : le professeur aura accompagné l'élève pour le travail de fond et pour la préparation ; la qualité de la présentation mettra en relief l'excellence du travail.

Extrait du rapport 2003

Voici un extrait du rapport de l'épreuve 2003, publié avec l'aimable autorisation de M. BARIBAUD, président de l'Épreuve commune de TIPE. Ce rapport ainsi que des exemples de sujets donnés lors des épreuves antérieurs sont accessibles à l'adresse `http://www.scei-concours.org`.

Le soleil chauffa, la température monta néanmoins les candidats candidatèrent courageusement et les jurys jugèrent. Sereinement. Au final, on a observé de très bons dossiers C mais aussi de très mauvais. L'impression générale est que le nombre de bons sujets diminue alors que le nombre de travaux moyens voire médiocres augmentent. Impression d'ailleurs confirmée par une baisse de la moyenne générale des sujets C (sauf en filière PT et TSI).

Il est donc bon de rappeler encore une fois quelques principes de base :

- Le T de TIPE vaut pour Travail, on attend qu'il y ait donc un effort fait durant la préparation. Il semble que certains élèves ont eu tendance à limiter leur travail dans l'année à ce qu'il est possible de dire en 10 minutes. Cela est bien évidemment une stratégie catastrophique. Les 10 minutes de présentation doivent être un condensé du travail fourni et non pas couvrir exhaustivement tout le labeur d'un an.
- L'ensemble I.P. signifie Initiative Personnelle. Il vaut mieux un sujet d'étendue restreinte mais dans lequel le candidat peut apporter un petit quelque chose qu'un travail sur un sujet très général abordé de manière superficielle. Par ailleurs, on se méfiera des sujets à la mode - tels El niño, il y a quelques années - sur lesquels il est plus difficile de faire preuve d'originalité et d'apport personnel. Le niveau scientifique exigé est autrement plus élevé que celui d'un TPE ! En bref, et par exemple en mathématiques, non aux « Réseaux radio-mobiles » mais oui à l'étude d'un point particulier, dans un cadre si nécessaire simplifié (par exemple, planification cellulaire, files d'attente, codes correcteurs d'erreur, modélisation du canal radio, etc).

  Il appartient aussi au candidat de mettre lui-même, en valeur, les documents qu'il a apportés. Les jurys ont parfois découvert de véritables trésors au moment de les jeter à la poubelle.
- Enfin, le E signifie Encadré. Il est du devoir des professeurs de veiller autant possible à ce que les points évoqués ci-dessus soient respectés, en particulier dans la définition de l'étendue du sujet.

Autres conseils

Le texte qui suit a été composé à partir d'éléments issus des précédents rapports de l'épreuve. Dans les TIPE, la nécessité de convaincre l'emporte sur le souci de séduire, l'invention sur l'élocution et l'inspiration sur l'imitation. Il n'y a donc pas de recette magique pour les réussir ; au mieux des conseils visant à mettre en œuvre les qualités que nous venons d'indiquer. Mais attention, à trop disséquer l'épreuve et à trop prodiguer de conseils, on n'assisterait plus, à la longue qu'à des exposés fades par conformité. Les lignes qui présentent un certain nombre d'observations, issues de huit années de pratique des TIPE.

Objectif et fonction de la partie D de l'épreuve

Les candidats sont jugés sur leur capacité à extraire une information scientifique d'un texte de complexités et longueurs variées mais permettant de juger de leurs capacités, d'une part de s'imprégner du texte, d'autre part de réagir avec un esprit scientifique à des questions. Si la communication est un ingrédient important de l'épreuve, on s'aperçoit en soumettant une liste de techniques de communication :

- que tous considèrent que la plupart des techniques sont évidentes,
- que personne ne considère toutes les techniques comme évidentes,
- qu'aucune technique ne paraît évidente à tous,
- et surtout, qu'aucune technique n'est universelle.

Les défauts de communication les plus fréquents ne proviennent pas d'une incapacité à maîtriser son exposé mais d'un manque de confiance en soi.

Attitudes devant un texte

Une appropriation partagée Jurys et candidats se trouvent côte à côte en train d'étudier un problème, qui est souvent étranger à tous les deux. Le sens d'un texte scientifique nouveau pour un candidat, et même pour quelqu'un d'averti, n'est pas forcément univoque. La difficulté majeure de la partie D consiste à s'approprier le texte dans un temps court. Pour cela, il ne faut pas hésiter à le déconstruire pour le reconstruire à sa manière. Il n'y a pas une manière unique de penser le texte, une seule solution, une seule réponse. Un texte très structuré n'est pas favorable à l'expression des capacités de synthèse, les textes parfaits ne permettent guère d'apprécier les qualités des candidats. L'essentiel de l'appréciation du jury portera autant sur la qualité de la démarche suivie par le candidat que sur la justesse de sa compréhension. Le style général des textes les rapproche des articles des revues scientifiques de grande diffusion, supposant acquise par le lecteur la culture scientifique qui est en gros incluse dans le programme des classes préparatoires. Cependant, ces articles s'adressent généralement à plusieurs publics (lecteur non-spécialiste, lecteur spécialiste) et comportent plusieurs niveaux de lecture. Le niveau de lecture le plus précis est relativement élevé et nécessite beaucoup de connaissances. Le niveau de lecture le plus commun ne permet de retenir qu'une idée superficielle du texte.

Aspects pratiques De la sorte, il n'est pas conseillé de trop rentrer dans les détails fins. Il existe des régions de la science où il peut être question d'opinion, par exemple associée à un manque d'information ou de connaissance. Hors les fautes de frappe passées au travers des relectures, les équations et formules données peuvent être admises. Les meilleurs candidats ne se sont pas contentés de cet acte de foi et se sont posés des questions sur elles : d'où viennent elles, à quoi servent-elles, qu'est-ce qui représente quoi ? Simultanément, et principalement, il faut se tenir prêt à répondre à des questions pratiques. Il est inutile de reprendre des figures, des tableaux ou des organigrammes qui figurent sur les textes, car les examinateurs ont ces documents sous les yeux et le candidat peut y faire référence. Il est préférable de consacrer du temps à l'élaboration d'une figure de synthèse ou d'un tableau comparatif, bref de tout élément original qui montrant que l'on est capable de dominer son sujet.

Attentes du jury

Il est inévitable que les textes proposés soient de difficulté et d'intérêt variables. Pour compenser ces inégalités, la première page de conseils visant à guider le candidat peut beaucoup. Cette page indique des axes de lecture, les lieux de possible insertion d'exemples, des centres possibles d'exposés. Elle indique au besoin pour les textes les plus difficiles les écueils à éviter. Dans les textes les plus limpides au contraire, les suggestions peuvent indiquer des directions d'enrichissement ou de prolongement du texte. Il s'agit toujours de conseils et de suggestions que le candidat est libre de ne pas suivre. Ces suggestions sont destinées à rassurer le candidat lors de la découverte du sujet. Mais il est loisible avec bonheur s'écarter des propositions faites pour mieux se mettre en valeur ou pour exploiter un thème particulier. Le " I " de TIPE est aussi pertinent pour la partie " D " de l'épreuve. Certains candidats ont d'ailleurs surpris agréablement les examinateurs en prenant des initiatives par rapport au texte, en évoquant par exemple les limites des méthodes proposées, les manques de clarté ou de précision de l'article, en expliquant mieux que l'auteur les notions présentées dans le document, en comparant avec d'autres méthodes ou d'autres textes.

La durée d'exposé est impérieuse, mais il ne s'agit pas de donner un maximum d'information dans le minimum de temps. Dans le même ordre d'idées, le candidat qui ne comprend pas une partie du texte qui lui est proposée peut la circonscrire et présenter la difficulté au jury avant de passer à d'autres aspects du texte. Cela vaut mieux que de risquer des interprétations douteuses qu'on sera incapable de défendre ensuite dans la discussion.

Questions et réponses

Le jury cherche davantage à s'entretenir d'un sujet scientifique, technique ou industriel, à le discuter et à interroger, au sens d'autres oraux scientifiques. On attend du candidat, qu'il expose et qu'il argumente ce qu'il sait et avec ce qu'il pense ; la présence d'esprit, en somme, n'est rien d'autre qu'une marque de maîtrise d'une situation. La plupart des questions naît de l'exposé lui-même. Les premières questions sont souvent fonctions du niveau tel que pressenti dans la présentation, les autres sont fonctions des réponses aux premières. Il faut s'attendre à des questions de bon sens, des questions générales, des estimations numériques et des ordres de grandeur. Les questions les plus courantes reprennent des directions de réflexion de la page de présentation du sujet. Un autre type de question est en cohérence avec les notions au programme scientifique de la filière. Chaque jury invente généralement ses propres questions auxiliaires.

- Si (ou s'il vous semble qu') une question est simple, apportez une réponse simple et rapide.
- Si (ou s'il vous semble qu') une question réfute implicitement un aspect du dossier, mettez cette contradiction en évidence et donnez votre opinion.
- Si (ou s'il vous semble qu') une question dépasse le cadre du dossier, tâchez de vous adapter et choisissez de suivre ou limiter l'ouverture selon votre opinion et votre culture générale.

Du côté de la partie C

Quoique cet ouvrage ne concerne pas explicitement la partie C de l'épreuve, il semble bien venu d'y rappeler quelques règles, dont on trouvera (comme pour la partie D d'ailleurs) plusieurs développements dans les divers rapports de l'épreuve.

Relation avec le jury Que les candidats s'attendant à avoir affaire à des spécialistes du domaine traité par eux pendant l'année scolaire se détrompent ! ils seront ainsi moins surpris par des questions de bon sens ou de culture générale. Que les candidats, pour autant, ne se censurent pas : si dans leur travail il leur semble que déborder d'une matière enrichirait leur dossier, ils auraient tort de s'en priver. Arriver à faire un choix pertinent à l'intérieur d'un matériau important fait partie de l'épreuve. Pour estimer le caractère personnel de la démarche, des indications du candidat sur sa démarche sont bien venues. Pour les préciser, le jury pratique couramment les questions méthodologiques demandant au candidat l'origine de son sujet, la nature de sa documentation, l'outil de calcul utilisé, le volume d'essais pratiqué, les résultats intermédiaires obtenus... Rien de suspicieux dans cette procédure, il ne s'agit, pour le jury, que de mieux appréhender la nature du travail présenté.

Traitement du sujet Le panoramique ou le trop focalisé sont à manipuler avec prudence ; ils exigent l'un et l'autre une maîtrise profonde de la structure du sujet traité. L'expérience doit ajouter quelque chose à l'exposé. Si l'expérience est bien conduite, un résultat négatif est un résultat. Si l'on est confronté à des documents contradictoires, il faut s'efforcer de circonscrire l'origine de la divergence.

Beaucoup de candidats ont invoqué des théorèmes hors programme comme des paratonnerres portatifs pour justifier (ou plutôt pour éviter de justifier) des points délicats et donc gênants. Or le propre des paratonnerres est d'attirer la foudre[1]. Il faut donc, ici autant qu'ailleurs, être circonspect.

Bon courage à tous.

[1] Nous devons au professeur Manuel SAMUELIDES, responsable pédagogique de la première heure, cette métaphore que l'on ne saurait mieux qualifier que de frappante.

Achevé d'imprimer sur les presses de l'Imprimerie BARNÉOUD
B.P. 44 - 53960 BONCHAMP-LÈS-LAVAL
Dépôt légal : avril 2006 - N° d'imprimeur : 604.029
Imprimé en France

Lightning Source UK Ltd.
Milton Keynes UK
01 November 2010

162230UK00003B/39/P

9 782287 223051